职业教育精品系列教材

U0148782

信息技术应用

——常用计算机工具软件

编审委员会

主　任　石伟平

副主任　雷正光

委　员　（以姓氏笔画为序）

杨晓红　张士忠　陈　强

高国兴　曹国跃　詹　宏

主　编　卫　燕

编　者　萧　央

主　审　王崇义

中国人事出版社

图书在版编目(CIP)数据

信息技术应用——常用计算机工具软件/卫燕主编. —北京：中国人事出版社，2011
职业教育精品系列教材
ISBN 978-7-5129-0092-9

Ⅰ.①信… Ⅱ.①卫… Ⅲ.①软件工具-职业教育-教材 Ⅳ.①TP311.56

中国版本图书馆 CIP 数据核字(2011)第 063632 号

中国人事出版社出版发行
(北京市惠新东街 1 号 邮政编码：100029)
出 版 人：张梦欣
*
北京金明盛印刷有限公司印刷装订 新华书店经销
787 毫米×1092 毫米 16 开本 16.25 印张 328 千字
2011 年 5 月第 1 版 2011 年 5 月第 1 次印刷
定价：26.00 元
读者服务部电话：010-84643933/64929211/64921644
发行部电话：010-64961894
出版社网址：http：//www.renshipublish.com
版权专有 侵权必究
举报电话：010-64954652
如有印装差错，请与本社联系调换：010-80497374

编 者 的 话

目前，人们对计算机的使用已经相当普遍，它已不再是办公室中的专利，很多家庭也都拥有了个人计算机。它在日常生活中的应用非常广泛，给人们的生活、学习和娱乐带来了极大的便利。随着个人计算机在家庭中的普及，计算机个人用户越来越多，对于初学者来说，快速掌握一些计算机方面的常用工具软件已经成为迫在眉睫的事情。

本书的编写以任务为主线，以够用为度，根据实际需求设计任务、编排内容，不强求理论体系的完整性。从任务着手，分析完成任务的方法与步骤，并留有让读者自主探究完成任务的方法与步骤的空间。本书体现了以解决实际问题来带动理论学习和工具软件操作的特点，强调操作，辅以必要的理论学习，让读者在完成任务的过程中掌握知识和技能，培养读者提出问题、分析问题、解决问题的综合能力。

本书从初学者的角度出发，介绍了多种常用工具软件的使用方法。全书根据常用工具软件的不同功能进行单元划分，共分为8个单元，设计了24个任务，每个单元都筛选出最具使用价值、操作相对简单的最新版本的软件作为该类型的典型软件进行重点介绍，涉及计算机系统工具软件、网络工具软件、文件压缩与加密工具软件、多媒体工具软件、图形图像工具软件、动画制作工具软件、计算机安全工具软件及其他几款工具软件的使用，基本涵盖了日常使用计算机所需的工具软件。在内容的讲解上力求通俗易懂，介绍各种软件的使用方法时，除了文字描述外，还配有大量的图例，图文并茂，生动、直观。需要说明的是，本书没有像传统教材那样按照由浅入深的逻辑顺序来安排内容，因此，读者可以按照个人需要打乱次序来学习。

本书在编写过程中，得到了上海市教委教研室，特别是陈丽娟老师的指导和帮助，在此一并表示感谢！

由于时间仓促，加之编者学识有限，书中难免有疏漏与不妥之处，欢迎广大读者批评指正。

本书的相关资料和配套素材请到 www. class. com. cn/datas/20101061178. rar 下载。

编者的话

目　录

单元一

使用文件压缩与加密解密工具软件

随着人们在工作中对计算机的使用越来越频繁，由计算机产生的各类文件也越来越多、越来越大。然而，当文件很大时，人们对它的携带和传输会变得很不方便，这时就需要一些文件压缩工具来对这些大文件进行分解和压缩，这样既能节省文件所占用的存储空间，又能使文件在通过网络进行传输时节省传输的时间。而加密工具则能提高文件的安全性，使文件在传输时更加安全。

[**能力目标**]

- 能对文件进行压缩和解压缩
- 能对文件进行加密和解密
- 能对文件进行分割和嵌入隐藏

任务一　压缩与解压缩文件

▶ 任务描述与分析

小张要将一些照片通过网络发送给同事小李。他把照片一张一张地发送出去，由于照片数量较多，尺寸也较大，因此传输速度很慢，小李接收起来比较麻烦。

小李告诉小张，可以在发送前先利用 WinRAR 文件压缩工具对照片进行压缩处理后再传输，这样就可以提高传输速度了。

WinRAR 软件可以对一个或多个文件，乃至文件夹进行压缩处理，它不仅压缩率大，而且压缩速度快，甚至还能对压缩文件进行加密，这不但可以节省文件所占用的存储空间，提高文件在网络上的传输速率，还可以加强文件的安全性。

本次任务要将一个名为“book”的文件夹压缩为 RAR 格式文件和自解压格式文件，然后对这两种格式文件分别进行解压缩。

▶ 方法与步骤

1. 生成 RAR 文件

（1）单击“开始”→“程序”→“WinRAR”，启动 WinRAR 软件窗口，如图 1—1—1 所示。在 WinRAR 窗口的下拉列表中选择要进行压缩的文件路径，然后在列表框中选择要压缩的文件，例如这里选择“book”文件夹。

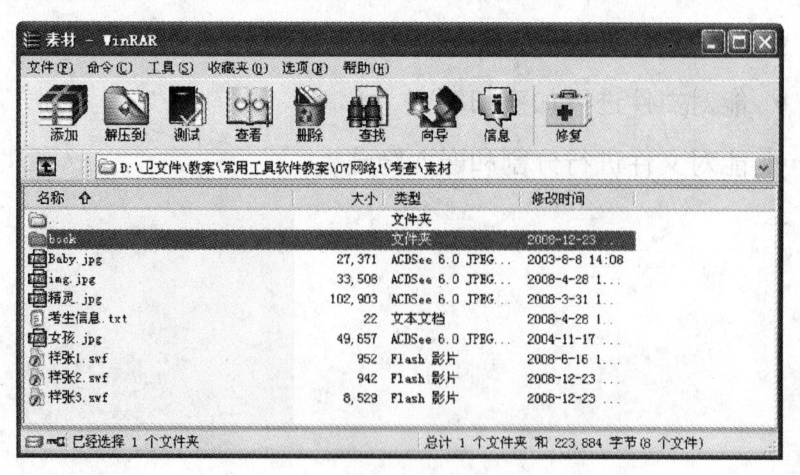

图 1—1—1

（2）单击工具栏上的“添加”按钮，这时将弹出“压缩文件名和参数”对话框，如图 1—1—2 所示。在该对话框“常规”选项卡下的“压缩文件名”文本框中，可输入压缩文件的路径和文件名（默认情况下以被压缩文件的主名来命名），也可通过单击“浏览”按钮来选择文件保存的路径。此时压缩文件的后缀名为“.rar”，即一般的压缩文件。

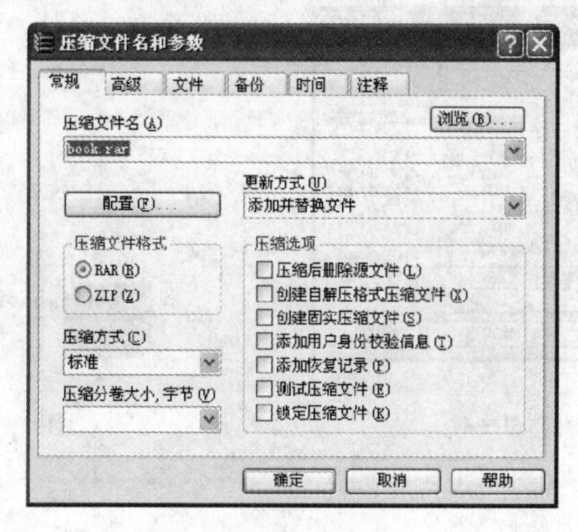

图 1—1—2

提示

在图 1—1—2 所示的对话框中，还可以对压缩文件类型进行选择：选择是压缩成 RAR 文件，还是压缩成 ZIP 文件，默认为 RAR 文件格式。

如果勾选对话框中的“创建自解压格式压缩文件”复选框，则压缩文件的后缀名将自动变为“.exe”，即文件将被直接压缩成自解压格式。

在图 1—1—2 所示的对话框中，单击“高级”选项卡，将会看到一个“设置密码”按钮，如图 1—1—3 所示，该按钮用于给压缩文件设置密码。如果要打开设置过密码的压缩文件，就必须输入正确的密码，它起到对文件进行加密保护的作用。

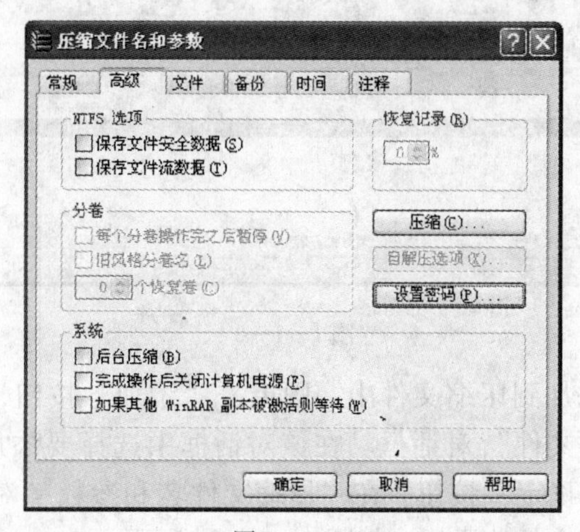

图 1—1—3

（3）设置完成后，在图 1—1—2 所示的对话框中，单击“确定”按钮，即可进行压缩，如图 1—1—4 所示。压缩完成后的效果如图 1—1—5 所示。

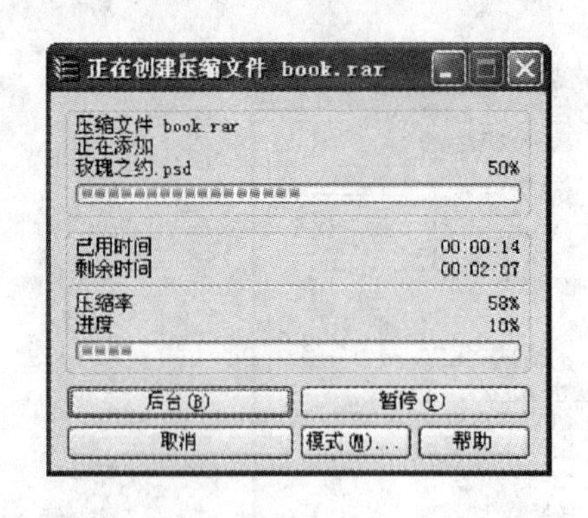

图 1—1—4

图 1—1—5

压缩文件还可通过快捷方式生成。在资源管理器或“我的电脑”中选择要压缩的文件或文件夹并右击，在弹出的快捷菜单中选择“添加到压缩文件...”命令，即可弹出如图 1—1—2 所示的对话框，其余设置同步骤（2）和（3）。

2. 在压缩文件中添加或删除文件

不论是要在压缩文件中添加或删除文件，都要先打开压缩文件，进入 WinRAR 压缩软件，然后再进行下一步的操作。例如，这里在“book. rar”上双击，打开压缩文件，进入 WinRAR 压缩软件窗口，如图 1—1—6 所示。

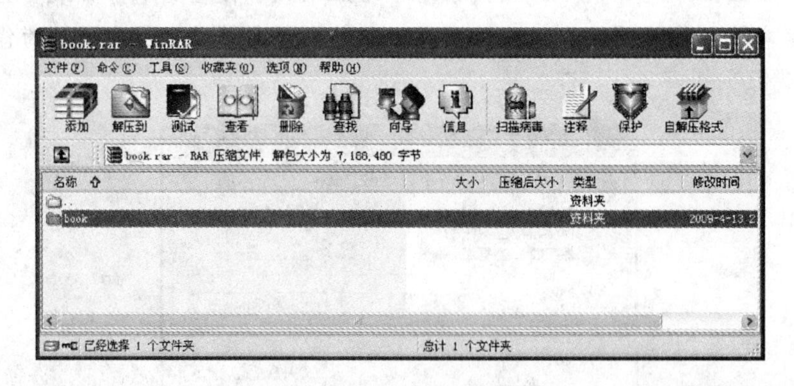

图 1—1—6

（1）将某个文件添加到压缩文件中，则单击“添加”按钮，弹出如图 1—1—7 所示的“请选择要添加的文件”对话框。在该对话框中选择要添加到压缩文件 book. rar 中的文件，然后单击“确定”按钮。在“压缩文件名和参数”对话框中也可单击“确定”按钮，即完成压缩文件的添加，如图 1—1—8 所示。

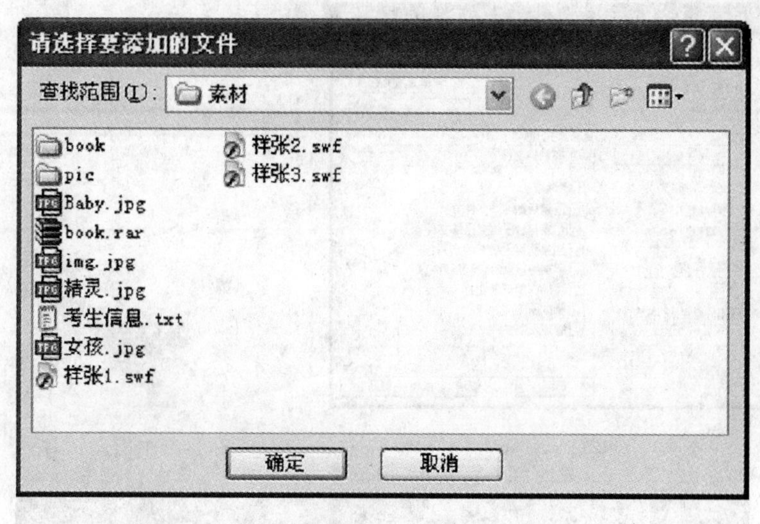

图1—1—7

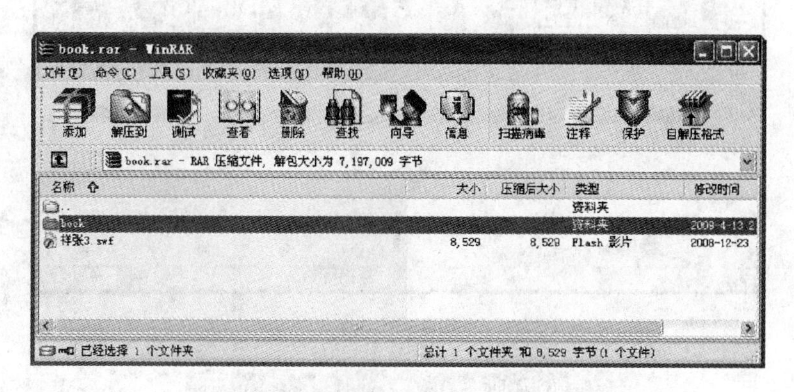

图1—1—8

(2) 将文件从压缩文件中删除，则先选中要从压缩文件中删除的文件，然后单击工具栏上的“删除”按钮。例如，在图1—1—8所示的窗口中，选中要从book. rar中删除的文件，这里选择“样张3. swf”，单击工具栏上的“删除”按钮，即可将文件从压缩文件中删除。

3．生成EXE自解压文件

方法一：将book文件夹直接压缩成自解压文件。

在图1—1—2所示的对话框中，勾选“创建自解压格式压缩文件”复选框，则压缩文件的后缀名将自动变为“. exe”，其他设置不变，如图1—1—9所示。单击“确定”按钮，文件将被直接压缩成自解压格式。压缩完成后的效果如图1—1—10所示。

方法二：将压缩文件转换为自解压文件。

(1) 双击压缩文件“book. rar”，弹出WinRAR软件窗口，如图1—1—11所示。

(2) 单击“工具”→“压缩文件转换为自解压格式”，弹出如图1—1—12所示的对话框。

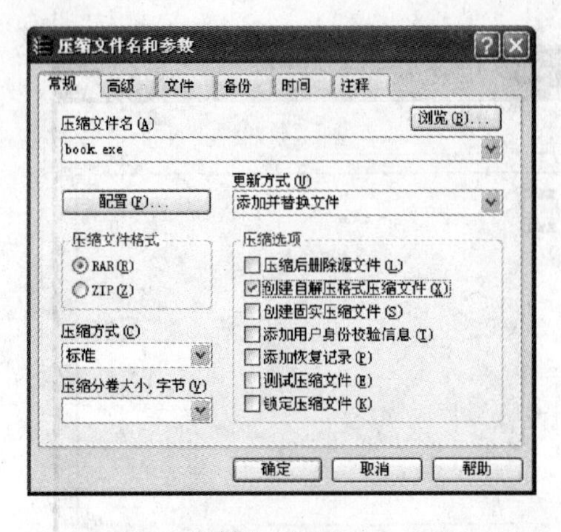

图 1—1—9

图 1—1—10

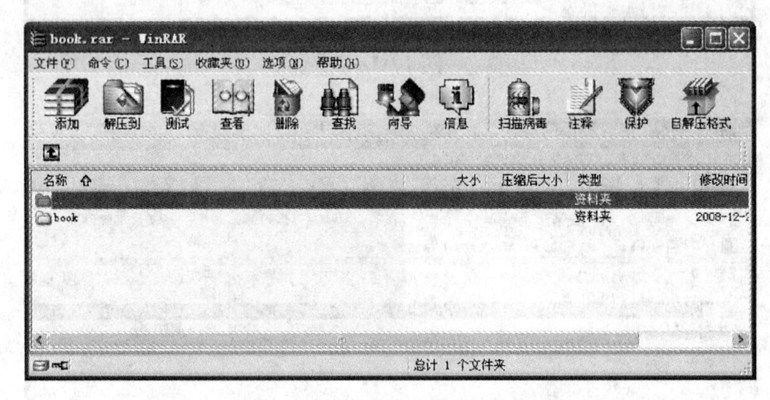

图 1—1—11

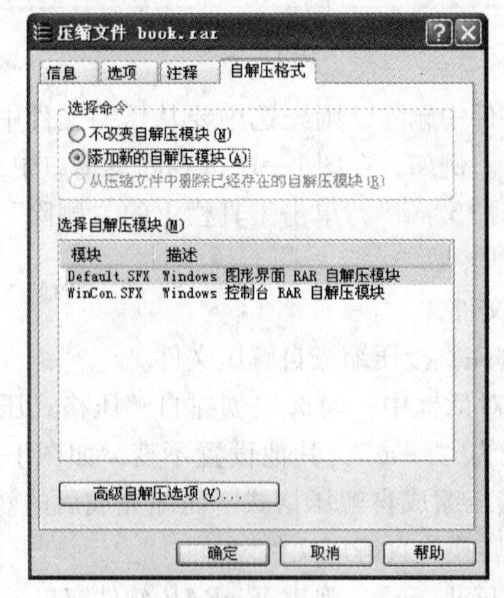

图 1—1—12

（3）在图 1—1—12 所示的对话框中，单击“确定”按钮，即可生成自解压文件。压缩完成后的效果如图 1—1—10 所示。

提示

自解压文件可以在没有安装 WinRAR 程序的计算机上自动执行解压并还原文件。

4. 解压 RAR 文件

（1）在“book. rar”文件上右击，在弹出的快捷菜单中选择“解压文件”命令，将弹出如图 1—1—13 所示的对话框，然后在该对话框的右侧列表中选择文件的解压路径。

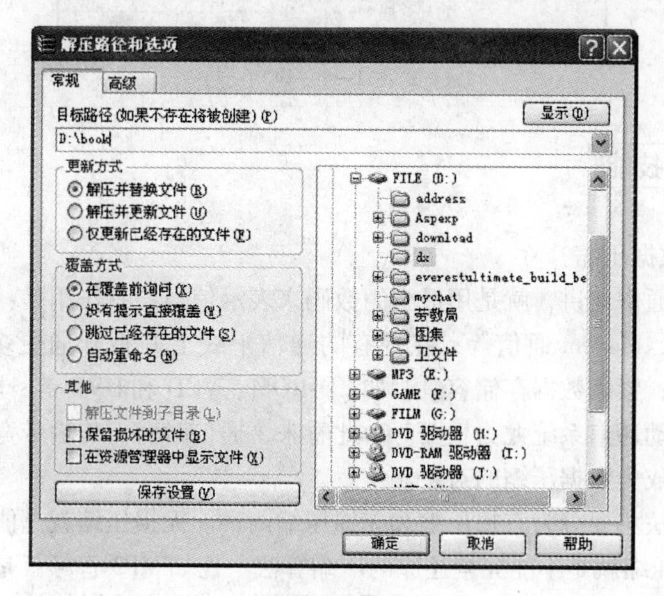

图 1—1—13

（2）选择完成后，单击“确定”按钮，即可解压文件。

提示

也可在“book. rar”上右击，在弹出的快捷菜单中选择“解压到当前文件夹”或“解压到 book”命令，直接将文件夹解压到与压缩文件相同的路径下，或者将文件夹解压到与压缩文件相同的路径下的 book 文件夹中。

5. 解压 EXE 自解压文件

（1）在图 1—1—10 中双击“book. exe”文件，弹出如图 1—1—14 所示的对话框，在该对话框中单击“浏览”按钮，选择解压后文件所在的路径，也可在“目标文件夹”下的文本框内输入解压后的文件路径。

（2）设置完成后，单击“安装”按钮，即可进行解压缩。

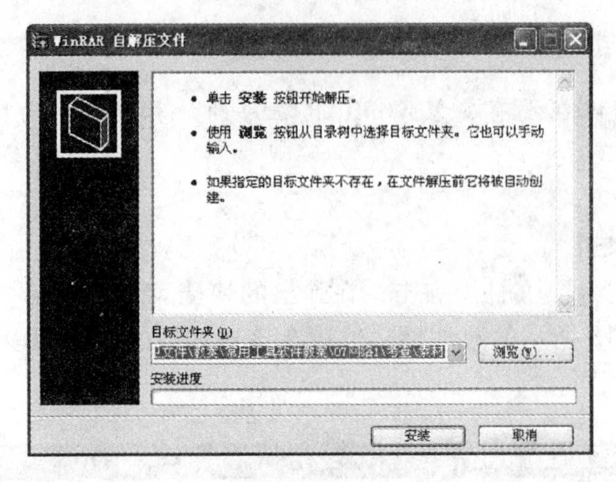

图 1—1—14

▶ 相关知识与技能

1．什么是数据压缩?

数据压缩，通俗地讲，就是用最少的数码来表示信号。其作用是：能较快地传输各种信号，如传真、Modem 通信等；在现有的通信干线上并行开通更多的多媒体业务，如各种增值业务；紧缩数据存储容量，如 CD-ROM、VCD 和 DVD 等；降低发信机功率，这对于多媒体移动通信系统尤为重要。由此看来，通信时间、传输带宽、存储空间甚至发射能量，都可成为数据压缩的对象。

数据压缩算法主要分为有损压缩和无损压缩两种。无损压缩就是能够完全还原的压缩算法，而有损压缩就是不能完全还原的压缩算法。比如 MP3 音频就是典型的有损压缩算法，虽然它损失了一些本来的音频信息，但是它能极大地提高压缩比例，而损失的那些信息对整个音乐片段没有多大影响。

2．数据为何能被压缩?

首先，数据中间常存在一些多余成分，即冗余度。如在一份计算机文件中，某些符号会重复出现，某些符号比其他符号出现得更频繁，某些字符总是在各数据块中可预见的位置上出现等，这些冗余部分便可在数据编码中除去或减少。冗余度压缩是一个可逆过程，因此叫做无失真压缩，或称保持型编码。

其次，数据中间尤其是相邻的数据之间常存在着相关性。如图片中常常有色彩均匀的背景，电视信号的相邻两帧之间可能只有少量的变化影像是不同的，声音信号有时具有一定的规律性和周期性等。因此，有可能利用某些变换来尽可能地去掉这些相关性。但这种变换有时会带来不可恢复的损失和误差，因此叫做不可逆压缩，或称有失真编码、熵压缩等。

此外，人们在欣赏音像节目时，由于耳、目对信号的时间变化和幅度变化的感受能力都有一定的极限，如人眼对影视节目有视觉暂留效应，人眼或人耳对低于某一极限的幅度变化无法感知等，故可将信号中这部分感觉不出的内容压缩掉或“掩蔽掉”。这种压缩方法同样是一种不可逆压缩。

▶ 拓展与提高

1. 汉字密码

WinRAR 除了用来压缩或解压缩文件外，还可以当做加密软件来使用。一般情况下，人们都是输入英文字母、数字或其他特殊符号作为密码，不知您是否想过使用汉字作为密码呢？那样保密性无疑会更好！

右击要压缩的文件，在弹出的快捷菜单中选择“添加到压缩文件”命令，就会打开 WinRAR 的“压缩文件名和参数”对话框，选中“高级”选项卡，单击“设置密码”按钮，在“带密码压缩”对话框（见图 1—1—15）中勾选“显示密码”复选框后，就可以很方便地在“输入密码”文本框内输入汉字密码了。解密时，则先要在某个文本编辑器如记事本中输入作为密码的汉字，然后将其复制并粘贴到“输入密码”文本框内，即可解密。

2. 让密码固若金汤

目前，针对 WinRAR 密码的破解软件层出不穷，不管密码设置得多长、多复杂，都难免成为某些暴力破解软件的猎物。那么，怎样做才能让 WinRAR 加密文件固若金汤呢？

用破解软件破解加密文件时，一般都要先指定一个目标文件，接下来根据字典使用穷举法来破解设置好的密码。如果把多个文件压缩在一起，然后分别给它们设置密码，破解软件就无能为力了。具体操作步骤如下：

首先准备好要加密的重要文件和几个无关紧要的文件，再将重要文件按照平常的步骤压缩，并设置密码；然后在 WinRAR 操作界面中打开刚才已经压缩完成的加密文件，选择“命令”→“添加文件到压缩文件中”（见图 1—1—16），接着在“请选择要添加的文件”对话框中点选已经准备好的其他文件，单击“确定”按钮回到“压缩文件名和参数”对话框，在“高级”选项卡中设置一个不同的密码；最后完成压缩即可。

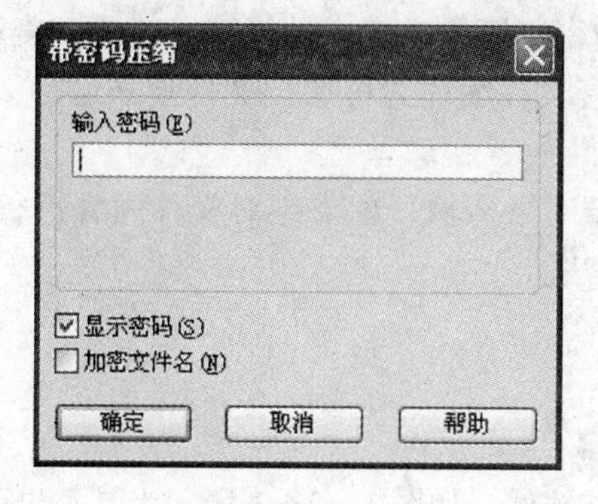

图 1—1—15

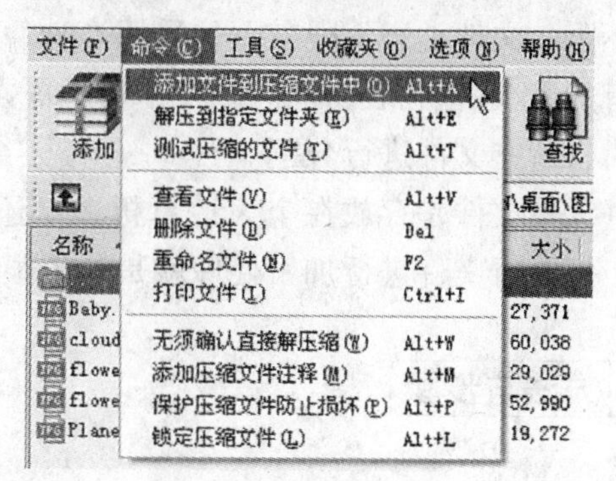

图 1—1—16

一般的破解软件根本对付不了按照这种方法加密的文件。另外，此法对于 ZIP 文件的加密同样有效。

3. 避免反复输入密码

用 WinRAR 对文件进行加密后，每次执行压缩包里的程序时，它都会要求输入密码，当文件很多时会令人不胜其烦。而同样是压缩软件，WinZip 就与 WinRAR 不太一样，WinZip 只在打开第一个文件时要求输入密码，只要第一次通过密码验证，以后就可以直接查看加密压缩包里的其他文件。要想让 WinRAR 也能同样方便，可以这样做：在打开加密压缩包后，用鼠标点击“文件”菜单里的“设置默认密码”，然后输入正确的密码，就可一次性解决问题。

[思考与练习]

1. 文件压缩的目的是什么？传统的压缩软件有哪些？
2. 使用 WinRAR 压缩文件时可以设置密码吗？

任务二　加密与解密文件

▶ 任务描述与分析

同学小丁从小到大一直都有写日记的习惯，小时候是写在日记本上，自从家里有了计算机后就开始写在计算机里。可是最近小丁发现，父母好像在偷看自己写在计算机里的日记，为此他很烦恼。因为计算机不能随身携带，也不能藏起来不给别人用，这可怎么办呢？同学小李给小丁想了个办法，就是对文件进行加密。只要给自己的日记加上密码，还怕被人偷看吗？

小李向小丁推荐了 Easycode Boy Plus! 万能加密器。它不仅小巧高速，加密文件大小不限、文件类型不限，而且采用高速算法，加密速度快、安全性能高。其界面美观，具有加密/解密列表功能。此外，它还可以将加密文件编译为可执行文件独立运行，并可对自解密文件进行分割。

无论文件是存放在个人计算机上，还是用于网络传输，如果想对文件内容进行保密，那么对文件进行加密处理就是一个很好的方法。

▶ 方法与步骤

双击 Easycode Boy Plus! 文件图标即可运行该软件。如图 1—2—1 所示为其主界面。

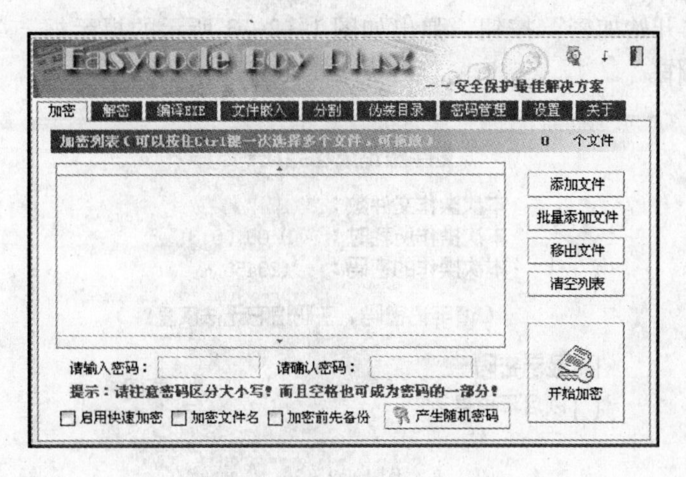

图1—2—1

1．加密文件

（1）单击图1—2—1所示主界面中的“加密”选项卡，出现“加密”选项卡窗口。

（2）单击“添加文件”按钮，弹出“打开”对话框，选择需要加密的文件。例如，这里对图片文件“精灵.jpg”进行加密。

（3）重复上一步骤，添加其他需要加密的文件。

Easycode Boy Plus！支持拖放操作，可以将选定的一个或多个文件拖放到主界面中以添加文件。如果要加入某个目录下的所有文件，则可以单击“批量添加文件”按钮。

（4）在“请输入密码”文本框内输入密码，并在“请确认密码”文本框内再输入一遍密码，如图1—2—2所示。

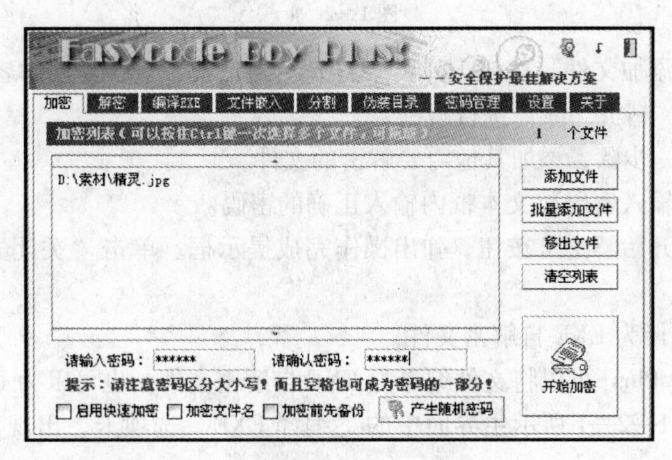

图1—2—2

(5) 单击“开始加密”按钮，弹出如图 1—2—3 所示的提示框。单击“关闭”按钮，完成加密操作。

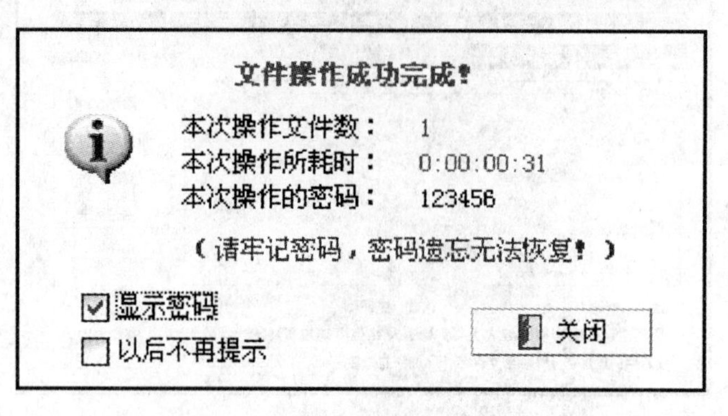

图 1—2—3

2. 解密文件

(1) 单击图 1—2—1 所示主界面中的“解密”选项卡，出现如图 1—2—4 所示的窗口界面。

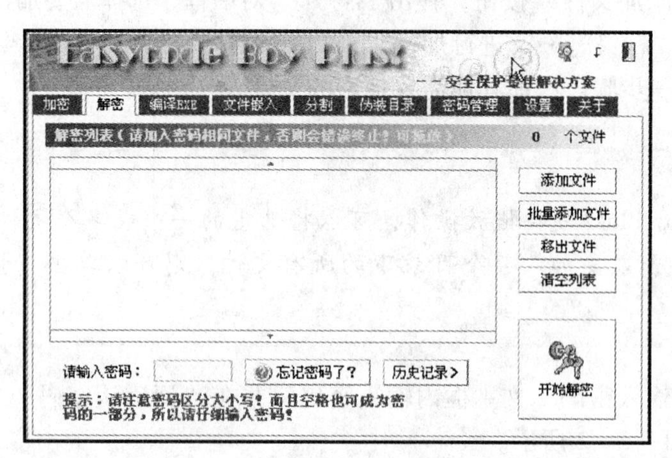

图 1—2—4

(2) 单击“添加文件”按钮，弹出“打开”对话框，选择需要解密的文件。例如，这里对加密文件“精灵 . jpg”进行解密。

(3) 重复上一步骤，添加其他需要解密的文件。

(4) 在“请输入密码”文本框内输入正确的密码。

(5) 单击“开始解密”按钮，弹出操作完成提示框。单击“关闭”按钮，完成解密操作。

3. 将文件编译为 EXE 自解密文件

Easycode Boy Plus! 可以将文件编译为 EXE 自解密文件，也可以为 EXE 文件加密。

(1) 单击图 1—2—1 所示主界面中的“编译 EXE”选项卡，出现如图 1—2—5 所示的窗口界面。

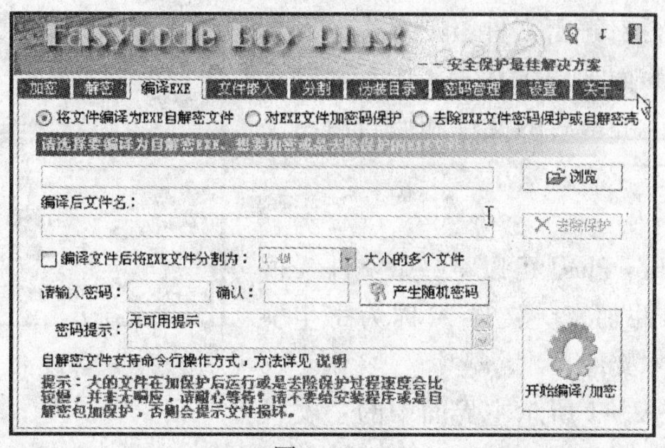

图 1—2—5

（2）单击“浏览”按钮，弹出“打开”对话框，选择需要编译为 EXE 自解密文件的文件。例如，这里将图片文件“精灵 . jpg”编译为自解密文件。编译后的自解密文件扩展名为“. exe”。

（3）如果需要对编译后的文件进行分割，可以勾选“编译文件后将 EXE 文件分割为”复选框。

（4）在“请输入密码”文本框内输入密码，并在“确认”文本框内再输入一遍密码，如图 1—2—6 所示。

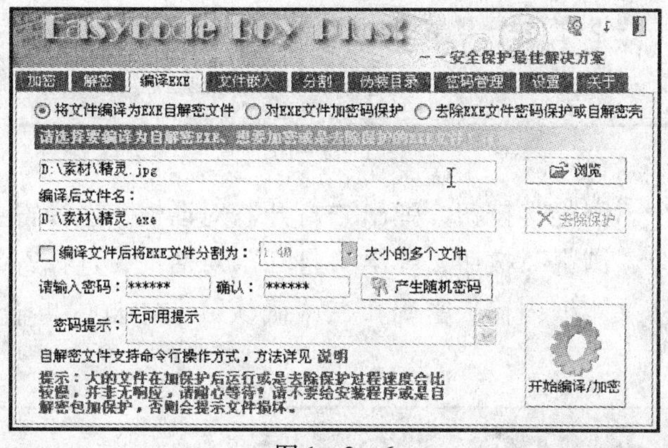

图 1—2—6

（5）单击“开始编译/加密”按钮，弹出如图 1—2—7 所示的提示框。单击“确定”按钮，完成编译自解密文件操作。“精灵 . jpg”文件编译为 EXE 自解密文件后在磁盘上的图标如图 1—2—8 所示。

图 1—2—7

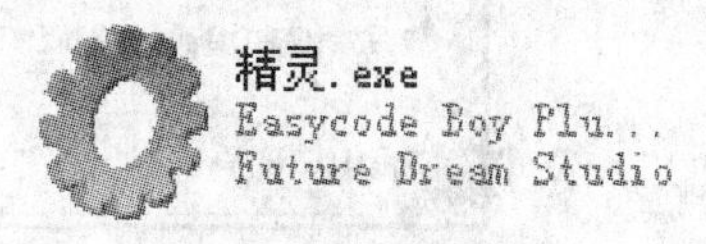

图 1—2—8

（6）如果要运行自解密文件，则双击该图标即可运行之，运行界面如图 1—2—9 所示。输入密码即可进行解密，解密后的文件和原自解密文件同位置。

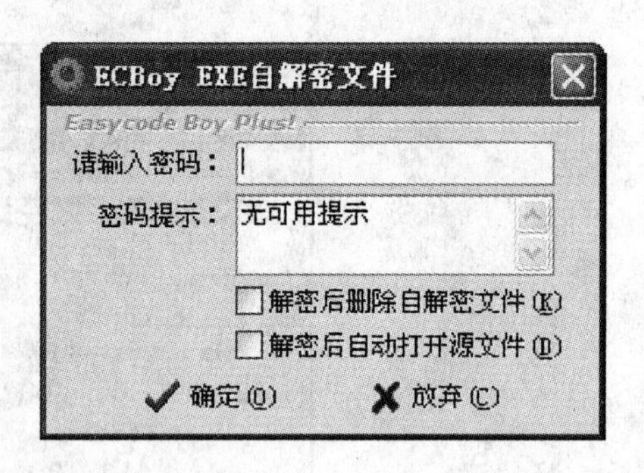

图 1—2—9

4．文件嵌入

使用 Easycode Boy Plus！可以将一个文件 A 嵌入另一个文件 B 中并加密。文件 A 称为寄生文件，文件 B 称为寄主文件。

（1）单击图 1—2—1 所示主界面中的“文件嵌入”选项卡，出现如图 1—2—10 所示的窗口界面。

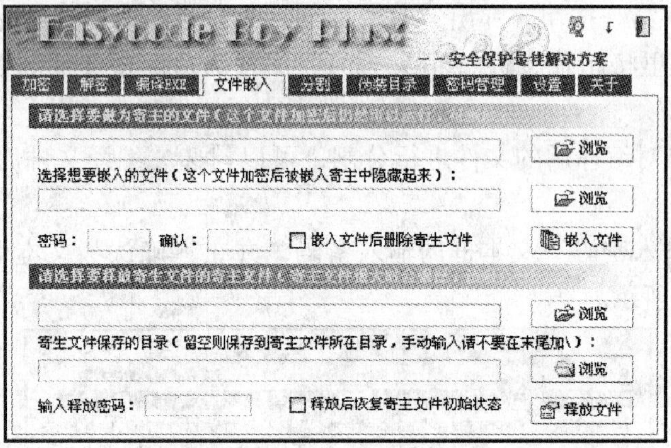

图 1—2—10

（2）单击第一个“浏览”按钮，弹出“打开”对话框，选择寄主文件。

（3）单击第二个“浏览”按钮，弹出“打开”对话框，选择寄生文件。

（4）在“密码”文本框内输入密码，在“确认”文本框内再输入一遍密码，如图 1—2—11 所示。

图 1—2—11

（5）如果需要在文件嵌入后将原寄生文件删除，则勾选“嵌入文件后删除寄生文件”复选框。

（6）单击“嵌入文件”按钮，弹出如图 1—2—12 所示的提示框。单击“确定”按钮，完成文件嵌入操作。

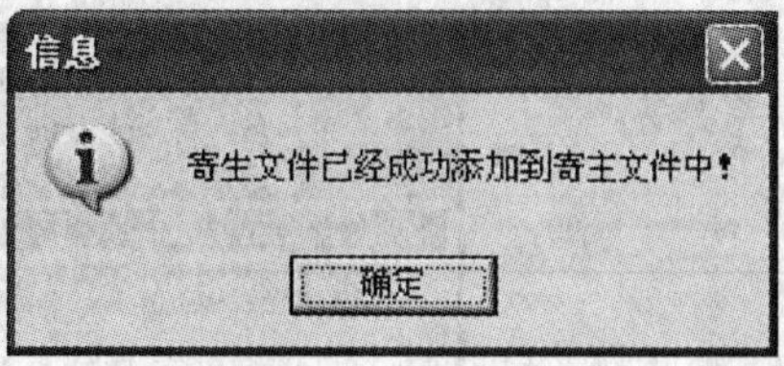

图 1—2—12

（7）如果要将嵌入寄主文件的寄生文件释放出来，则单击第三个“浏览”按钮，弹出“打开”对话框，选择要释放寄生文件的寄主文件。

（8）如果不设置寄生文件的保存目录，那么寄生文件将保存到寄主文件所在的目录中。

（9）在“输入释放密码”文本框内输入释放密码，如图 1—2—13 所示。

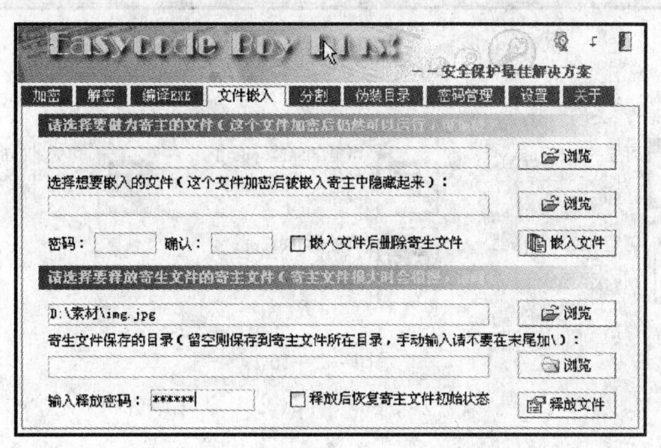

图 1—2—13

（10）单击“释放文件”按钮，弹出如图 1—2—14 所示的提示框。单击“确定”按钮，完成文件释放操作。

5. 文件分割

（1）单击图 1—2—1 所示主界面中的“分割”选项卡，出现如图 1—2—15 所示的窗口界面。

（2）单击“打开”按钮，弹出“打开”对话框，选择需要分割的文件。

（3）单击“浏览”按钮，弹出“浏览文件夹”对话框，选择分割后文件保存的文件夹。

图 1—2—14

（4）选择与分割文件有关的选项，设置分割的大小。

（5）单击“开始分割”按钮，完成分割操作。如图 1—2—16 所示为分割后的文件以及可以合并分割文件的批处理文件。双击批处理文件图标即可合并分割文件。

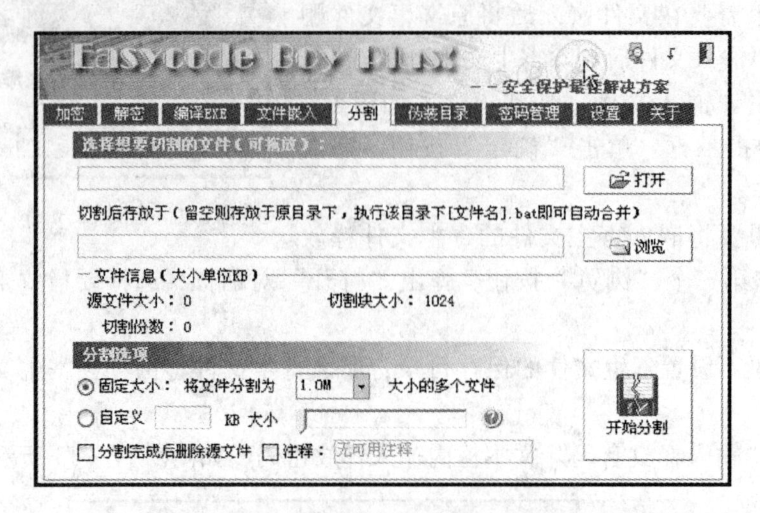

图 1—2—15

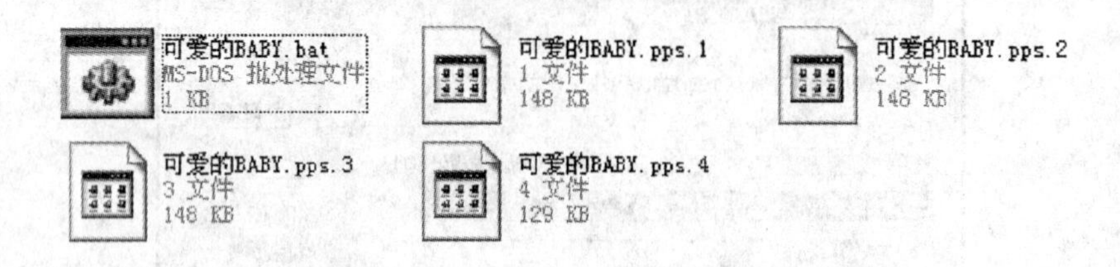

图 1—2—16

6. 伪装目录

利用 Easycode Boy Plus! 可以将某个文件夹伪装成一个文件，具体步骤如下：

(1) 打开如图 1—2—17 所示的“伪装目录”选项卡。

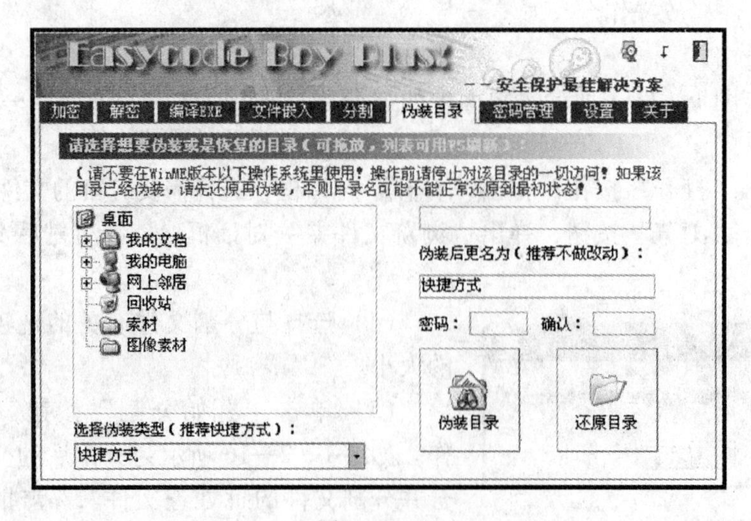

图 1—2—17

（2）在左边的文件夹列表框中单击需要伪装的文件夹，如“新建文件夹”，则在右边的第一个文本框中显示该文件夹。

（3）在右边的第二个文本框内输入伪装文件的名称，最好使用默认名称“快捷方式”。

（4）输入并确认密码。

（5）单击“伪装目录”按钮，完成伪装操作。

如果以后要还原目录，在图1—2—17所示的第一个文本框内输入伪装文件的路径，如“E:\快捷方式”，单击“还原目录”按钮，在打开的对话框中输入密码即可还原目录。

▶相关知识与技能

1．加密的概念

数据加密的基本过程就是对原来为“明文”的文件或数据按某种算法进行处理，使其成为不可读的一段代码，通常称为“密文”，只有在输入相应的密钥之后才能显示出其本来的内容，通过这样的途径来达到保护数据不被非法窃取、阅读的目的。该过程的逆过程为解密，即将该编码信息转化为其原来数据的过程。

2．两种加密方法

加密技术通常分为两大类：对称式加密和非对称式加密。

对称式加密就是加密和解密使用同一个密钥，通常称之为会话密钥。这种加密技术目前被广泛采用，如美国政府所采用的DES加密标准就是一种典型的对称式加密法，它的密钥长度为56位（bits）。

非对称式加密就是加密和解密使用的不是同一个密钥，通常有两个密钥，称为公钥（Public key）和私钥（Private key），它们两个必须配对使用，否则无法打开加密文件。这里的“公钥”是指可以对外公布的，“私钥”则不能，只能是持有人本人知道。它的优越性就在这里，因为对称式加密法如果是在网络上传输加密文件就很难把密钥告诉对方，不管采用什么方法都有可能被窃听。而非对称式加密法有两个密钥，且其中的公钥是可以公开的，也就不怕被人知道，收件人解密时只要用自己的私钥即可，这样可以很好地避免密钥的传输安全性问题。

3．数据加密的标准

最早、最著名的保密密钥或对称密钥加密算法DES（Data Encryption Standard）是由IBM公司在20世纪70年代发展起来的，并经政府的加密标准筛选后，于1976年11月被美国政府采用，DES随后被美国国家标准局和美国国家标准协会（American National Standard Institute，ANSI）承认。DES使用56位密钥对64位数据块进行加密，并对64位数据块进行16轮编码。每轮编码时，一个48位的“每轮”密钥值由56位的完整密钥得出。DES用软件进行解码需要很长时间，而用硬件进行解码则速度非常快。

幸运的是，当时大多数黑客并没有足够的资金制造出这种硬件设备。在 1977 年，人们估计要耗资 2 000 万美元才能建成一台专门计算机用于 DES 的解密，而且需要 12 个小时的破解才能得到结果。当时 DES 被认为是一种十分强大的加密方法。

随着计算机硬件速度越来越快，制造一台这样特殊的机器的花费已经降到了 10 万美元左右，而用它来保护 10 亿美元的银行，那显然是不够保险了。另一方面，如果只用它来保护一台普通服务器，那么 DES 确实是一种好办法，因为黑客绝不会仅仅为入侵一台服务器而花费大量金钱去破解 DES 密文。

另一种非常著名的加密算法是 RSA（Rivest Shamir Adleman），RSA 算法是基于大数不可能被质因数分解而假设的公钥体系。简单地说，就是找两个很大的质数，一个对外公开的为“公钥”，另一个不告诉任何人的为“私钥”。这两个密钥是互补的，也就是说用公钥加密的密文可以用私钥解密，反过来也一样。

假设用户甲要寄信给用户乙，他们互相知道对方的公钥。甲就用乙的公钥加密邮件寄出，乙收到后就可以用自己的私钥解密出甲的原文。由于别人不知道乙的私钥，所以即使是甲本人也无法解密那封信，这就解决了信件保密的问题。另一方面，由于每个人都知道乙的公钥，因此他们都可以给乙发信。那么，乙怎样才能确认是不是甲的来信呢？这就要用到基于加密技术的数字签名了。

甲用自己的私钥将签名内容加密并附加在邮件后，再用乙的公钥将整个邮件加密（注意这里的先后次序，如果先加密再签名的话，别人可以将签名去掉后签上自己的名字，从而篡改了签名）。在这份密文被乙收到后，乙就用自己的私钥对邮件进行解密，得到甲的原文和数字签名，然后再用甲的公钥解密签名，这样就可以确保两方面的安全了。

▶ 拓展与提高

1. 密码管理

为许多文件设置密码后，难免出现忘记密码的情况。Easycode Boy Plus！提供了密码管理功能，用于记录密码。

（1）打开如图 1—2—18 所示的“密码管理”选项卡。

（2）在左边的文本框内输入标题（用于记录加密的文件）、账户、密码等。

（3）单击“添加”按钮，将输入的数据添加到右边的密码列表中。

（4）单击“保存数据库”按钮，则在 Easycode Boy Plus！所在的文件夹中保存密码数据库。

（5）单击“备份数据库”按钮，可以将密码数据库保存在其他文件夹下。

（6）如要装入密码数据库，可以单击“恢复数据库”按钮，在打开的“浏览文件夹”对话框中选择密码数据库保存的文件夹即可装入密码数据库。

2. 为 Easycode Boy Plus！设置密码

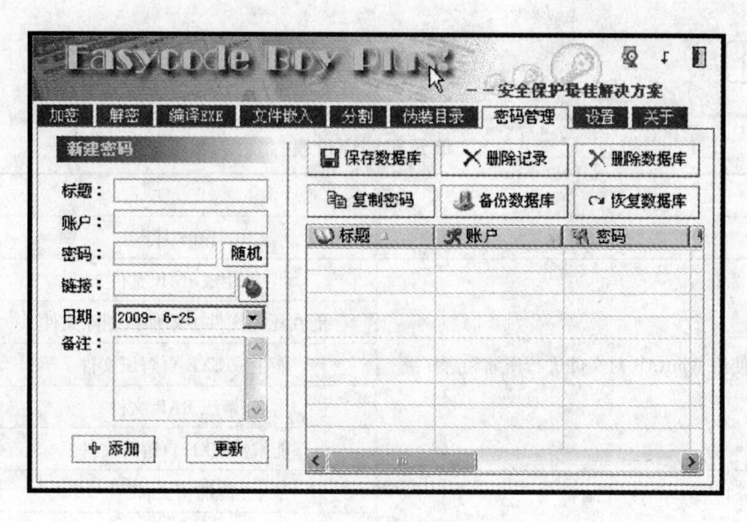

图 1—2—18

打开如图 1—2—19 所示的“设置”选项卡，勾选“进入程序必须输入密码”复选框，然后输入密码，单击“保存设置”按钮，即可将 Easycode Boy Plus! 设置为启动时需要输入密码，以便用户独自使用该软件，加强保密功能。

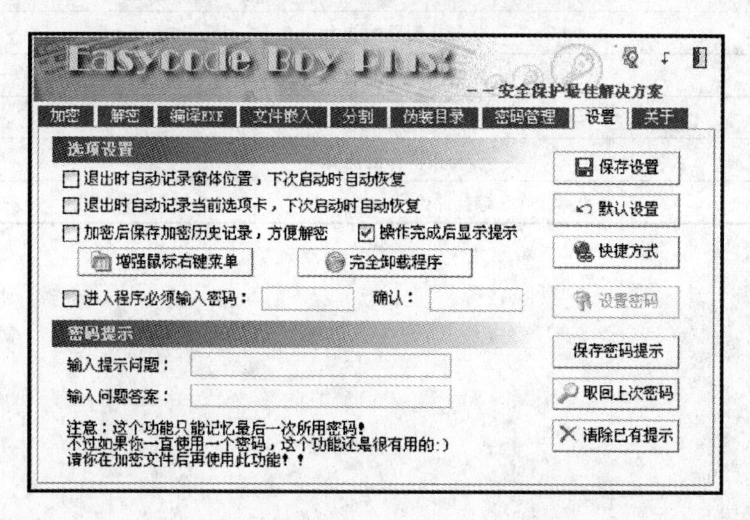

图 1—2—19

[思考与练习]

1. 如何利用 Easycode Boy Plus! 将文件编译为 EXE 自解密文件？
2. 怎样防止他人使用您的 Easycode Boy Plus! 软件？

单元评价

单元实训评价表

	内容		评价等级		
	能力目标	评价项目	A	B	C
职业能力	能使用 WinRAR 对文件进行压缩和解压缩	能生成 RAR 文件			
		能在压缩文件中添加或删除文件			
		能生成 EXE 自解压文件			
		能解压 RAR 文件			
		能解压 EXE 自解压文件			
	能使用 Easycode Boy Plus!加密和解密文件	能加密文件			
		能解密文件			
		能生成 EXE 自解密文件			
		能将文件嵌入其他文件隐藏			
		能对大文件进行分割			
		能对文件夹进行伪装			
通用能力	分析问题的能力				
	解决问题的能力				
	自我提高的能力				
	与人协作的能力				
综合评价					

单元二

使用网络工具软件

随着计算机技术和网络技术的发展，人们在日常生活和工作中都需要用到网络，掌握网络常用软件的使用迫在眉睫。目前网络软件主要涉及 Web 浏览器、收发电子邮件软件、网络搜索软件、下载工具等。

本单元主要从掌握常用网络工具使用的角度出发，分别给大家介绍 Foxmail、搜索引擎、FlashGet、Serv-U 和 FTP Server 的使用。

[能力目标]

- 能使用 Foxmail 收发电子邮件
- 能使用搜索引擎搜索要查找的内容
- 能使用网际快车 FlashGet 下载工具从网上下载文件
- 能使用 FTP 服务器端软件上传、下载文件

任务一　收发电子邮件

▶ 任务描述与分析

章强是一家国际贸易公司的员工。公司设立了自己的企业邮局，给员工带来了很大的方便。网络管理员发现大家都是用 Web 方式去访问邮箱，邮箱很快就会被占满，且不利于邮件的统一管理。网络管理员向大家建议，为了统一管理邮件，每个人采用 Foxmail 下载并管理邮件，这是一个易学易用的免费软件。下面以 Foxmail 6.0 为例来介绍发送电子邮件、接收电子邮件、回复电子邮件、转发电子邮件及邮箱管理等内容。

▶ 方法与步骤

1. 创建自己的账户

（1）单击“开始”→“程序”，单击 Foxmail 图标，启动 Foxmail。通常第一次启动 Foxmail 时，进入 Foxmail 用户向导，如图 2—1—1 所示，输入电子邮件地址、密码、账户名称、邮件中采用的名称并选择路径，单击“下一步”按钮。

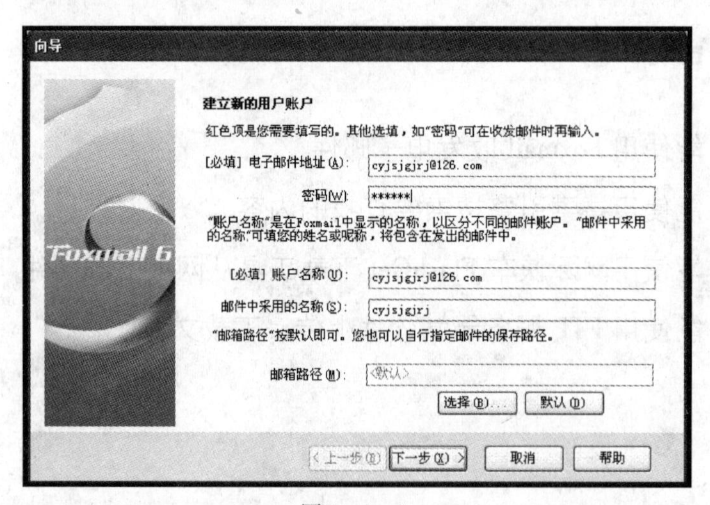

图 2—1—1

（2）指定邮件服务器，单击“下一步”按钮。如图 2—1—2 所示，选择“邮件在服务器上保留备份，被接收后不从服务器删除”，然后单击“完成”按钮。

（3）进入 Foxmail 主界面，单击“邮箱”→“修改邮箱账户属性”，如图 2—1—3 所示。

（4）在弹出的“邮箱账户设置”对话框中选定“邮件服务器”，设置发送邮件服务

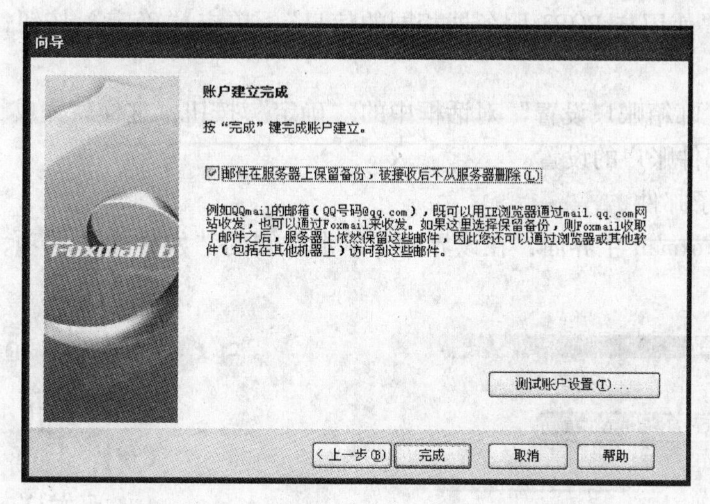

图 2—1—2

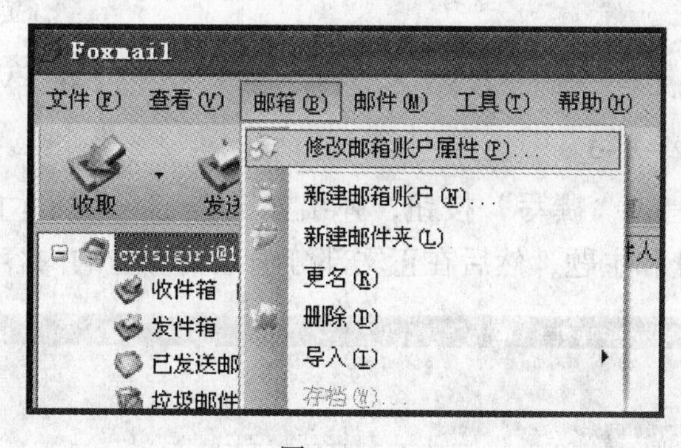

图 2—1—3

器（SMTP）和接收邮件服务器（POP3）的地址。申请不同的邮箱，该地址有所不同，根据邮箱网站上的帮助信息进行填写。

（5）勾选“SMTP 服务器需要身份验证”复选框，并单击旁边的“设置”按钮，如图 2—1—4 所示。

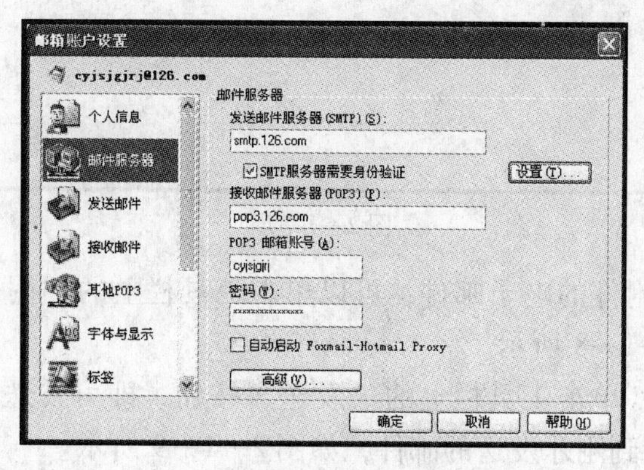

图 2—1—4

（6）选中“使用与 POP3 服务器相同的信息”，单击“确定”按钮，如图 2—1—5 所示。

（7）单击“邮箱账户设置”对话框中的“确定”按钮，这样就完成了 Foxmail 账户配置，即完成邮件账户的设置。

2．发送电子邮件

（1）进入 Foxmail 主界面，在该界面中单击左侧的“发件箱”选项，如图 2—1—6 所示。

图 2—1—5　　图 2—1—6

（2）单击工具栏上的“撰写”按钮，弹出如图 2—1—7 所示的窗口，在该窗口中输入收件人的邮箱地址和主题，然后在正文部分输入要发送的内容。

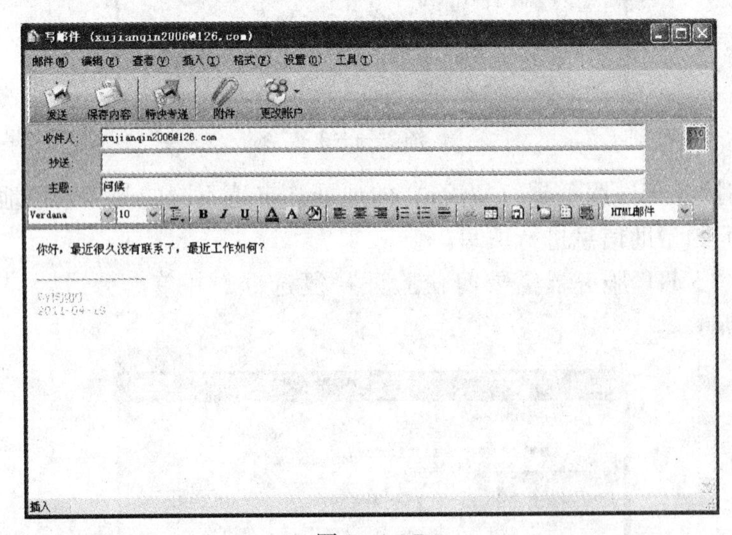

图 2—1—7

（3）若发送带有附件的电子邮件，可以单击工具栏上的“附件”按钮，为邮件添加附件内容，如图 2—1—8 所示。

（4）输入完成后，单击工具栏上的“发送”按钮，即可发送电子邮件。单击“已发送邮件箱”，即可看到刚才发送的邮件，如图 2—1—9 所示。

3．接收电子邮件

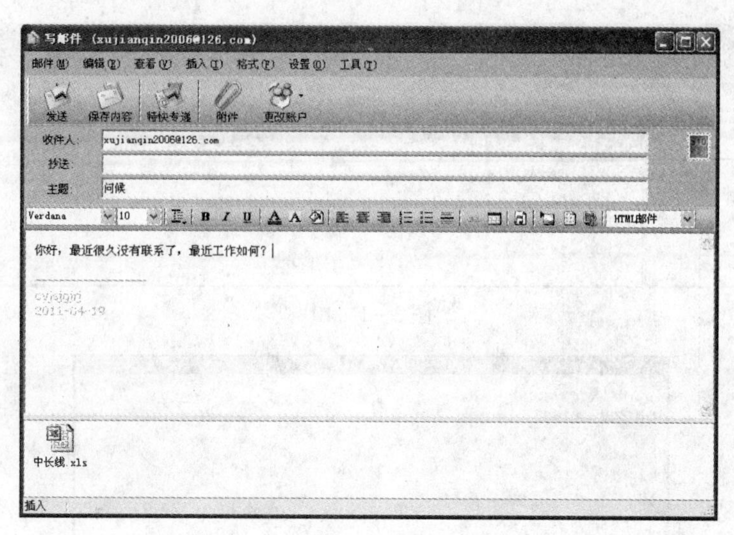

图 2—1—8

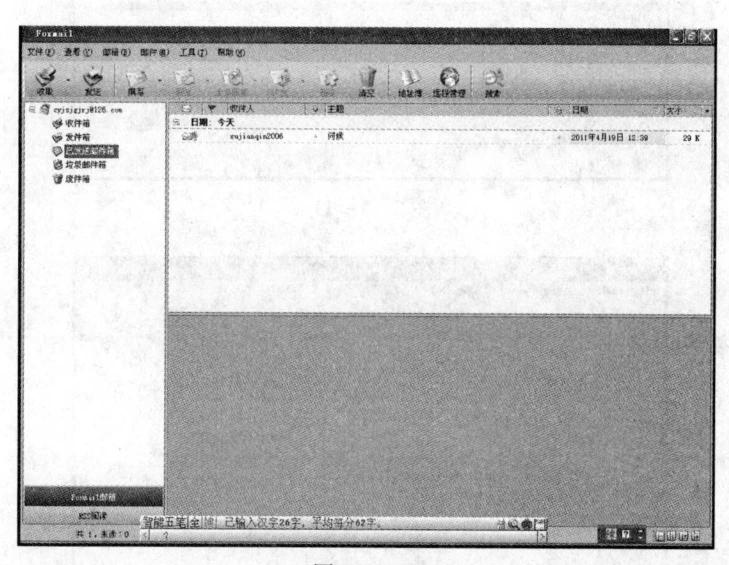

图 2—1—9

（1）在 Foxmail 主界面中单击工具栏上的“收取”按钮，收件箱中将出现邮件个数，单击“收件箱”，其右侧窗格中将出现电子邮件的日期、发件人邮箱和主题，如图 2—1—10 所示。

（2）单击收到的电子邮件，其下方窗格中将出现电子邮件的内容，如图 2—1—11 所示。

4. 回复和转发电子邮件

（1）双击收件箱中需要回复的电子邮件，出现如图 2—1—12 所示的窗口。

（2）单击“回复”按钮，出现如图 2—1—13 所示的窗口，输入回复内容。收件人的邮箱地址和主题自动添加。

（3）单击“发送”按钮，即完成回复邮件操作。

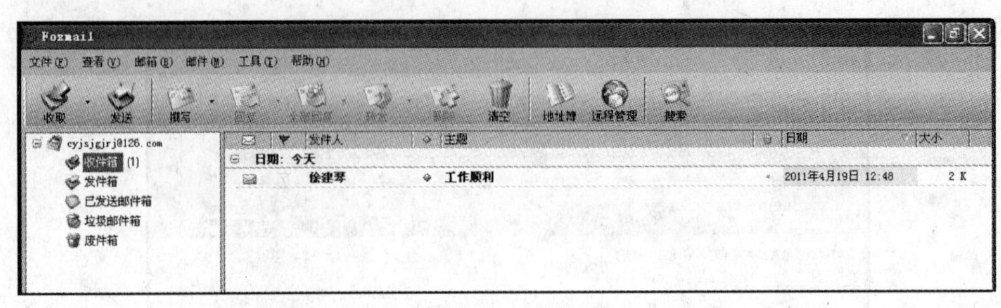

图 2—1—10

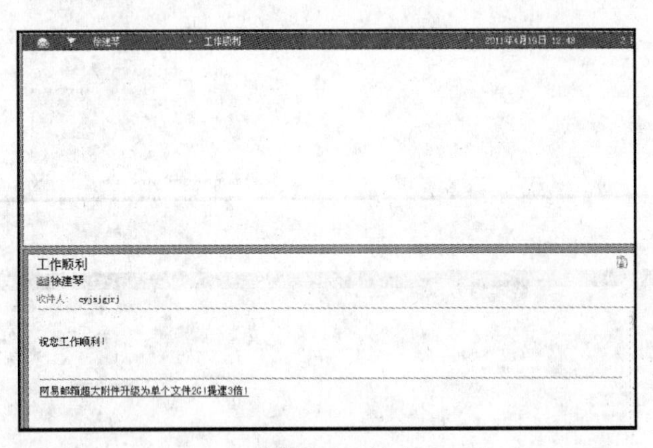

图 2—1—11

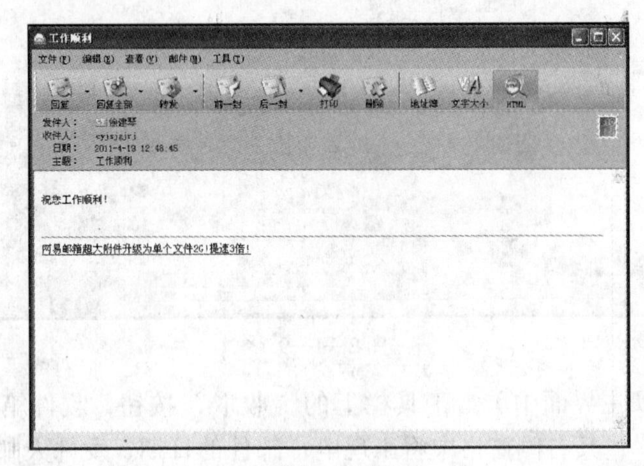

图 2—1—12

(4) 若要将此封邮件转发给其他人，可以在图 2—1—12 中单击“转发”按钮，出现如图 2—1—14 所示的窗口，输入需要转发给其他人的邮箱地址和内容。

特别要注意转发邮件和回复邮件在界面上的区别：转发收件人行中没有邮箱地址，而回复收件人行中将会出现原来发件人的邮箱地址。

5. 邮箱管理

(1) 当邮箱中的邮件太多时，可以对邮件进行归类。右击左侧窗格中的邮箱账户，弹出如图 2—1—15 所示的快捷菜单。

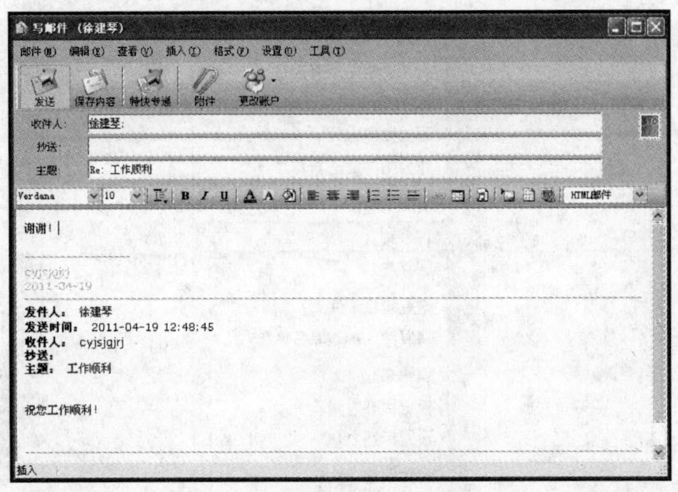

图 2—1—13

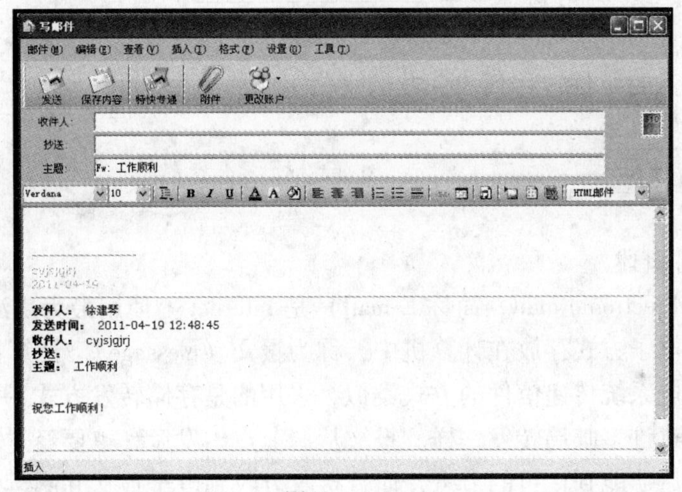

图 2—1—14

（2）单击“新建邮件夹”，输入邮件夹名称，如“朋友的来信”，如图 2—1—16 所示。

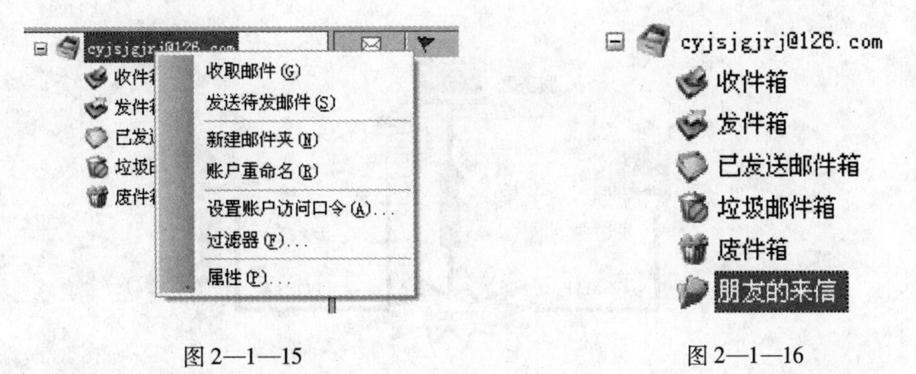

图 2—1—15　　　　图 2—1—16

（3）单击“收件箱”，选择朋友的邮件。右击弹出如图 2—1—17 所示的快捷菜单，选择“转移到...”，弹出“邮件夹”对话框。选择“朋友的来信”邮件夹，单击“确

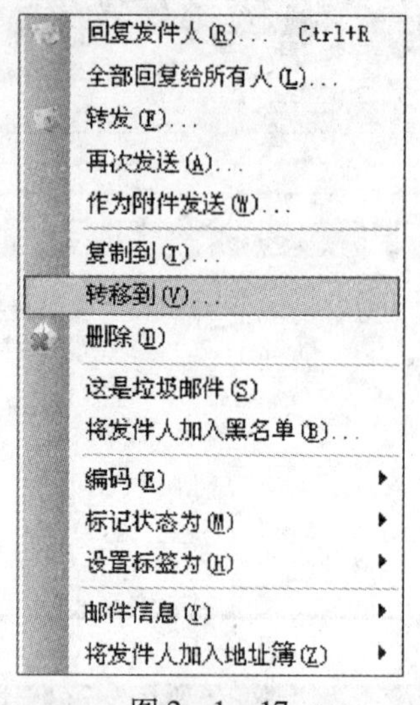

图 2—1—17

定”按钮，即将这封邮件转移到“朋友的来信”邮件夹中。

▶ 相关知识与技能

1. 电子邮件概述

电子邮件（Electronic mail，简称 E-mail）是 Internet 上使用最为广泛的一种服务。

电子邮件以电子方式存放在计算机中，称为报文（message）。计算机网络传送报文的方式与普通邮电系统传递信件的方式类似，采用的是存储转发方式，如同信件从源地到达目的地要经过许多邮局转发一样。报文从源节点出发后，也要经过若干网络节点的接收和转发，最后才能到达目的节点，而且接收方收到电子报文并阅读后，还可以以文件的方式保存下来，供今后查阅，如图 2—1—18 所示。由于报文是经过计算机网络传送的，其速度要比普通邮政快得多，收费也相对低廉，因而为用户提供了一种人际通信的良好手段。

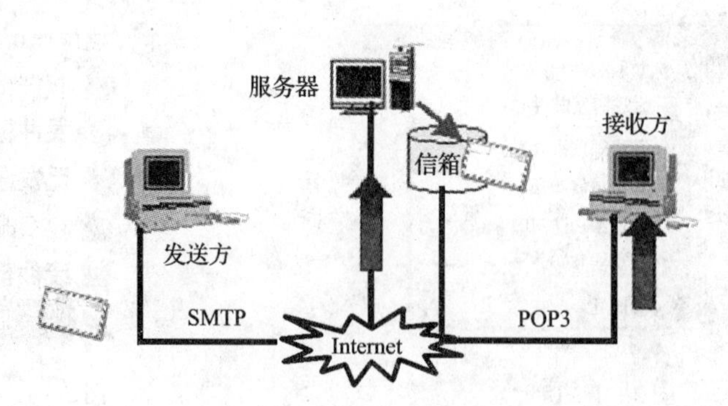

图 2—1—18

电子邮件报文中除可以包含文字信息外，还可以包含声音、图形、图像等多媒体形式的信息。

目前，上海政府网已经开通了市民信箱等，可以使得各个投诉部门、为民服务机构及时了解信息，不需要以往传统式的信件，这样可以大大提高工作效率。

2. 电子邮件使用的协议

邮件服务器使用的协议有简单邮件传输协议 SMTP（Simple Message Transfer Protocol）、电子邮件扩充协议 MIME（Multipurpose Internet Mail Extensions）和邮局协议 POP（Post Office Protocol）。POP 服务需要一个邮件服务器来提供，用户必须在该邮件服务器上取得账号才可使用这种服务。目前使用较普遍的是第三版 POP 协议，故又称为 POP3 协议。

3. 信箱地址及其格式

使用电子邮件系统的用户首先要有一个电子邮件信箱，该信箱在 Internet 上有唯一的地址，以便识别。电子邮件信箱和普通邮政信箱一样也是私有的，任何人可以将邮件投递到该信箱，但是只有信箱的主人才能够阅读信箱中的邮件内容，或从中删除和复制邮件。

像传统信件的信封有格式要求一样，电子邮件也有规范的地址格式。电子邮件信箱地址由字符串组成，该字符串被字符“@”分成两部分（字符“@”在英语中可读作“at”），前一部分为用户标识，可以使用该用户在该计算机上的登录名或其他标识，只要能够区分该计算机上的不同用户即可，如“zhangshan”；后一部分为用户信箱所在的计算机域名，如“ecust. edu. cn”（华东理工大学网络中心邮件服务器主机域名）。例如，“zhangshan@ecust. edu. cn”就是一个电子邮件地址。

所以，电子邮件地址的一般格式为：用户名@电子邮件服务器主机域名，如图 2—1—19 所示。

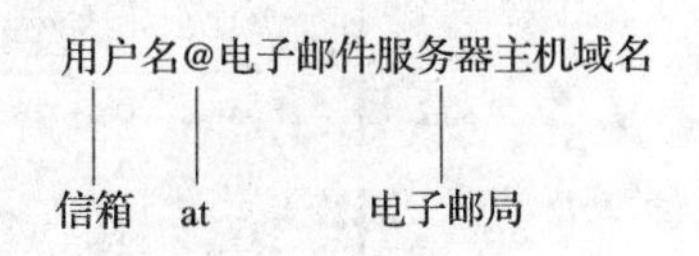

图 2—1—19

注意：电子邮件服务器主机域名不区分字母大小写，E-mail 的使用并不要求用户与注册的主机域名在同一地区。

拓展与提高

前面讲述接收电子邮件时是以一个电子邮件地址为例的，其实现在免费电子邮件非常的多，很多网虫都拥有好几个电子邮箱。那么，如何设置多个电子邮箱呢？

打开“邮箱”菜单下的“修改邮箱账户属性”，在“邮箱账户设置”对话框中点击“其他 POP3”，如图 2—1—20 所示。

这里写着“您可以同时连接到多个服务器收取邮件”，单击“新建”按钮，添加新信箱。先给新连接起个名字并写在“显示名称”文本框中，再在“POP3 服务器”文本框内填写这个连接的 POP3 服务器地址，然后分别在“POP3 账户”和“口令”文本框内填写用户名和邮件口令，填完后单击“确定”按钮，如图 2—1—21 所示。

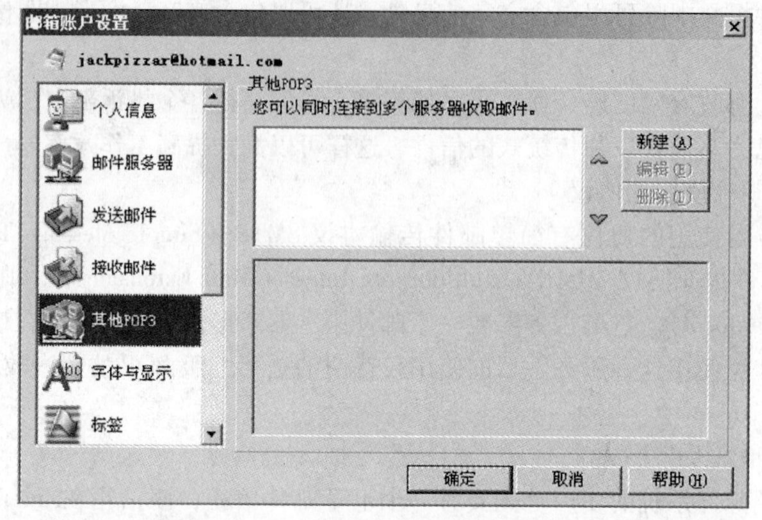

图 2—1—20

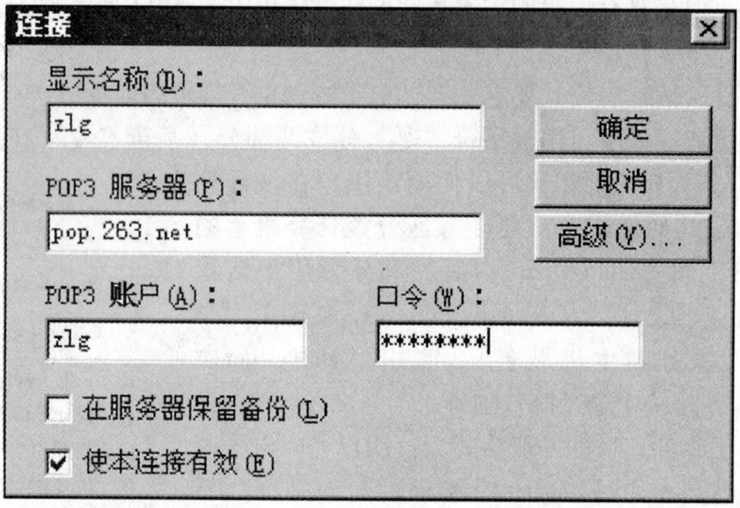

连接

显示名称(D)：

zlg

POP3 服务器(P)：

pop.263.net

POP3 账户(A)：

zlg

口令(W)：

****

在服务器保留备份(L)

使本连接有效(E)

确定

取消

高级(V)...

图 2—1—21

现在，这个新信箱就添加成功了。

[思考与练习]

1. 有哪些工具软件可以收发电子邮件？
2. 在 Foxmail 中怎样一次性地为许多用户发送同一电子邮件？
3. 使用 Foxmail 发送和接收电子邮件。

任务二　搜索网络信息

▶ 任务描述与分析

互联网的出现改变了人们的生活，而搜索引擎的出现改变了互联网。20 世纪 90 年代以前，世界上没有搜索引擎。

随着互联网的迅猛发展，面对成几何级数般增长的信息，网络用户想找到自己需要的资料如同大海捞针，于是为满足用户信息查询需求的专业搜索引擎便应运而生。Google 和百度是用来在互联网上搜索信息的简单快捷而强大的搜索工具，目前 Google 每天处理的搜索请求达到 2 亿次，而且这一数字还在不断增长。Google 数据库存有超过 100 亿个 Web 文件，是全文搜索引擎的代表，也是当今互联网上最为流行的搜索引擎之一。

▶ 方法与步骤

1. 使用 Google 搜索需要查询的内容：常规搜索

（1）打开浏览器，在地址栏中输入“http://www. google. cn”，进入 Google 主页。

（2）在 Google 主页的搜索栏中输入要搜索的内容，如图 2—2—1 所示。输入完成后单击 Google 搜索 按钮，即可弹出要搜索的网址列表，如图 2—2—2 所示。

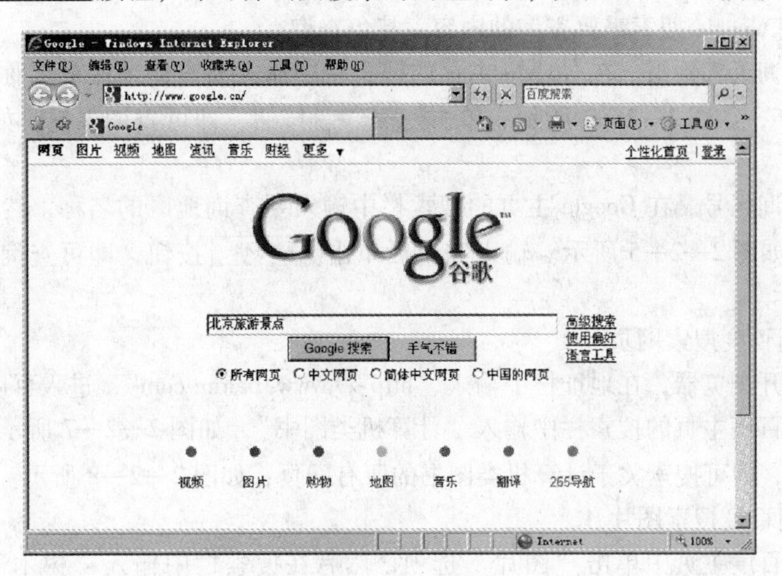

图 2—2—1

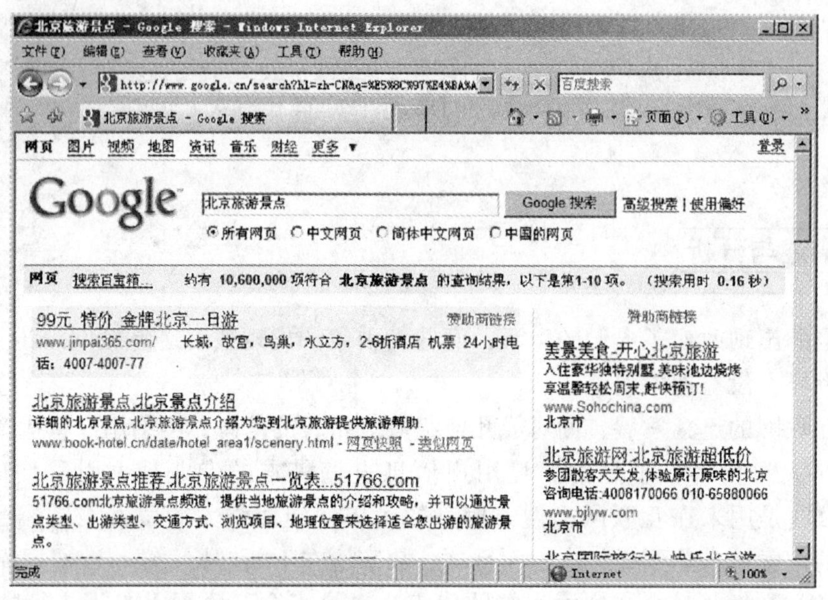

图 2—2—2

若选择“所有网页”单选按钮，则搜索时将列出所有网页（包括英文和中文）；若选择“中文网页”单选按钮，则列出所有中文网页（包括简体和繁体）；若选择“简体中文网页”单选按钮，则在搜索时只列出简体中文网页。在搜索时，若单击 手气不错 按钮，则只显示与搜索内容相关的一个网页。

2．使用 Google 搜索需要查询的内容：特色查询

（1）查询天气预报。在 Google 主页的搜索栏中输入要查询地区的名称，然后输入“天气”二字，如图 2—2—3 所示。单击 手气不错 按钮，即可查询天气，如图 2—2—4 所示。

（2）查询区号。在 Google 主页的搜索栏中输入要查询地区的名称，然后输入“区号”二字，如图 2—2—5 所示。输入完成后单击 手气不错 按钮，即可查询区号，如图 2—2—6 所示。

3．使用百度搜索网页

（1）打开浏览器，在地址栏中输入“http://www.baidu.com”，进入百度主页。

（2）在百度主页的搜索栏中输入“计算机类图书”，如图 2—2—7 所示，然后单击 百度一下 按钮，即可搜索关于计算机类图书的所有网页，如图 2—2—8 所示。

4．使用百度搜索图片

（1）在百度主页中单击“图片”选项，然后在搜索栏中输入“树木”，如图 2—2—9 所示。

图 2—2—3

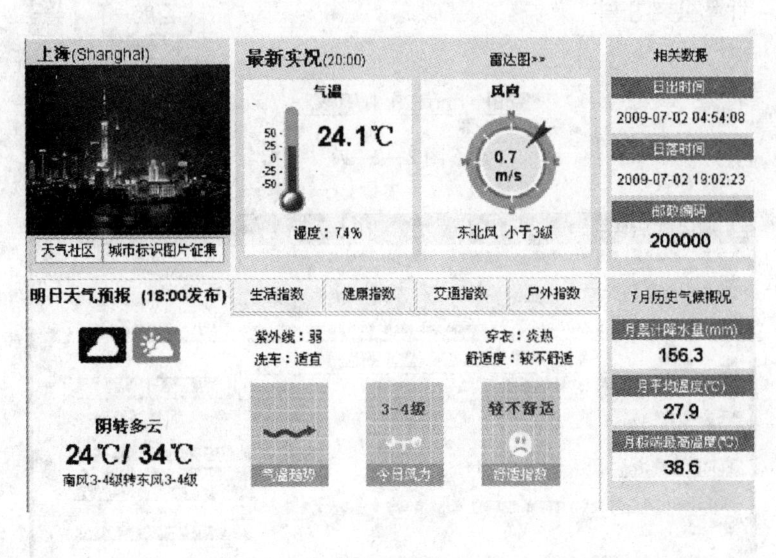

图 2—2—4

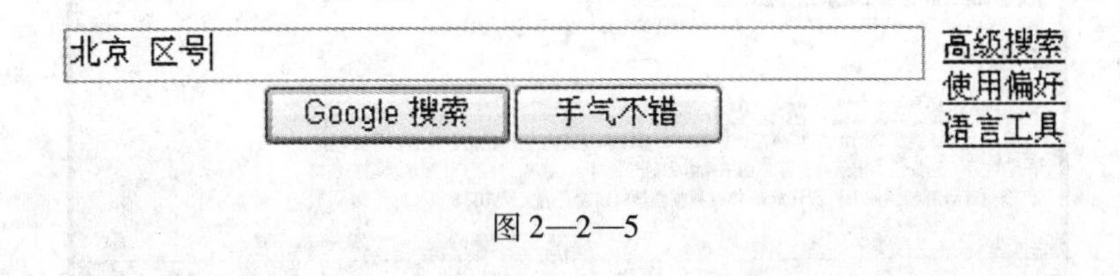

图 2—2—5

省份	地区	国内长途电话区号	邮政编码
北京	北京	010	请看：北京邮编
北京	东城	010	请看：东城邮编
北京	西城	010	请看：西城邮编
北京	崇文	010	请看：崇文邮编
北京	宣武	010	请看：宣武邮编
北京	朝阳	010	请看：朝阳邮编
北京	丰台	010	请看：丰台邮编
北京	石景山	010	请看：石景山邮编
北京	海淀	010	请看：海淀邮编
北京	门头沟	010	请看：门头沟邮编
北京	房山	010	请看：房山邮编
北京	通州	010	请看：通州邮编

图 2—2—6

新闻 网页 贴吧 知道 MP3 图片 视频

计算机类图书 百度一下 设置 高级

空间 hao123 | 更多>>

图 2—2—7

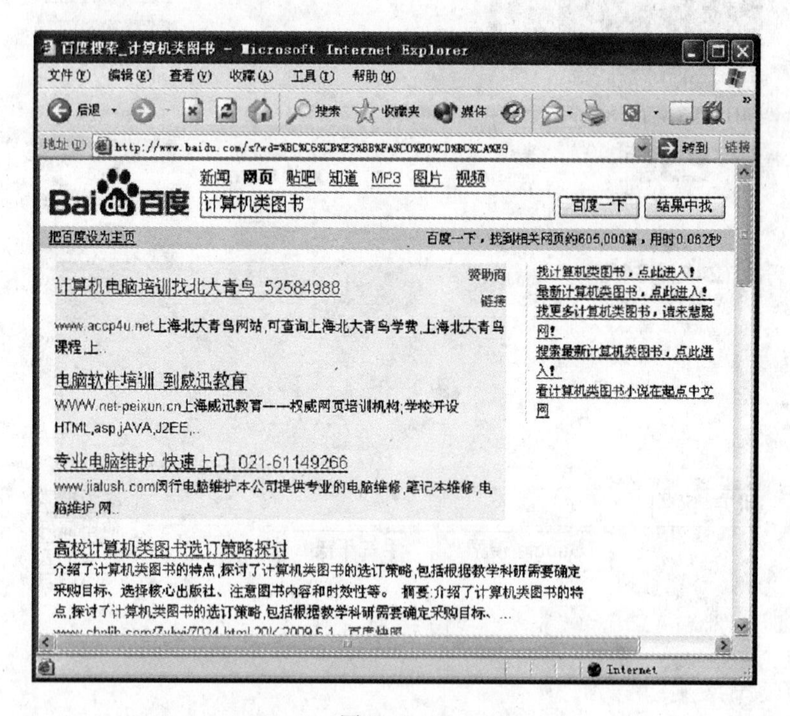

图 2—2—8

新闻 网页 贴吧 知道 MP3 图片 视频

树木 百度一下 帮助 高级

○新闻图片 ◉全部图片 ○大图 ○中图 ○小图 ○壁纸

图 2—2—9

（2）单击 百度一下 按钮，即可列出有关树木的图片，如图 2—2—10 所示。

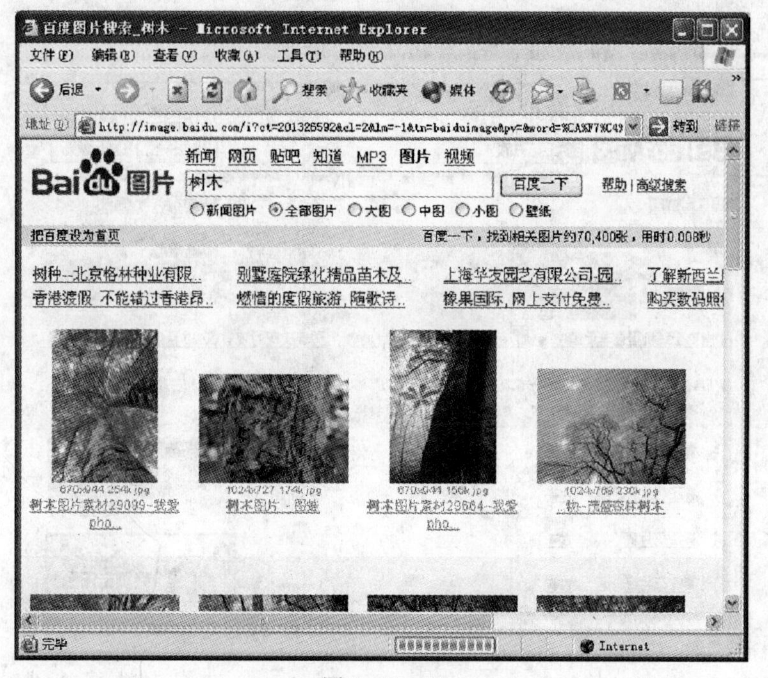

图 2—2—10

默认情况下，搜索图片时会搜索全部图片。若选择“新闻图片”单选按钮，则搜索与树木有关的新闻图片；若分别选择“大图”“中图”“小图”单选按钮，则按照图片的大小分别列出树木的图片；若选择“壁纸”单选按钮，则列出能作为壁纸使用的树木的图片。

5. 使用百度搜索音乐

（1）在百度主页中单击“MP3”选项，然后在搜索栏中输入“春江花月夜”，如图 2—2—11 所示。

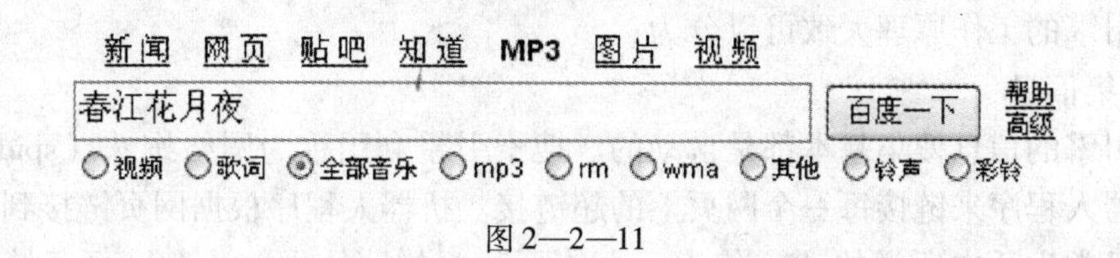

图 2—2—11

（2）单击百度一下按钮，即可搜索到所要查找的音乐，如图 2—2—12 所示。

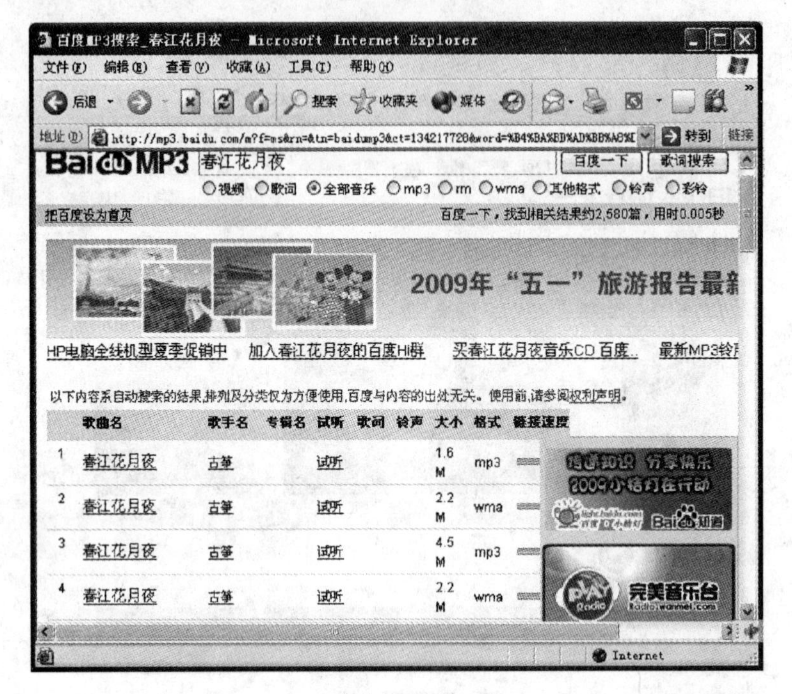

图 2—2—12

默认情况下，搜索音乐时会搜索全部音乐。若选择“歌词”单选按钮，将搜索歌曲的歌词；若分别选择“mp3”“rm”“wma”单选按钮，则分别搜索 *.mp3、*.rm、*.wma 格式的音乐；若选择“其他格式”单选按钮，则搜索其他格式的音乐。

▶ 相关知识与技能

搜索引擎是指自动从 Internet 上搜集信息，经过一定的整理，提供给用户进行查询的系统。Internet 上的信息浩瀚万千，而且毫无秩序，所有信息像汪洋中的一个个小岛，网页链接是这些小岛之间纵横交错的桥梁，而搜索引擎则会绘制一幅一目了然的信息地图，供用户随时查阅。

搜索引擎的工作原理大致可以分为：

1. 搜集信息

搜索引擎的信息搜集基本都是自动的。搜索引擎利用称为网络蜘蛛（spider）的自动搜索机器人程序来链接每一个网页上的超链接。机器人程序根据网页链接到其他超链接，就像日常生活中所说的“一传十，十传百”一样，从少数几个网页开始，链接到数据库上所有其他网页的链接。理论上讲，若网页上有适当的超链接，机器人程序便可以遍历绝大部分网页。

2. 整理信息

搜索引擎整理信息的过程称为建立索引。搜索引擎不仅要保存搜集起来的信息，还要将它们按照一定的规则进行编排。这样，搜索引擎根本不用重新翻查它所有保存过的信息而迅速找到所要的资料。想象一下，如果信息是不按任何规则地随意堆放在搜索引擎的数据库中，那么它每次找资料都得把整个资料库翻查一遍，如此一来再快的计算机系统也没有用。

3. 接受查询

用户向搜索引擎发出查询指令，搜索引擎接受查询指令并向用户返回资料。搜索引擎每时每刻都要接到来自大量用户的几乎是同时发出的查询，它按照每个用户的要求检查自己的索引，在极短的时间内找到用户所需的资料，并返回给用户。目前，搜索引擎返回资料主要采用的是网页链接的形式，通过这些链接，用户便能到达含有自己所需资料的网页。通常情况下，搜索引擎会在这些链接下提供一小段来自这些网页的摘要信息以帮助用户判断此网页是否含有自己需要的内容。

▶ 拓展与提高

1. 搜索引擎优化

搜索引擎优化是一种利用搜索引擎的搜索规则来提高目的网站在有关搜索引擎内的排名的方式。不少网站都希望通过各种形式来影响搜索引擎的排序，其中尤以各种依靠广告维生的网站为甚。针对搜索引擎做最佳化处理的目的是让网站更容易地被搜索引擎接受。

2. 搜索技巧

（1）在类别中搜索。许多搜索引擎都显示类别，如计算机和 Internet、商业和经济等类别。如果单击其中一个类别，然后再使用搜索引擎，可以选择是搜索整个 Internet 还是搜索当前类别。只在当前类别中搜索，可以大大缩短搜索时间。

（2）使用具体的关键字。如果想要搜索某个主题，则所提供的关键字越具体，搜索引擎返回无关站点的可能性就越小。

（3）使用多个关键字。还可以通过使用多个关键字来缩小搜索范围。一般而言，提供的关键字越多，搜索引擎返回的结果就越精确。

[思考与练习]

1. 使用 Google 搜索关于天气的网页。
2. 使用百度搜索动物照片。

任务三　下载网络资源

▶ 任务描述与分析

李明同学酷爱动画片，常常从网上下载。他发现下载一部容量较大的动画片所需时间较长，如果遇到计算机突然断电或死机则又需要重新下载，非常麻烦。此外，下载完后还需对下载内容进行分门别类的整理。是否有什么软件能够解决这些问题呢？

网际快车 FlashGet（JetCar）就可以解决这两个问题。FlashGet 通过把一个文件分成几个部分同时下载可以成倍地提高速度。FlashGet 可以创建不限数目的类别，每个类别指定单独的文件目录，不同的类别保存到不同的目录中。FlashGet 强大的管理功能包括支持拖拽、更名、添加描述、查找、文件名重复时可自动重命名等，而且下载前后均可管理文件。新版本添加了镜像和自动镜像查找功能，使得下载速度再上一个台阶。

本任务主要向大家介绍安装 FlashGet、下载任务管理、状态图标、文件管理、界面设置、站点资源管理器等内容。

▶ 方法与步骤

1. 安装 FlashGet 软件

（1）双击 FlashGet 安装文件，打开安装向导，单击“下一步”按钮。

（2）阅读许可证协议，单击“我接受”按钮，如图 2—3—1 所示。

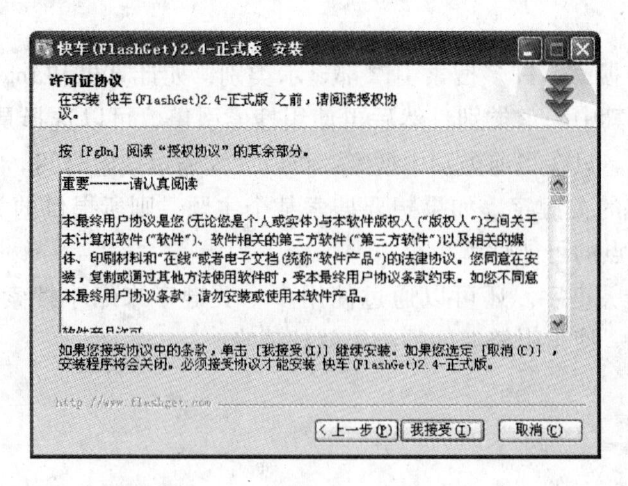

图 2—3—1

（3）选择此软件安装目录，默认安装路径为 C:\Program Files\FlashGet Network\

Flashget，如图2—3—2所示。如需更改安装目录，单击“浏览”按钮，在图2—3—3所示的对话框中选择相应的目标文件夹，单击“确定”按钮返回图2—3—2所示的窗口，单击“下一步”按钮。

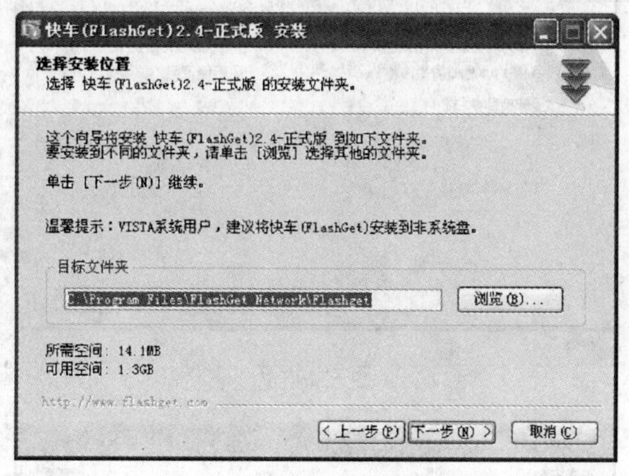

图2—3—2

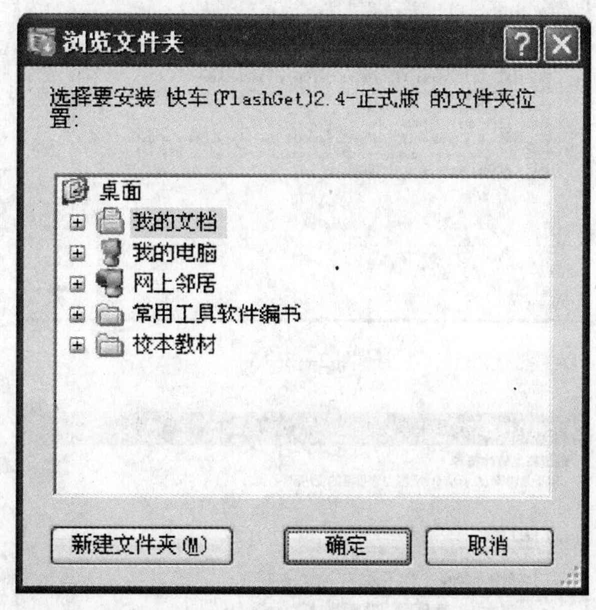

图2—3—3

（4）如图2—3—4所示，选择要执行的附加任务，包括基本设置和添加快捷方式，单击“下一步”按钮。

（5）等待文件复制完成，如图2—3—5所示。

（6）选择FlashGet联盟推荐使用的软件，包括PPLIVE网络电视、酷狗音乐2008、google工具栏等，这里可以选择不安装这些软件，将多选框前的“✓”取消，单击“下一步”按钮，如图2—3—6所示。

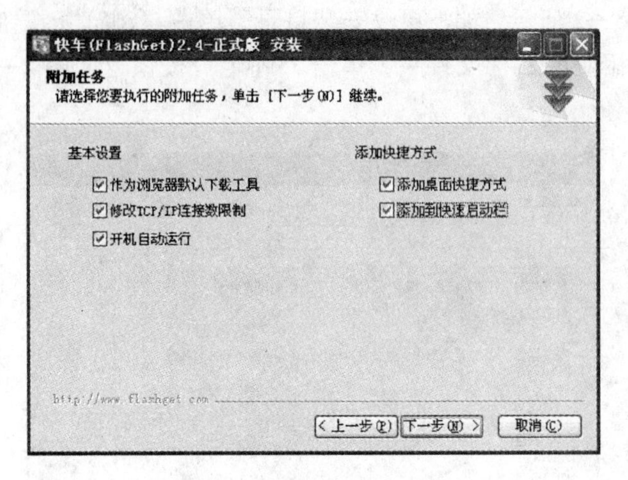

图 2—3—4

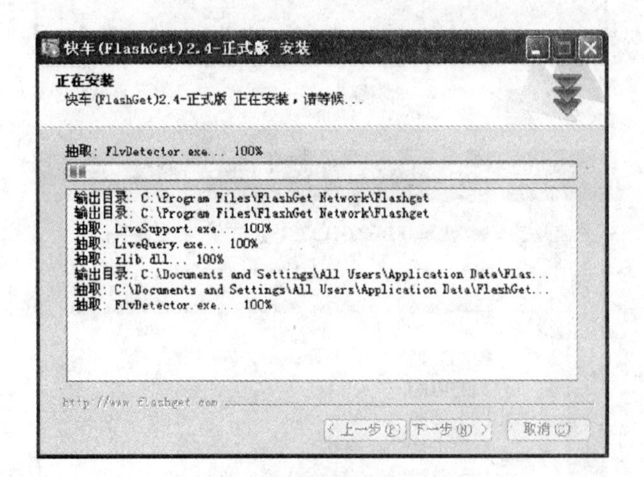

图 2—3—5

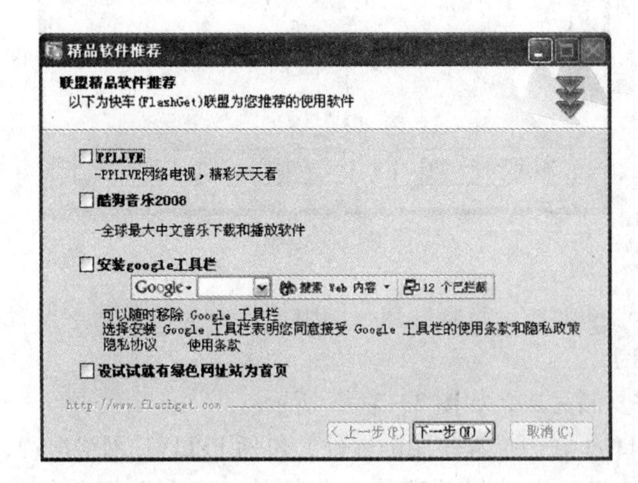

图 2—3—6

（7）单击“完成”按钮，完成 FlashGet 软件的安装，如图 2—3—7 所示。

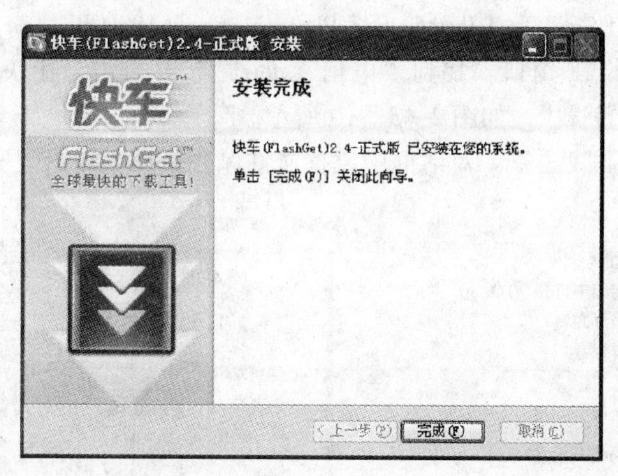

图 2—3—7

（8）首次打开 FlashGet 需要设置默认下载路径。可以通过“浏览”按钮修改下载文件保存路径。默认保存在 C:\Downloads 下，如图 2—3—8 所示。

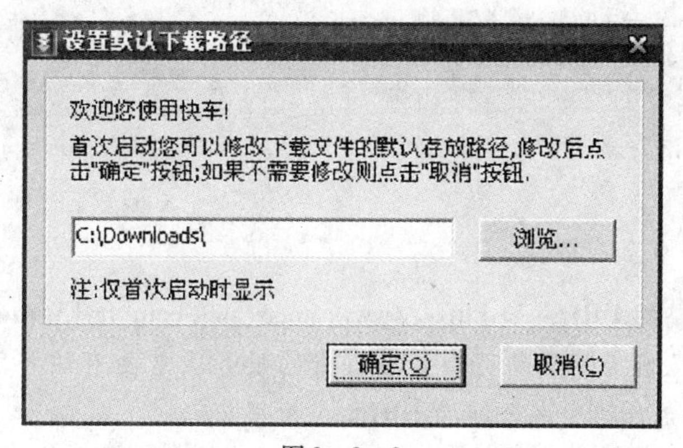

图 2—3—8

2. 使用 FlashGet 下载 ACDSee 软件

（1）打开 IE 浏览器，在地址栏中输入“http://www. pchome. net”，登录电脑之家网站。

（2）单击导航栏中的“下载”，打开软件下载网页。找到“图像编辑管理”分类中的“ACDSee”，如图 2—3—9 所示。

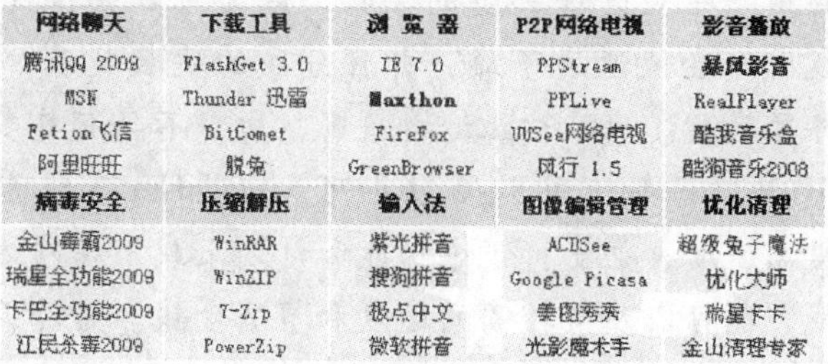

网络聊天	下载工具	浏 览 器	P2P网络电视	影音播放
腾讯QQ 2009	FlashGet 3.0	IE 7.0	PPStream	暴风影音
MSN	Thunder 迅雷	Maxthon	PPLive	RealPlayer
Fetion飞信	BitComet	FireFox	UUSee网络电视	酷我音乐盒
阿里旺旺	脱兔	GreenBrowser	风行 1.5	酷狗音乐2008
病毒安全	**压缩解压**	**输入法**	**图像编辑管理**	**优化清理**
金山毒霸2009	WinRAR	紫光拼音	ACDSee	超级兔子魔法
瑞星全功能2009	WinZIP	搜狗拼音	Google Picasa	优化大师
卡巴全功能2009	7-Zip	极点中文	美图秀秀	瑞星卡卡
江民杀毒2009	PowerZip	微软拼音	光影魔术手	金山清理专家

图 2—3—9

（3）单击“ACDSee”，打开 ACDSee Photo Manager 10.0 下载窗口，单击“立刻下载”按钮，打开新的 IE 窗口，找到“电信（new1）”并右击，在快捷菜单中选择“使用快车（FlashGet）下载”，如图 2—3—10 所示。

（4）在“添加下载任务”对话框中设置文件保存路径，如图 2—3—11 所示。

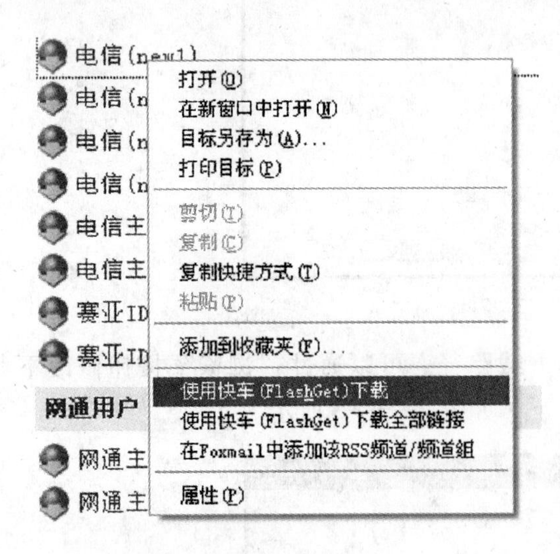

图 2—3—10

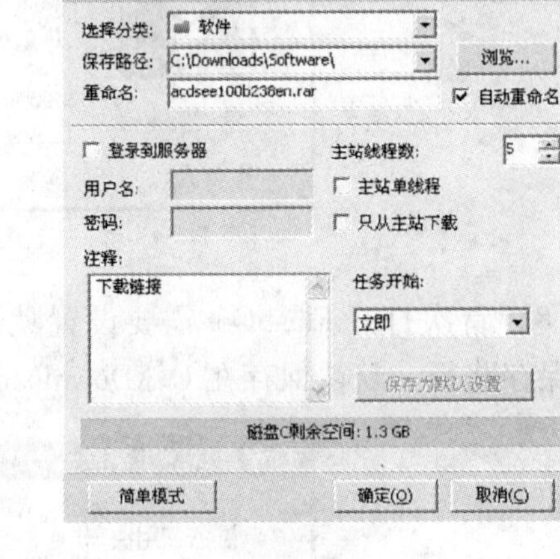

图 2—3—11

提示

- 地址：完整的 URL，如 http://www.amazesoft.com/fgf13.exe。
- 引用页：从哪里下载的页面 URL，有的服务器需要有该字段才可以下载，一般留空，FlashGet 会自动生成合适的 URL。
- 选择分类：当任务完成时，下载的文件会保存到该类别指定的目录中，缺省的类别为“下载完成”。本次下载的是软件，所以选择分类为“软件”。
- 保存路径：可指定文件保存到一个指定的目录中。可以通过“浏览”按钮修改保存路径。
- 重命名：下载的文件名。
- 主站线程数：能把一个文件分成最多 10 个线程同时下载，这样会获得几倍于单线程的速度。有的用户希望分成更多的块数，以为可以获得更快的速度，其实不然，有时更多的块数反而会使速度下降，并且分成的块数越多，服务器的负担也越重，有可能导致服务器崩溃。为了防止这种情况，所以不会有更多的块数，并且也不赞成用户全部分成 10 块，一般使用 3～5 块即可。FlashGet 不仅靠把一个文件分成几个部分同时下载来提高速度，也支持镜像功能和计划下载，在网络使用用户较少和费用较便宜的时段下载，也可以获得较高的速度和节省金钱。另外，还有一些提高速度的功能正在开发中。

- 登录到服务器、用户名、密码：有些服务器需要验证，在此添加验证信息。
- 任务开始：包括“手动”“立即”。“手动”只是添加到下载列表中但不会立即开始；“立即”设置好属性后立即开始下载。
- 注释：已经下载的文件经过较长时间可能忘了该文件的用处，在此可以添加注释以备查考。

（5）单击“确定”按钮，桌面上出现一个小窗口，显示下载进度，双击它打开 FlashGet 软件，显示该文件的下载情况，如图 2—3—12 所示。

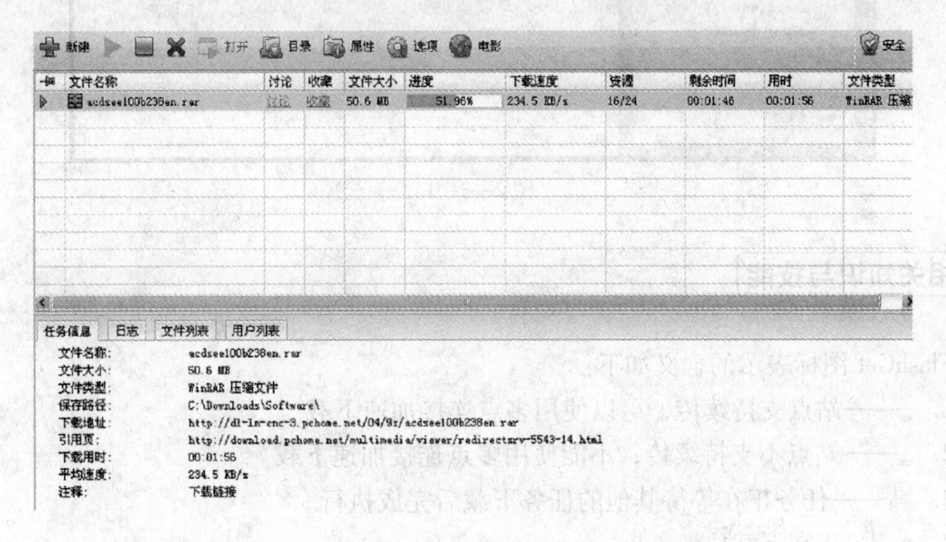

图 2—3—12

（6）下载完毕，该文件保存在“下载完成”的“软件”目录中，如图 2—3—13 所示。

图 2—3—13

（7）打开资源管理器，找到 C:\Downloads\Software，即可看到下载的文件，如图 2—3—14 所示。

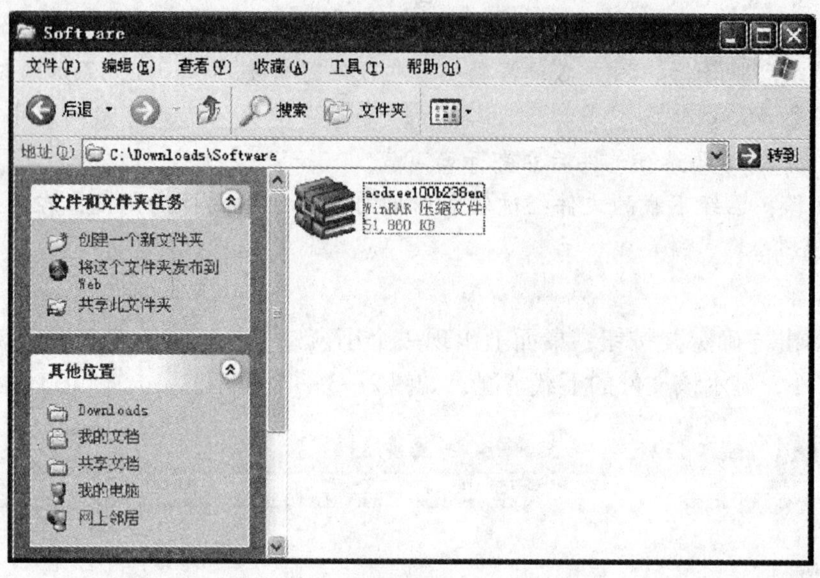

图 2—3—14

▶ 相关知识与技能

FlashGet 图标表示的含义如下：

1. ——站点支持续传，可以使用多点连接加速下载。
2. ——站点不支持续传，不能使用多点连接加速下载。
3. ——任务正在等待其他的任务下载后完成执行。
4. ——正在下载。
5. ✓——下载成功完成。
6. ✕——下载失败。
7. ——任务目前处于暂停状态。
8. ——任务处于计划下载状态。
9. ——检查更新的任务正在等待其他的任务下载后完成执行。
10. ——检查更新的任务正在执行。
11. ——检查更新的任务失败。
12. ——检查更新的任务处于暂停状态。
13. ——检查更新的任务处于计划下载状态。

▶ 拓展与提高

1. 基本知识

（1）下载。下载是通过网络进行文件传输，把互联网或其他计算机上的信息保存到本地计算机上的一种网络活动。下载可以显性或隐性地进行，只要是获得本地计算机上所没有的信息的活动，都可以认为是下载，如在线观看等。

（2）上传。上传就是将信息从个人计算机（本地计算机）传送到中央计算机（远程计算机）上，让网络上的用户能够看到，如将制作好的网页、文字、图片等发布到互联网上，供其他用户浏览、欣赏。“上传”的反义词是“下载”。

（3）断点续传。FTP 客户端软件断点续传指的是在上传或下载时，将上传或下载任务（一个文件或一个压缩包）人为地划分为几个部分，每一个部分采用一个线程进行上传或下载，如果碰到网络故障，可以从已经上传或下载的部分开始继续上传或下载未完成的部分，而没有必要从头开始上传或下载。断点续传可以节省时间，提高速度。

2. 文件管理

对下载文件进行归类整理是 FlashGet 最为重要和实用的功能之一。FlashGet 使用类别的概念来管理已下载的文件，每种类别可指定一个磁盘目录，所有指定下载任务完成后存放到该类别下，下载文件就会保存到该磁盘目录中。比如对于 mp3 文件可以创建类别“mp3”，指定文件目录“C:\download\mp3”，当下载一个 mp3 文件时，指定保存到类别“mp3”中，所有下载的文件就会保存到目录“C:\download\mp3”下。如果该类别下的文件太多，还可以创建子类别，比如可以在类别“mp3”下创建子类别“disk1”和“disk2”等，相应的目录对应于“C:\download\mp3\disk1”和“C:\download\mp3\disk2”等。FlashGet 允许创建任意数目的类别和子类别。下载文件存放的类别可以随时改变，具体的磁盘文件也可以在目录之间移动。对于类别的改变，FlashGet 提供了拖拽功能，只需简单地拖动，就可以对下载文件进行归类。

下载时不必指定存放的类别，下载完成后可以使用拖拽功能移动到相应的类别中。

[思考与练习]

1. 使用 FlashGet 软件下载文件有什么好处？
2. 使用 FlashGet 软件从网页上下载文件。
3. 在网上搜索一下，看看还有哪些常用的下载软件。

任务四　定向传输文件

▶ 任务描述与分析

一天，销售部的小明找到公司的网络管理员，并对他说："上海 ABC 贸易公司的技术白皮书要发给我们，可是文件太大，有 100 MB，发了几次邮件都失败了，以后他们每个星期都要发来这样大的文件，有什么办法可以解决这个问题?" 网络管理员考虑后，建议搭建 FTP 服务器，让客户将资料上传到公司的 FTP 服务器上，这样可以有效解决大容量文件远程传输的问题。

Serv-U 是 FTP 服务器软件，支持所有的 Windows 版本，而且安装简单、易于操作、功能强大。Serv-U 可以为每个用户设置单独的访问权限和磁盘配额。

▶ 方法与步骤

1. 准备工作

（1）在服务器上安装 Serv-U 软件，并创建目录 D:\ftproot 作为站点主目录，如图 2—4—1 所示。

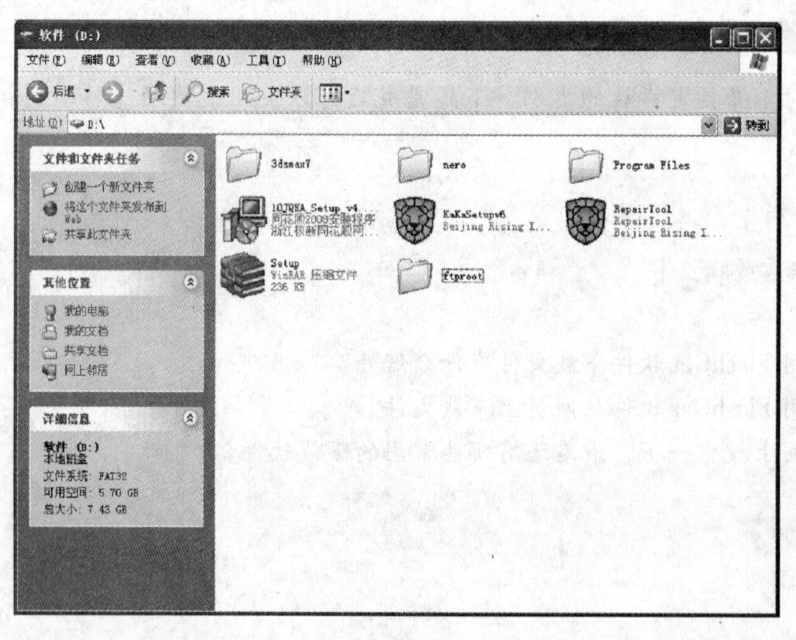

图 2—4—1

（2）检查 FTP 服务是否已启动。FTP 服务默认情况是开启状态，若 FTP 服务未启动，则单击“开始”→“设置”→“控制面板”。打开控制面板，双击“管理工具”，再双击“服务”，如图 2—4—2 所示，Windows 的 FTP 服务已经启动。

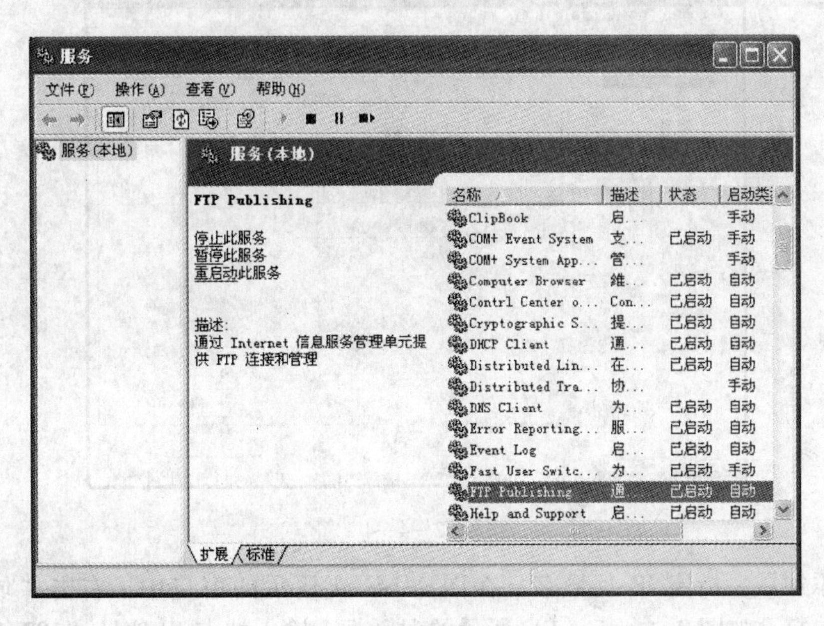

图 2—4—2

（3）双击“FTP Publishing”服务，打开其属性对话框，如图 2—4—3 所示。将其启动类型改为“手动”，单击“停止”按钮，停止 FTP 服务。

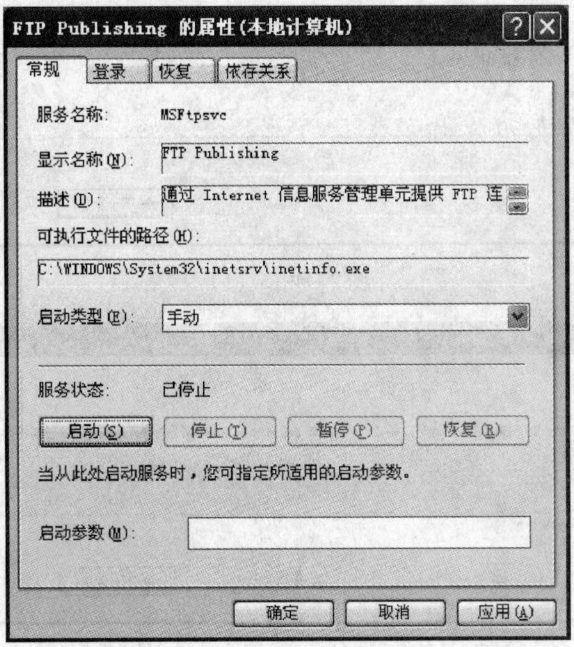

FTP Publishing 的属性(本地计算机)

常规　登录　恢复　依存关系

服务名称:　MSFtpsvc

显示名称(N):　FTP Publishing

描述(D):　通过 Internet 信息服务管理单元提供 FTP 连

可执行文件的路径(H):

C:\WINDOWS\System32\inetsrv\inetinfo.exe

启动类型(E):　手动

服务状态:　已停止

启动(S)　停止(T)　暂停(P)　恢复(R)

当从此处启动服务时，您可指定所适用的启动参数。

启动参数(M):

确定　取消　应用(A)

图 2—4—3

2. 创建 FTP 站点

（1）运行 Serv-U，打开如图 2—4—4 所示的窗口，可在此窗口停止或启动服务器。

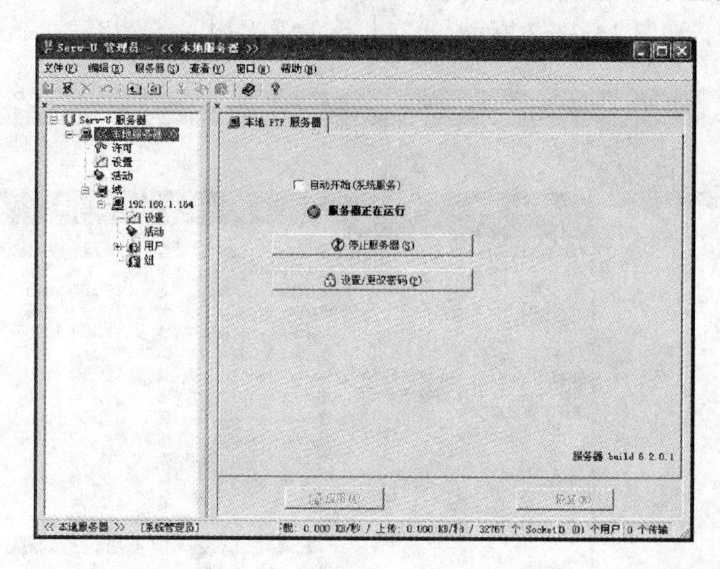

图 2—4—4

（2）添加域，指定 IP 及域名。在图 2—4—4 所示的窗口中，右击“域”，选择“新建域”，打开如图 2—4—5（1）所示的对话框。输入站点 IP 地址“192. 168. 1. 2”，单击“下一步”按钮，在图 2—4—5（2）中输入域名“ftp. maoyi. com”。

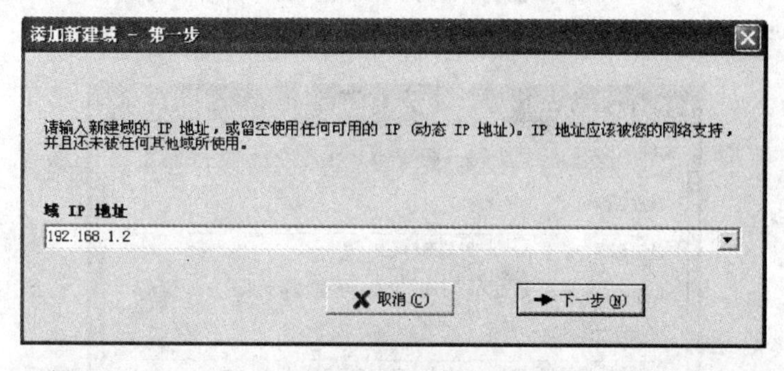

图 2—4—5（1）

图 2—4—5（2）

（3）指定 FTP 端口号。单击“下一步”按钮，在图 2—4—6 所示的对话框中输入端口号，默认 21 端口。

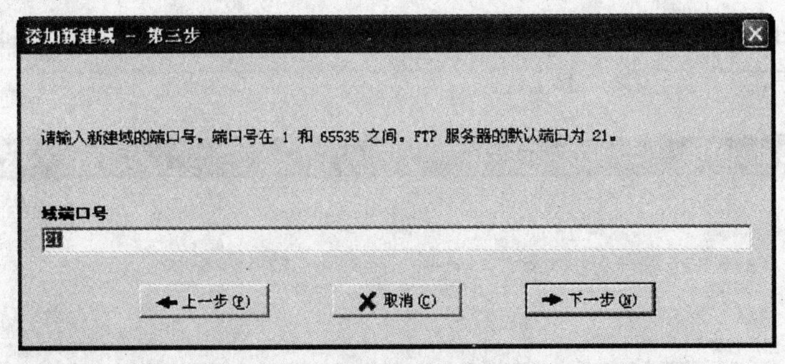

图 2—4—6

（4）选择配置文件存储方式。单击“下一步”按钮，在图 2—4—7 所示的对话框中选择配置文件存储方式，这里选择默认的 INI 方式。

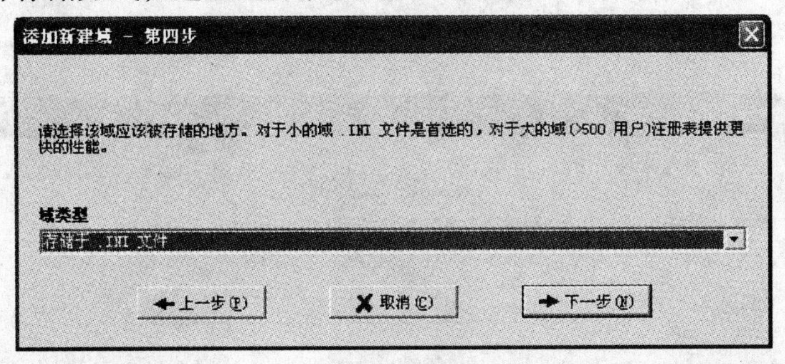

图 2—4—7

（5）完成站点的创建。单击“下一步”按钮，完成新站点的创建，如图 2—4—8 所示。

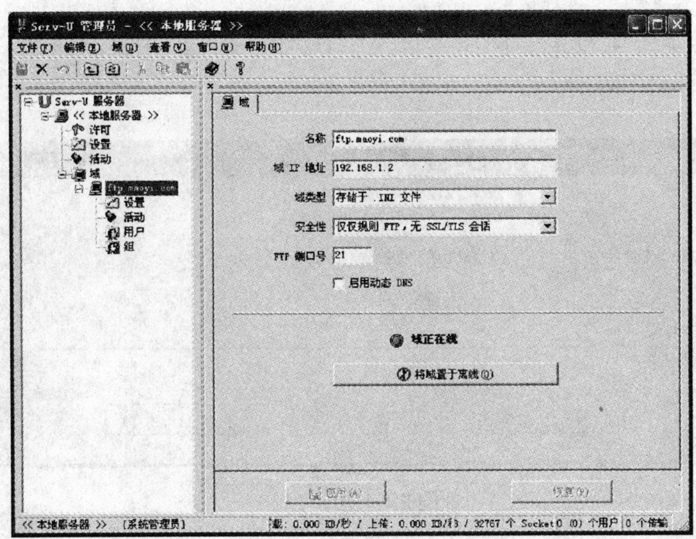

图 2—4—8

3. 添加用户及设置目录访问权限

（1）新建用户。在图 2—4—8 所示的窗口中，右击“用户”，在快捷菜单中选择“新建用户”。在图 2—4—9 所示的对话框中，依次输入用户名称“admin”和密码“123456”，并单击“下一步”按钮。

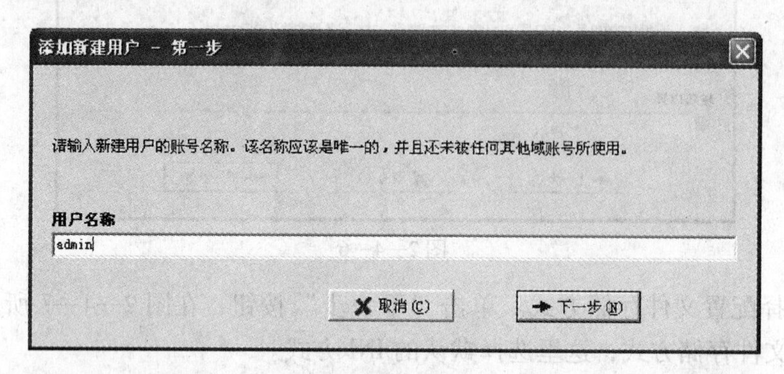

图 2—4—9（1）

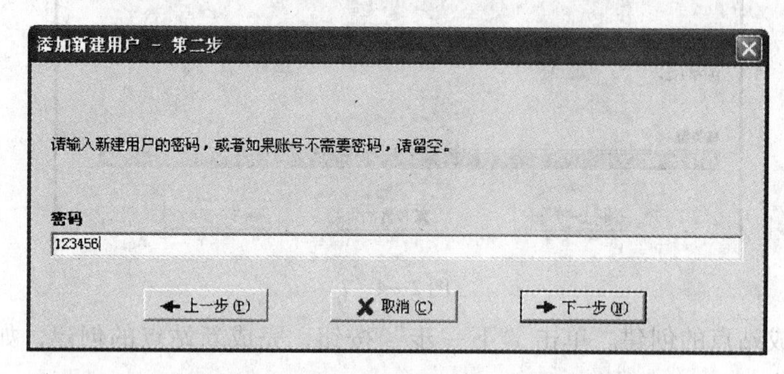

图 2—4—9（2）

（2）选择并锁定主目录。选择主目录“D:\ftproot”，并限制该用户只能访问其主目录，如图 2—4—10 所示。

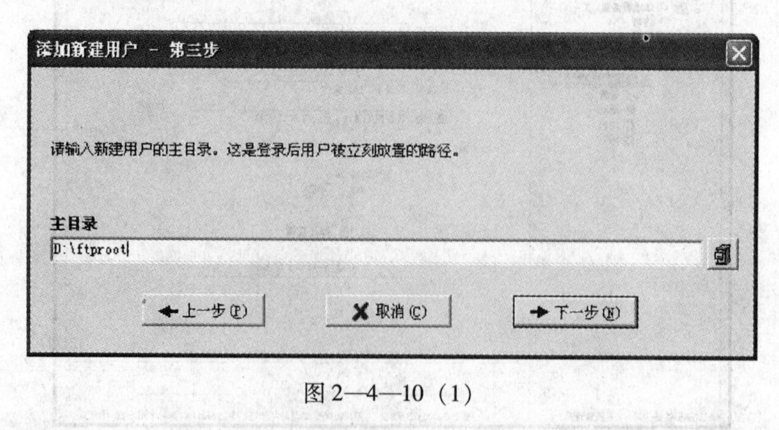

图 2—4—10（1）

（3）单击“完成”按钮，完成用户的创建，如图 2—4—11 所示。

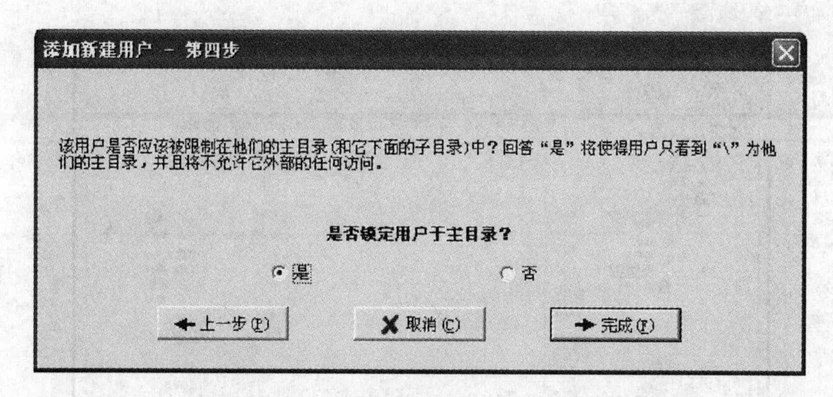

图2—4—10（2）

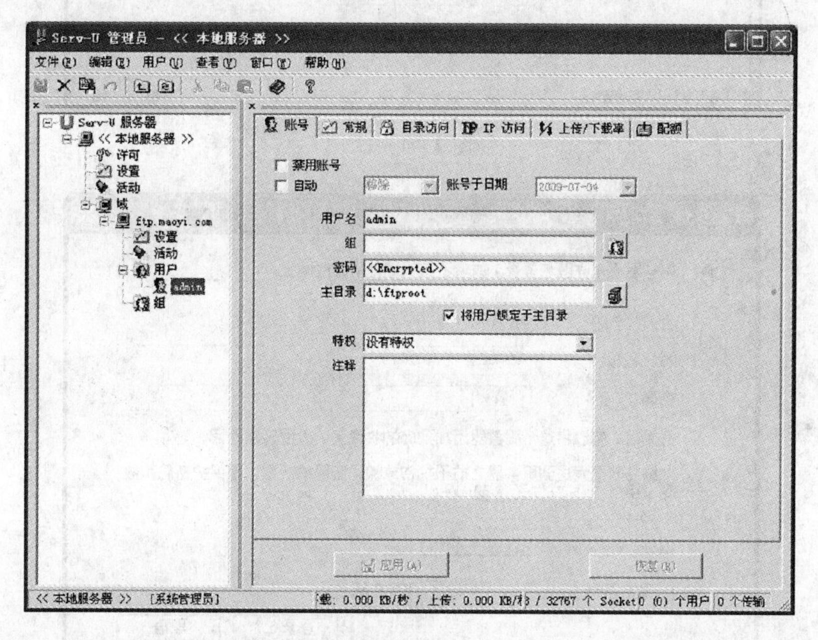

图2—4—11

（4）设置目录权限，admin用户有上传权限。选中admin用户，单击“目录访问”选项卡，选中要设置的主目录，设置访问权限为“读取”和“写入”。设置结束单击“应用”按钮，如图2—4—12所示。

4．登录FTP服务器并上传文件

网络管理员已经完成了FTP站点的创建，并且为ABC贸易公司创建了一个用户admin，验证此用户能否登录FTP服务器并上传文件。

（1）打开浏览器，在地址栏中输入“ftp://192.168.1.2”，此时出现要求输入用户名称和密码的对话框，如图2—4—13所示。

（2）输入用户名称和密码，单击“登录”按钮，成功登录FTP服务器，由于主目录中没有存放文件，所以没有内容，如图2—4—14所示。

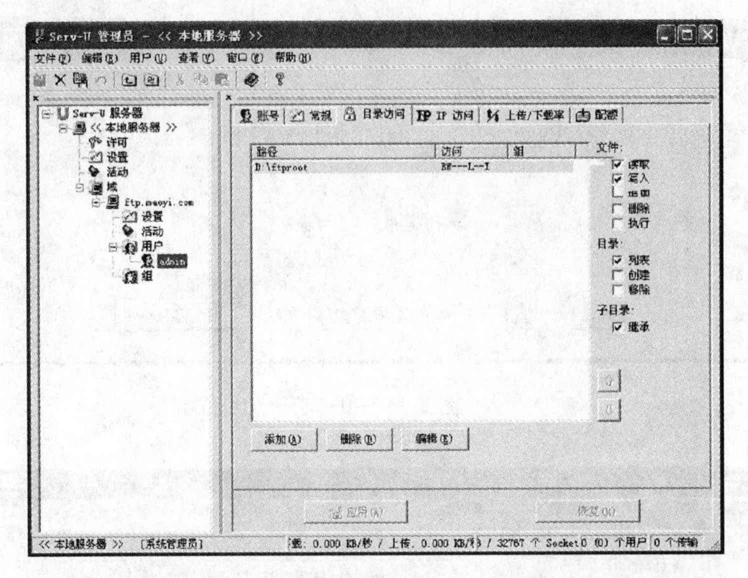

图 2—4—12

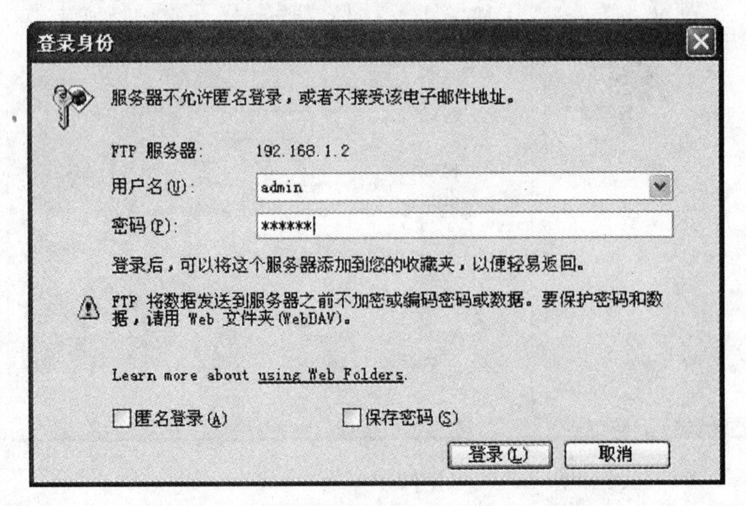

图 2—4—13

（3）将任意一个本地文件复制到 FTP 服务器上，发现可以正常上传，如图 2—4—15 所示。

5. 添加匿名用户

为了便于公司内部员工从 FTP 服务器上下载文件，网络管理员决定添加匿名用户。匿名用户不安全，但是可以通过“限制用户登录 IP”的方式来增强 FTP 站点的安全性。

（1）新建用户。在 Serv-U 中新建用户 anonymous，如图 2—4—16 所示。

（2）选择并锁定主目录。为匿名用户设置主目录“D:\ftproot”，并限制该用户只能访问其主目录，如图 2—4—17 所示。

（3）单击“完成”按钮，完成用户的创建。

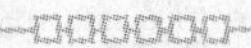

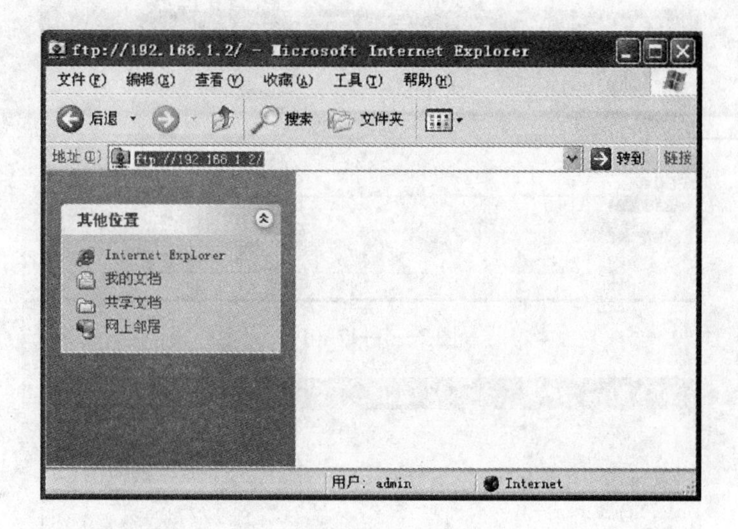

图 2—4—14

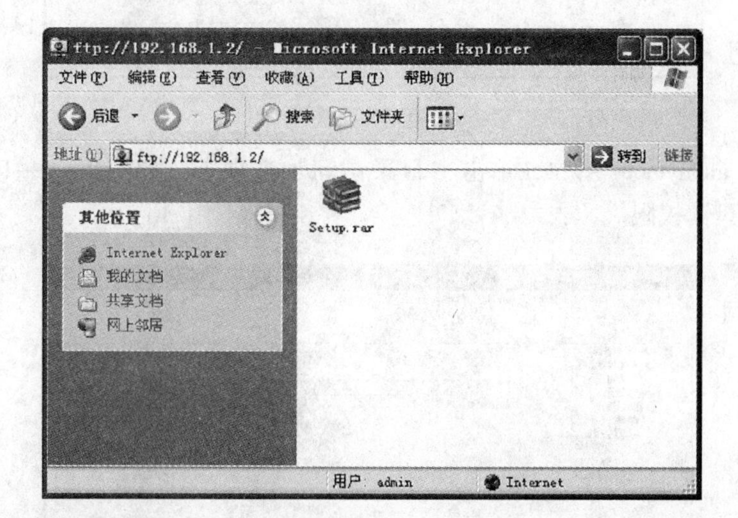

图 2—4—15

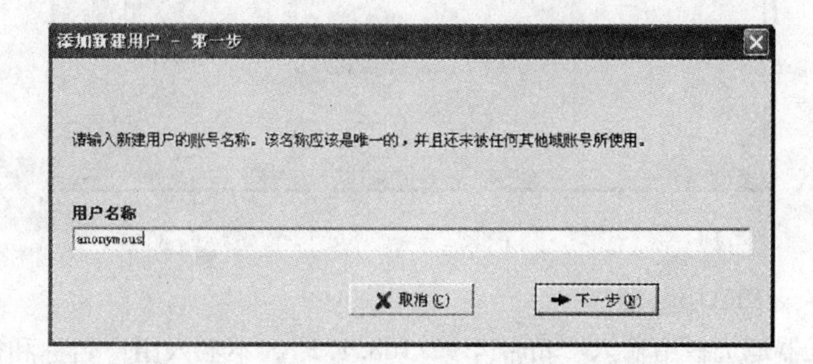

图 2—4—16

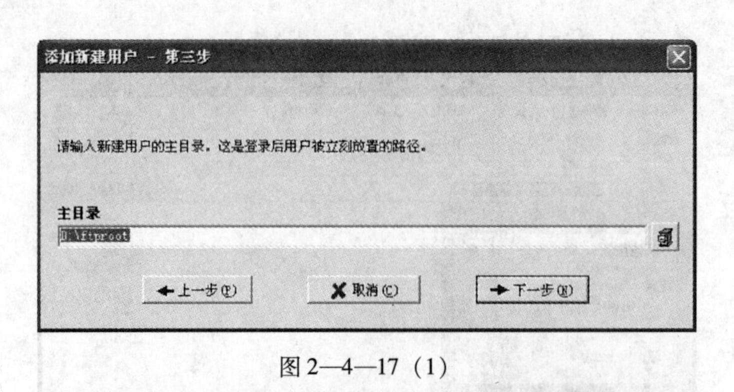

图 2—4—17（1）

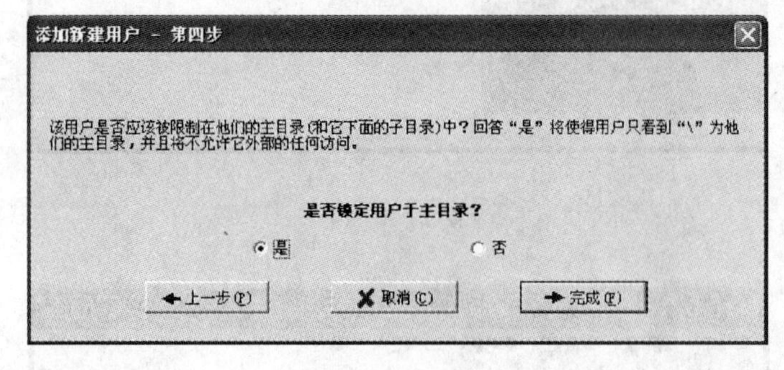

图 2—4—17（2）

（4）选中 anonymous 用户，单击“目录访问”选项卡，如图 2—4—18 所示。该用户默认已拥有只读权限。

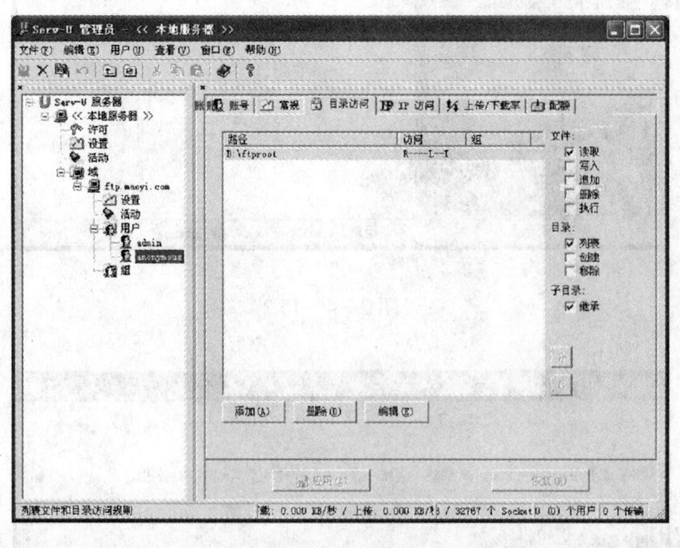

图 2—4—18

6. 匿名登录 FTP 服务器

在 IE 浏览器地址栏中输入“ftp://192.168.1.2”，不输入用户名称和密码，直接用匿名用户登录成功，如图 2—4—19 所示。匿名用户只能下载，不能上传。

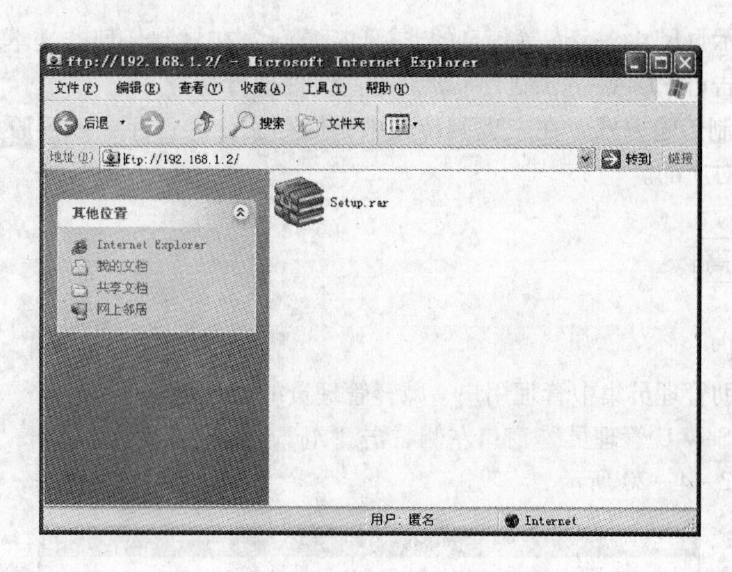

图 2—4—19

▶ 相关知识与技能

1. FTP 概述

FTP（File Transfer Protocol）是 TCP/IP 协议组中的协议之一，该协议是 Internet 文件传送的基础，并由一系列规格说明文档组成，目的是提高文件的共享性，提供非直接使用远程计算机，使存储介质对用户透明和可靠高效地传送数据。简单地说，FTP 就是完成两台计算机之间的复制，从远程计算机复制文件到自己的计算机上，称之为下载（download）文件。若将文件从自己的计算机复制到远程计算机上，则称之为上传（upload）文件。在 TCP/IP 协议中，FTP 标准命令 TCP 端口号为 21，Port 方式数据端口为 20。

FTP 协议的任务是将文件从一台计算机传送到另一台计算机，它与两台计算机所处的位置、连接的方式、是否使用相同的操作系统无关。假设两台计算机通过 FTP 协议对话，并且能访问 Internet，就可以用 FTP 命令来传输文件。每种操作系统在使用上会有一些细微的差别，但是每种协议基本的命令结构是相同的。

2. FTP 的传输方式

FTP 的传输有两种方式：ASCII 传输方式和二进制传输方式。

（1）ASCII 传输方式。假定用户正在复制的文件包含简单的 ASCII 码文本，如果在远程计算机上运行的不是 UNIX，当文件传输时，FTP 通常会自动调整文件内容，以便把文件解释成另外那台计算机存储文本文件的格式。

但是常常出现这样的情况，用户正在传输的文件包含的不是文本文件，它们可能是程序、数据库、字处理文件或者压缩文件（尽管字处理文件包含的大部分是文本，其中也包含有指示页尺寸、字库等信息的非打印字符）。在复制任何非文本文件之前，使用 binary 命令告诉 FTP 逐字复制，不要对这些文件进行处理。

（2）二进制传输方式。在二进制传输中，保存文件的位序，以便原始和复制的文件是逐位一一对应的。

▶ 拓展与提高

1．添加组

组可以帮助管理员集中管理用户，减轻管理员的工作量。

（1）在“Serv-U 管理员”窗口左侧右击“组”，在快捷菜单中选择“新建组”，输入组名，如图 2—4—20 所示。

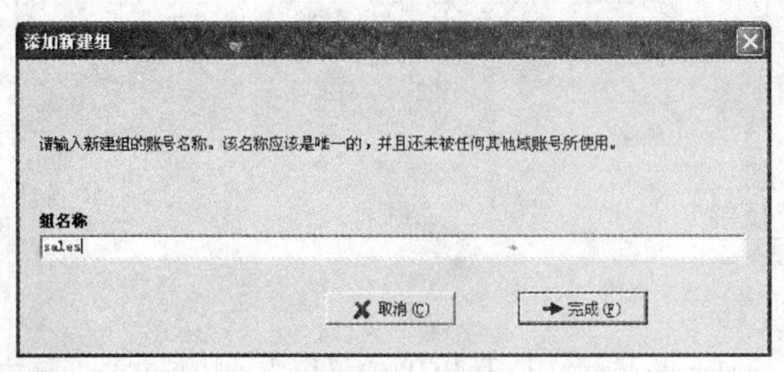

图 2—4—20

（2）单击“完成”按钮，完成组的创建，如图 2—4—21 所示。

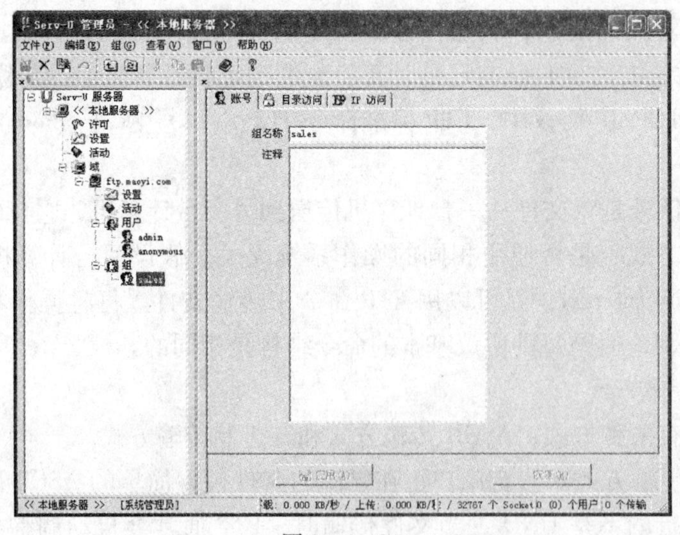

图 2—4—21

（3）创建用户 lib，并将其加入 sales 组，加入组的方式是单击图标，如图 2—4—22 所示。

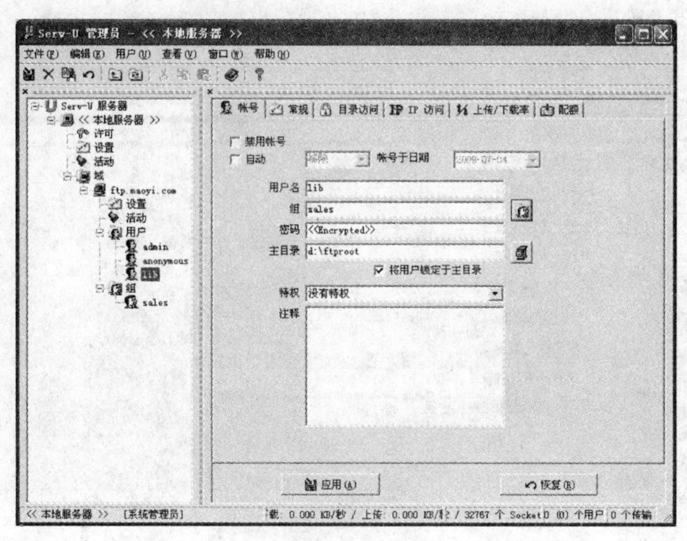

图 2—4—22

2. 设置用户属性

Serv-U 最大的优点是可以对不同用户的权限进行相应的设定，可以通过设置文件存取权限来合理地进行资源分配，从而便于对用户进行管理。

单击要修改的用户（如 lib），选择“账号”标签。

（1）禁用账号：禁用该用户账号。

（2）自动：在指定日期删除或禁用该用户账号，如图 2—4—23 所示。

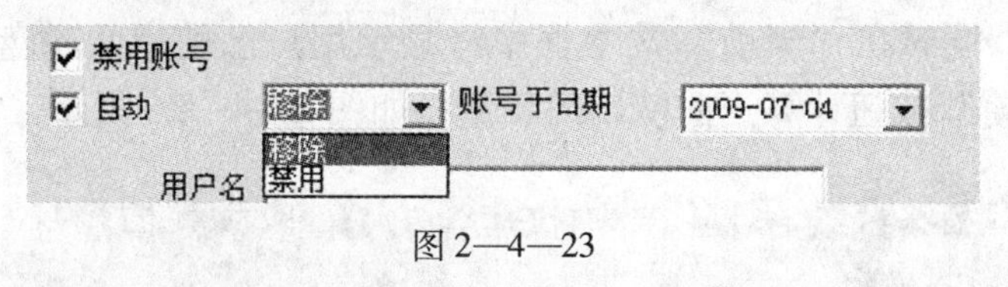

图 2—4—23

（3）组：将该用户加入指定的组。

（4）密码：修改密码。

（5）主目录：设置和修改主目录。

（6）特权：设置用户权限，有以下几种权限，如图 2—4—24 所示。

3. 限制用户的上传/下载及多线程访问

当访问服务器的用户较多或一些宽带用户使用多线程下载工具进行大量下载时，会占用有限的带宽，情况严重的话会导致服务器运行缓慢甚至造成服务器崩溃。解决上述问题的最有效方法是限制用户的上传/下载速率以及单个 IP 地址的最大连接数，如图 2—4—25 所示。

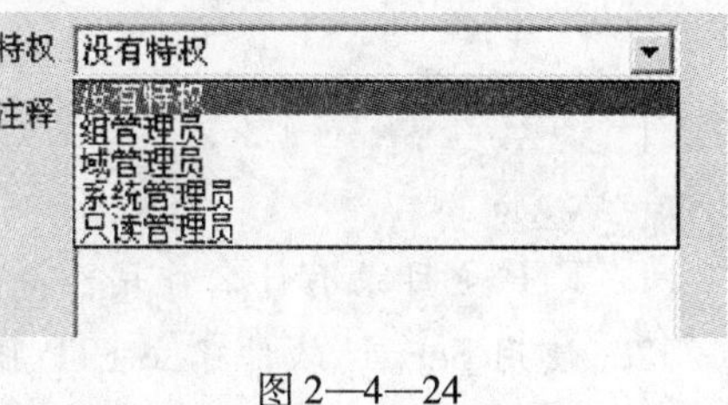

图 2—4—24

设置如下：

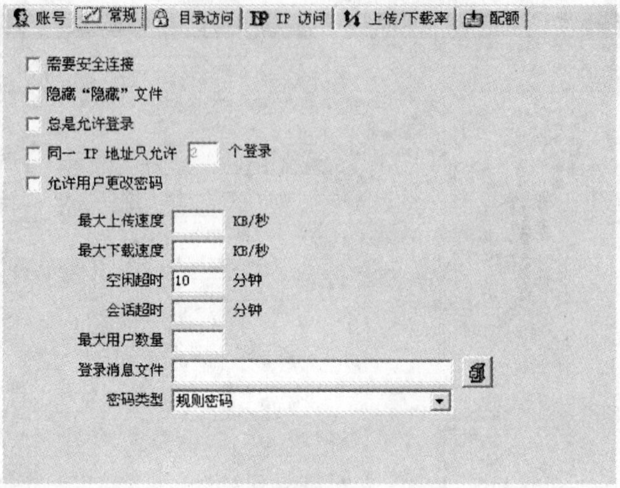

账号
常规
目录访问
IP 访问
上传/下载率
配额
需要安全连接
隐藏“隐藏”文件
总是允许登录
同一 IP 地址只允许 2 个登录
允许用户更改密码
最大上传速度 KB/秒
最大下载速度 KB/秒
空闲超时 10 分钟
会话超时 分钟
最大用户数量
登录消息文件
密码类型 规则密码

图 2—4—25

同一 IP 地址只允许 2 个登录：选中该复选框，可以在中间的文本框内设置同一个 IP 地址在同一时间的最大连接数。

最大上传速度：设置用户最大的上传速度。

最大下载速度：设置用户最大的下载速度。

4．设置磁盘配额

为了防止具有写权限的用户占用过多的服务器空间，可以限定用户上传的容量。单击“配额”选项卡，选中“启用磁盘配额”选项，设置“最大”值，即允许用户上传文件的最大容量。同时在“当前”文本框中将显示用户已使用的磁盘空间的大小，可以通过“计算当前”按钮计算当前使用的容量，如图 2—4—26 所示。

账号
常规
目录访问
IP 访问
上传/下载率
配额
启用磁盘配额
当前 0.230 MB
最大 0.000 MB
计算当前(C)

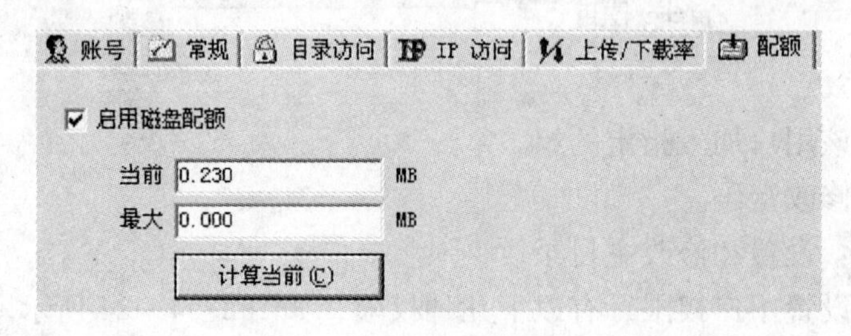

图 2—4—26

[思考与练习]

1．FTP 主目录有什么作用？

2．使用 Serv-U 软件建立 FTP 服务器，并上传、下载文件。

▶ 单元评价

单元实训评价表

	内容		评价等级		
	能力目标	评价项目	A	B	C
职业能力	能使用 Foxmail 收发电子邮件	能创建自己的账户			
		能发送和接收电子邮件			
		能回复和转发电子邮件			
		能管理邮箱			
	能使用搜索引擎搜索要查找的内容	能使用搜索引擎搜索需要查询的内容			
		能使用百度搜索网页			
		能使用百度搜索图片			
		能使用百度搜索音乐			
	能使用网际快车 FlashGet 下载工具从网上下载文件	能安装 FlashGet 软件			
		能使用 FlashGet 下载 ACDSee 软件			
	能使用 FTP 服务器端软件上传、下载文件	能创建 FTP 站点			
		能添加用户及设置目录访问权限			
		能添加匿名用户			
		能上传、下载文件			
通用能力	分析问题的能力				
	解决问题的能力				
	自我提高的能力				
	沟通能力				
综合评价					

单元三

使用影音播放与录音录屏工具软件

21 世纪的人类社会是信息化的社会，以信息技术为主要标志的高新技术产业在整个经济中的比重不断增长，多媒体技术及产品促进了通信、娱乐和计算机的融合，成为当今世界计算机产业发展的新领域，信息化社会的发展离不开多媒体技术。

多媒体技术是可以将文本、图形、图像、音频、视频等多媒体信息，经过计算机设备的获取、操作、编辑、存储等综合处理后，以单独或合成的形态表现出来的技术和方法。

本单元主要介绍影音播放（酷狗音乐 2010、暴风影音 2009）和录音录屏（GoldWave 4. 26、屏幕录像专家 6. 0）工具软件的使用。

［**能力目标**］

- 能使用酷狗音乐 2010 播放音乐
- 能使用暴风影音 2009 播放电影
- 能使用 GoldWave 4. 26 录制、编辑声音
- 能使用屏幕录像专家软件录制视频
- 能使用格式工厂对常用多媒体格式进行转换

任务一　播放音频文件

▶ 任务描述与分析

赵晓强同学是一位音乐超级发烧友，时常会带着 MP3 尽情地欣赏音乐。即使上网冲浪，他也会打开音乐播放软件，边上网边收听音乐。当然，他能很好地调配自己的学习和娱乐时间，从不耽误学习。最近，他又迷上一款新的音乐播放软件——酷狗音乐。

音乐播放软件现在有很多，既能播放视频，又能播放音乐的软件当然是最受欢迎的。但如果只想听音乐却使用视频播放软件，可能会更多地消耗系统资源。所以，单纯的播放音频的软件还是需要的。目前市场上此类软件有很多，如 Winamp、超级解霸、千千静听等都是音频播放器。

酷狗音乐软件是全球最受欢迎的免费音乐下载播放软件，强大的流行音乐搜索、高速的音乐下载、完美的音乐播放功能给用户带来美妙的音乐体验。

▶ 方法与步骤

1．酷狗音乐的初步使用

“酷狗音乐”是目前国内用户使用最多的音频播放软件之一，许多网站提供它的下载，建议在酷狗官方网站（http://www. kugou. com/）下载最新版本。本任务中介绍的是酷狗音乐 2010 版本。下载后安装程序文件为“KuGou2010. exe”。

（1）在资源管理器中找到酷狗音乐 2010 安装程序，双击“KuGou2010. exe”进入安装界面，如图 3—1—1 所示。

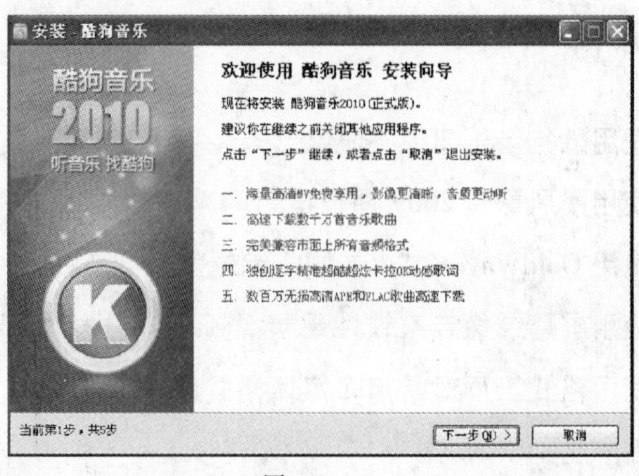

图 3—1—1

（2）单击“下一步”按钮选择软件安装路径，默认安装路径为 C：\Program Files\KuGou\KuGou2010，如图 3—1—2 所示。

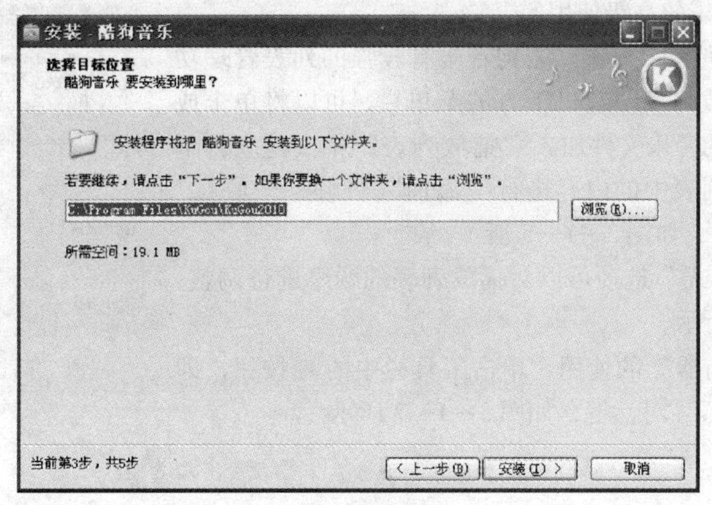

图 3—1—2

（3）根据安装向导的提示安装完毕，通过“开始”菜单或桌面快捷方式启动酷狗音乐。

（4）主程序启动后，窗口分左、右两部分，左边为程序的主要窗口，右边是“酷狗音乐窗”，如图 3—1—3 所示。

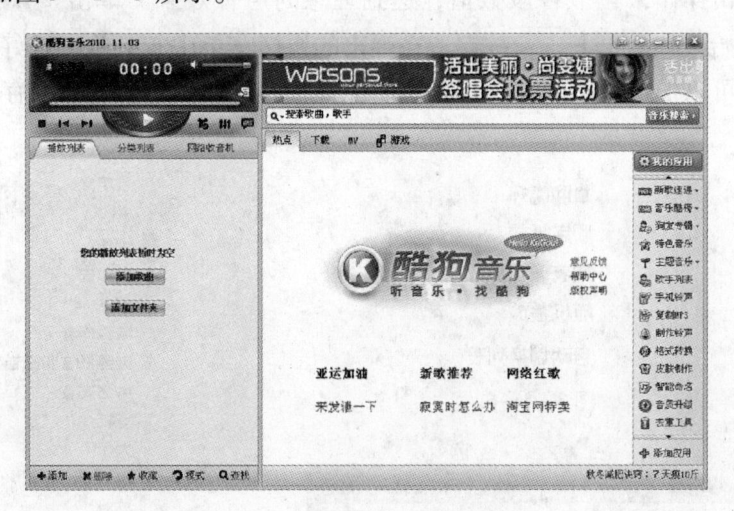

图 3—1—3

（5）添加曲目。单击酷狗音乐界面左下方的 ✚添加 按钮，在弹出的列表中有“添加本地歌曲”和“添加本地歌曲文件夹”两个选项。选择“添加本地歌曲”指添加硬盘中的 MP3 文件，也可使用 Ctrl 键选择同一文件夹中的多个音频文件。

选择“添加本地歌曲文件夹”指添加硬盘中的某个存放歌曲的文件夹，可以批量导入音乐文件。添加曲目完成后，播放列表如图 3—1—4 所示。

（6）单击酷狗音乐上的 （播放）按钮，即可播放音乐。

2. 酷狗音乐的高级使用

（1）播放列表的操作。酷狗音乐有较强的列表管理功能。利用“播放列表”窗口下方的菜单栏，可以将单个或整个文件夹中的音乐文件加入“播放列表”中或建立若干列表组，并对列表中的内容进行“添加”“删除”“收藏”“模式”“查找”，如图3—1—5所示。

其中，“模式”选项可以对播放列表的顺序进行调整，如图3—1—6所示。

（2）“均衡器”的使用。单击工具栏中的 按钮，即可打开“均衡器”对话框，如图3—1—7所示。

图3—1—4

添加　删除　收藏　模式　查找

图3—1—5

均衡器与一些音响设备的功能相似，主要用来调节不同频率段的响度，以达到最佳的声音效果。

一般情况下，均衡器是被锁定的，无法调节，需要单击 开关 按钮。开启后，可以使用鼠标的单击操作来调节各段数值，达到理想的声音效果。单击 重置 按钮，将各段数值回复到初始状态。单击 预设 按钮，在弹出的快捷菜单中有一些配置好的方案，用户可以选择，也可以根据自己的需要进行手动配置，并将调制后的音效保存为文件，如图3—1—8所示。

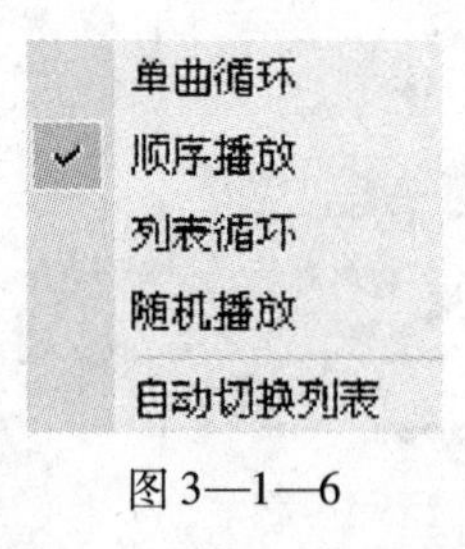

图3—1—6

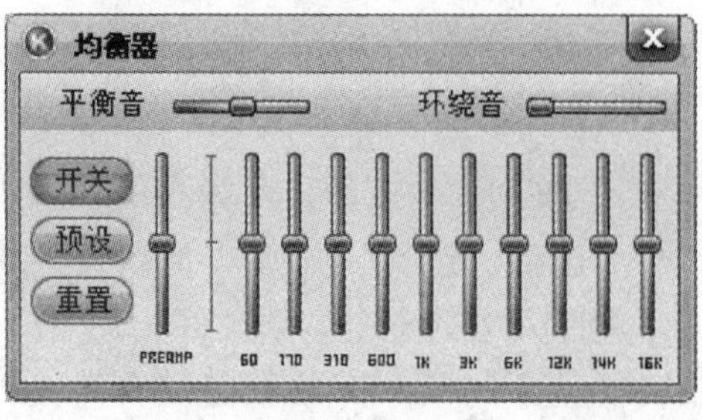

图3—1—7

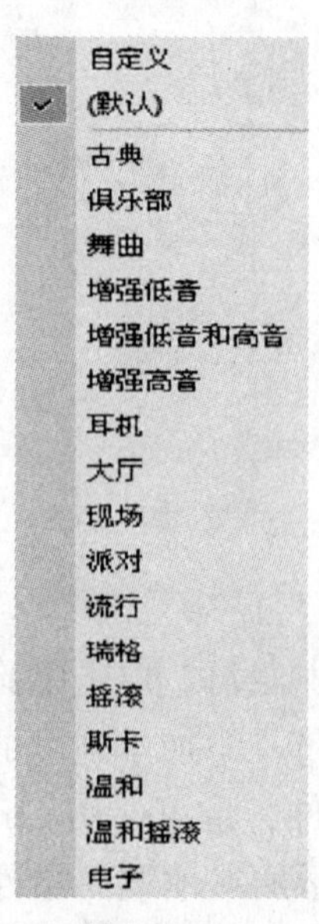

图3—1—8

（3）“酷狗音乐窗”的使用。在“酷狗音乐窗”中，提供了大量存放在互联网服务器上的音频资料链接，其对应的音频文件就会以流媒体的形式进行播放，也可以边下载边播放。

“酷狗音乐窗”还提供了搜索音乐资源的功能，使用“酷狗音乐窗”时，计算机必须与互联网相连。当网络状态不佳时，可能会影响播放效果。

▶ 相关知识与技能

1. 音频的格式

音频格式转换是指对声音文件进行数、模转换的过程。音频格式的最大带宽是 20 kHz，速率介于 40 ~ 50 kHz 之间，采用线性脉冲编码调制 PCM，每一量化步长都具有相等的长度。

（1）WAVE。WAVE（ *. wav）是微软公司开发的一种声音文件格式，用于保存 Windows 平台的音频信息资源，被 Windows 平台及其应用程序所支持。

（2）AIFF。AIFF（Audio Interchange File Format）格式与 WAVE 非常相似，大多数音频编辑软件也都支持这种音乐格式。

AIFF 是 Apple 公司开发的一种音频文件格式，是苹果计算机上的标准音频格式，属于 QuickTime 技术的一部分。AIFF 虽然是一种很优秀的文件格式，但由于它是苹果计算机上的格式，因此在 PC 机平台上并没有得到广泛的应用。不过，由于苹果计算机多用于多媒体制作出版行业，因此几乎所有的音频编辑软件和播放软件都或多或少地支持 AIFF 格式。只要苹果计算机还在，AIFF 就会占有一席之地。由于 AIFF 所具有的包容特性，所以它支持许多压缩技术。

（3）MIDI。MIDI（Musical Instrument Digital Interface）格式被经常玩音乐的人所使用，它存储的不是声音信号，而是各种乐器的发音命令，播放时系统根据这些命令合成乐曲。MIDI 文件的优点是非常小。

（4）MP3。MP3（MPEG Audio Layer 3）是一种以高保真为前提而实现的高效压缩技术。它采用了特殊的数据压缩算法对原先的音频信号进行处理，使数码音频文件的大小仅为原来的十几分之一，而音乐的质量却没有什么变化，几乎接近于 CD 唱盘的质量。1 min 的 WAVE 格式的文件有十几兆，而 1 min 的 MP3 格式的音频文件仅有 1 MB 左右。MP3 技术使得在较小的存储空间内存储大量的音频数据成为可能。

2. 酷狗音乐控制界面

酷狗音乐控制界面有点类似于 CD/VCD 的控制面板，界面上有一排按钮，如图 3—1—9 所示。

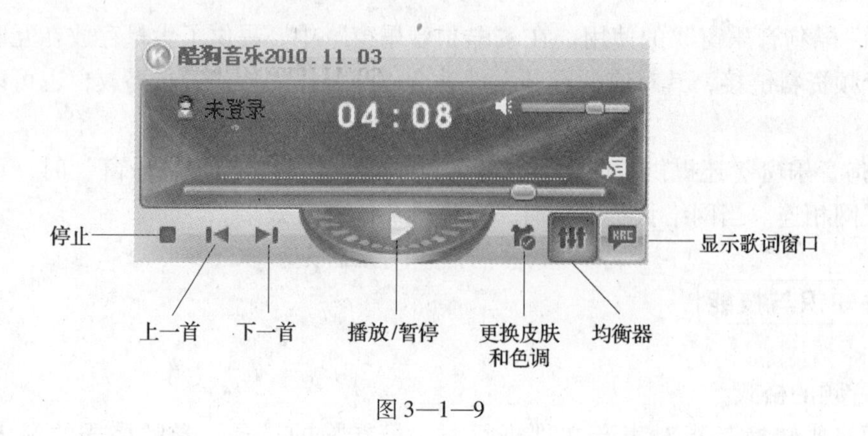

图 3—1—9

▶ 拓展与提高

利用酷狗播放器播放音乐时，单击工具栏上的 按钮，即可显示歌词，所有歌词均逐字精准显示，方便看着歌词哼唱。还可让歌词显示在频谱、桌面或者歌手写真上。

1．歌词显示位置

播放的歌曲如果有关联的歌词，会在四个地方显示歌词：桌面动感歌词、播放控制区的小歌词、右侧综合窗口的动感歌词页、微型模式下的经典模式歌词，如图 3—1—10 所示。

2．歌词搜索下载

如果显示的歌词不准确，可以进行搜索并下载歌词。将鼠标拖动到桌面动感歌词处，会显示工具条，单击工具条上的“歌词不对”按钮，或者右击动感歌词处，单击快

图 3—1—10

捷菜单的“搜索歌词”，会弹出“搜索歌词”对话框，单击“搜索”按钮，选择需要下载的歌词，再单击“下载”按钮，就会将原来的歌词替换为选中的歌词，并下载到设置的歌词下载路径里，如图 3—1—11 所示。

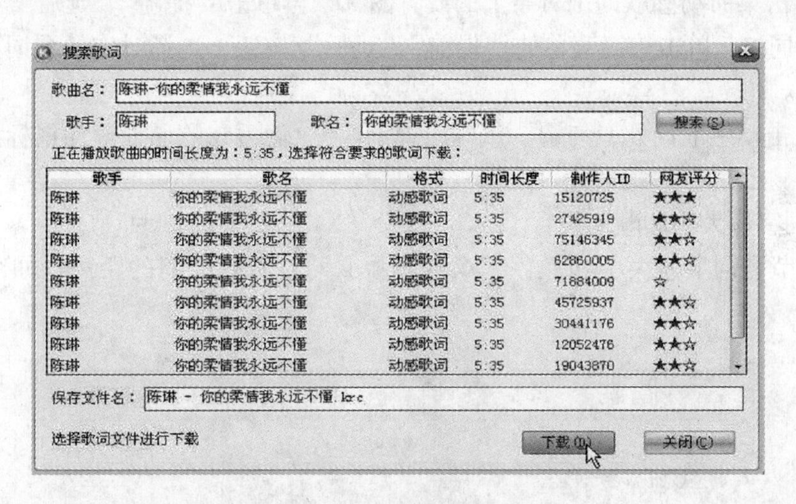

图 3—1—11

3．歌词关联和取消关联

（1）手动关联。单击桌面动感歌词工具条上的设置图标，再单击“本地关联”按钮，或者右击动感歌词处，单击快捷菜单的“本地关联”，在弹出的“关联歌词文件”对话框中选择新的歌词，再单击“关联”按钮就可实现歌词的手动关联，如图 3—1—12 所示。

（2）取消关联。单击桌面动感歌词工具条上的设置图标，再单击“取消关联”按钮，或者右击动感歌词处，单击快捷菜单的“取消关联”，该歌曲就取消了关联，以

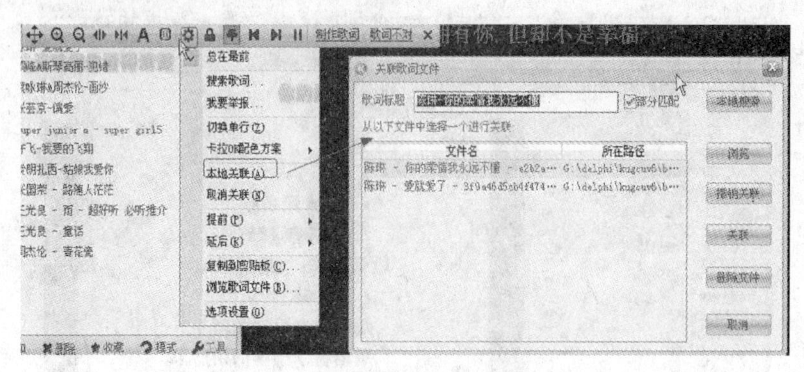

图 3—1—12

后播放该歌曲就不会自动下载歌词。如果想再显示歌词，需要手动关联或手动搜索下载歌词。

（3）自动关联本地歌词文件夹的歌词。如果播放没有关联歌词的歌曲，自动从网络上下载歌词失败，或者离线播放（即没有连通网络的情况下），会自动搜索歌词下载路径里的歌曲，找到匹配的歌词会进行自动关联。

4．歌词提前或延后显示

（1）单击桌面动感歌词工具条上的设置图标，再单击“提前”“延后”按钮，或者右击动感歌词处，单击快捷菜单的“提前”“延后”按钮，选择对应的歌词显示提前或延后的时间。

（2）右击动感歌词处，勾选“鼠标滚轮调整”，然后在歌词处滚动鼠标滚轮，也可调节歌词的显示。

5．歌词字体大小和颜色设置

可以调节歌词字体大小和颜色，双行显示歌词时两行之间的距离，如图 3—1—13 所示。

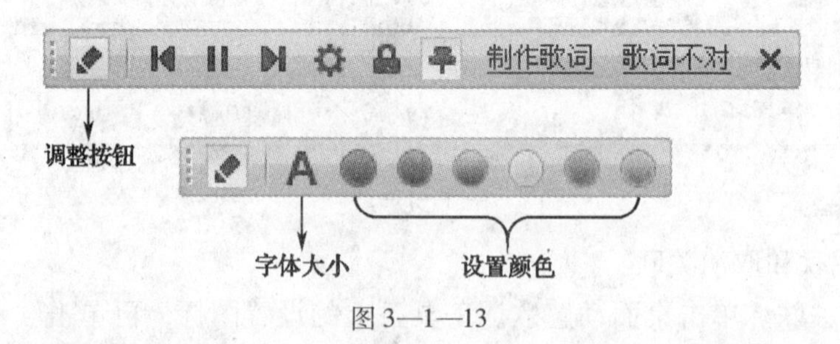

图 3—1—13

6．动感歌词页

（1）在动感歌词页，单击面板下方的“卡拉 OK”（“经典方式”）按钮，实现在动感歌词页显示的歌词是卡拉 OK 或者经典方式，如图 3—1—14 和图 3—1—15 所示。

（2）单击“全屏”按钮，将动感歌词页显示的歌词全屏显示，如图 3—1—16 所示。

图 3—1—14

图 3—1—15

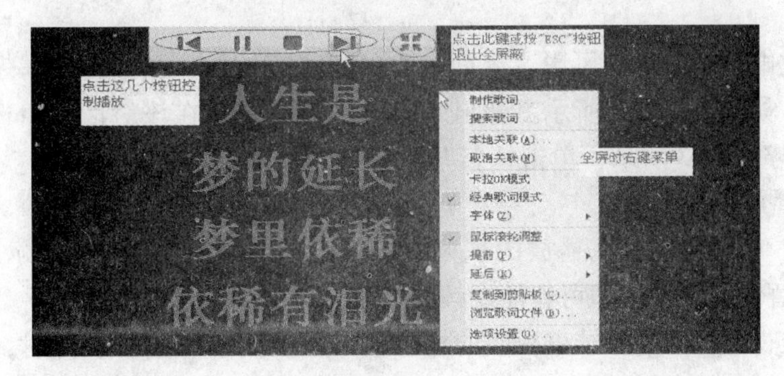

图 3—1—16

[思考与练习]

1. 在计算机中常用的音频播放软件除了酷狗音乐外，您还用过哪些?
2. 使用酷狗音乐软件播放一首歌曲。

任务二　播放视频文件

▶ 任务描述与分析

小李是个电影爱好者，凡是有新片发行必定会到电影院观看。他还时常从网上下载自己喜欢的电影，但是在播放电影时不知道使用哪个播放软件好。于是，他求教于学校的计算机老师。

小李：王老师，我从网上下载了电影，想在计算机中播放，用哪个软件比较好呢?

王老师：计算机中播放视频的软件有很多，例如 Windows 操作系统自带的 Windows Media Player，还有 RealPlayer、超级解霸、暴风影音等。根据视频文件的格式不同，可以选择不同的播放软件。这里我建议你使用暴风影音看电影，因为它支持多种格式的视频文件。在音视频解码播放方面功能出众，而且其自身集成的大量实用功能又能派生出一些该软件的特殊应用。

下面，我们就来一起学习暴风影音的使用吧!

▶ 方法与步骤

1. 播放视频文件

（1）启动暴风影音。执行“开始”→“程序”→“暴风影音”，将其启动，如图 3—2—1 所示。

（2）播放电影。单击暴风影音界面上方的 正在播放 按钮，在弹出的列表菜单中单击“打开文件”，如图 3—2—2 所示。弹出“打开”对话框，在该对话框中选择存放的电影文件，如图 3—2—3 所示，单击“打开”按钮，即可播放电影。

2. 管理播放中的视频

（1）播放/暂停视频。在播放的视频中右击，弹出如图 3—2—4 所示的快捷菜单，选择“播放/暂停”选项，即可暂停视频的播放。再次单击即可播放视频。

（2）停止视频。当需要结束视频的播放而又不关闭暴风影音软件时，可以通过右击选择“停止”来结束视频。

暴风影音
正在播放
暴风影音
准备就绪
史上最"in"的90后MM

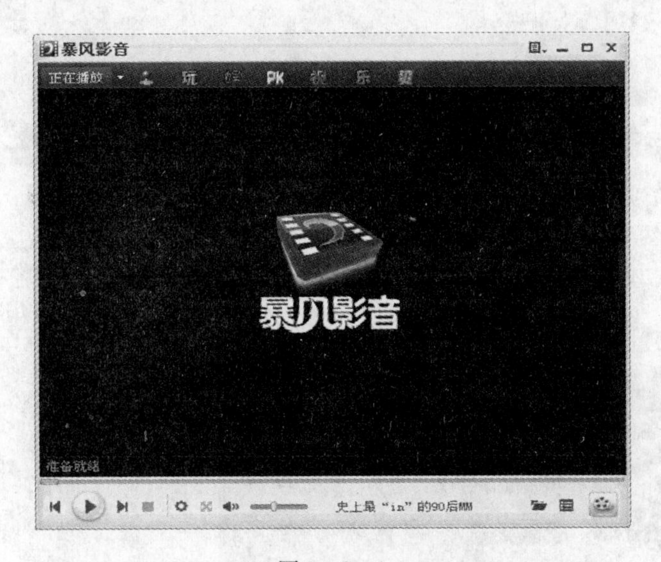

图 3—2—1

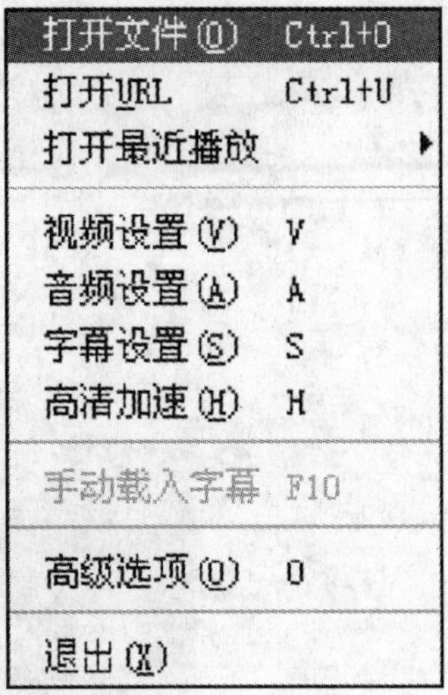

打开文件(O)　Ctrl+O
打开URL　Ctrl+U
打开最近播放
视频设置(V)　V
音频设置(A)　A
字幕设置(S)　S
高清加速(H)　H
手动载入字幕　F10
高级选项(O)　O
退出(X)

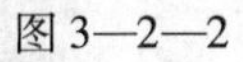

图 3—2—2

打开
查找范围(I):
film
bbs.xfgod.com-旋风天堂-大学新生
十全九美
Recent
桌面
我的文档
我的电脑
网上邻居
文件名(N):
文件类型(T):
常见媒体格式
打开(O)
取消

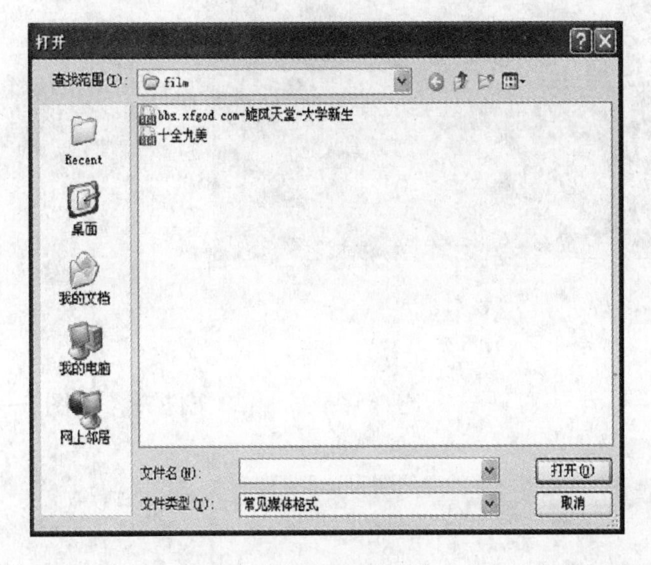

图 3—2—3

播放/暂停(P)　空格
停止(S)　Ctrl+S
播放控制
全屏(F)　Ctrl+回车
显示比例
最小界面　1
视频流
音频流
字幕选择
音量
声道选择
高级选项(O)　O
属性(R)

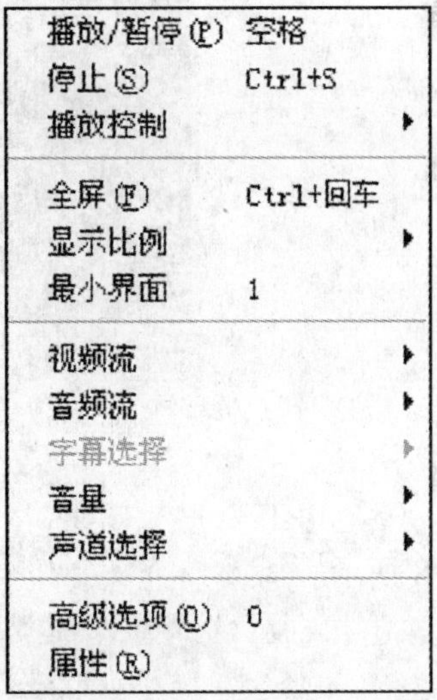

图 3—2—4

（3）播放控制。在播放的视频中右击，弹出如图 3—2—4 所示的快捷菜单，选择“播放控制”，弹出如图 3—2—5 所示的快捷菜单。选择相应的菜单命令可对影片进行快进、快退等处理。

（4）视频播放显示比例。在视频播放过程中可以选择对视频全屏播放、按显示比例播放、最小界面播放，如图 3—2—6 所示。

3．播放音频文件

（1）启动暴风影音。执行“开始”→“程序”→“暴风影音”，将其启动，如图 3—2—1 所示。

（2）单击窗口右下方的按钮，打开播放列表，如图 3—2—7 所示。

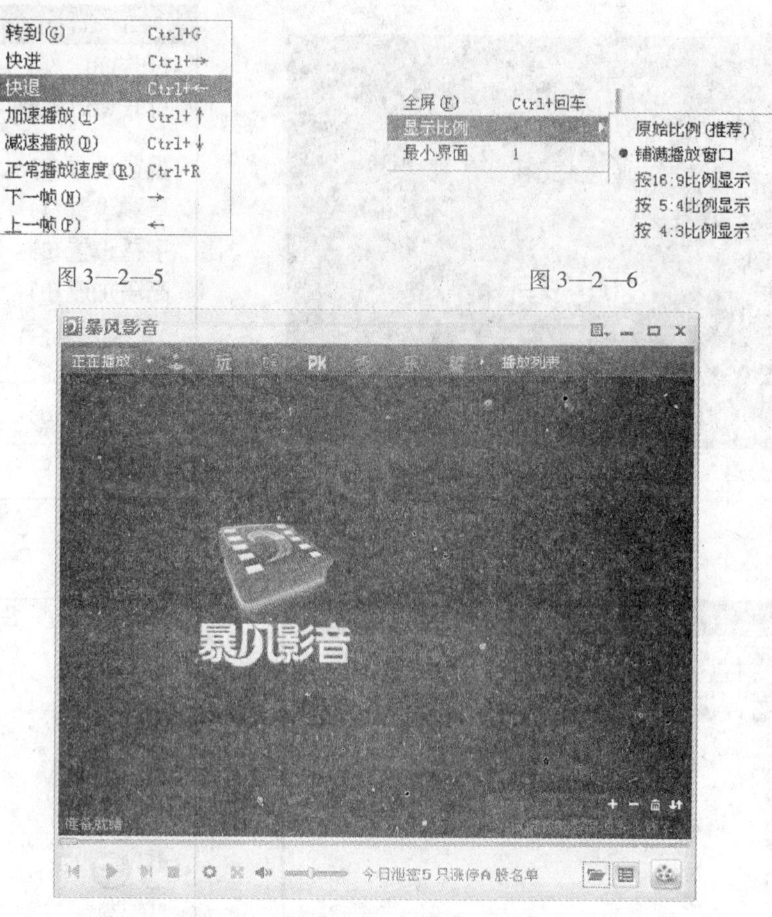

图 3—2—5

图 3—2—6

图 3—2—7

（3）单击“+”按钮，弹出“打开”对话框，选择存放音频的文件夹，如图 3—2—8 所示。

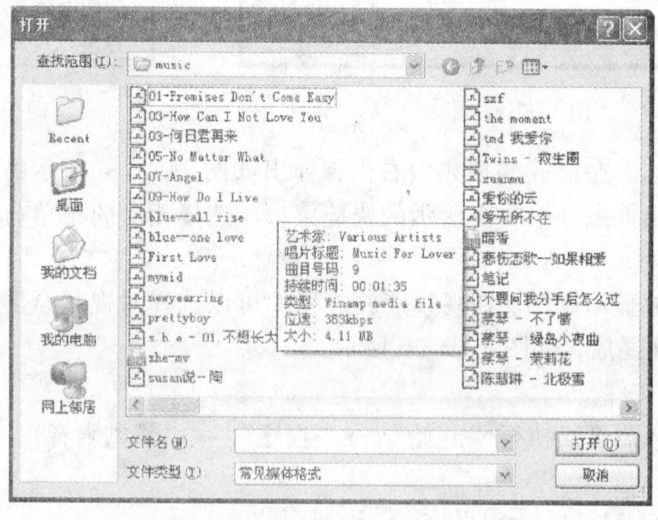

图 3—2—8

(4) 选中所有的音频文件（快捷键“Ctrl + A”）或选中部分音频文件，单击“打开”按钮，即将音频文件添加到列表中，如图 3—2—9 所示。单击“播放”按钮，即可播放音乐。

图 3—2—9

▶ 相关知识与技能

计算机中的所有信息（包括音频、视频等）都是以数字形式存储和传输的，而未经压缩的数据信息通常要占据巨大的存储空间。比如，影像要求每秒播放 25 ~ 30 帧图像，这样 640 像素 ×480 像素的 256 色全活动图像，要求达到每秒 7.5 ~ 9 MB 的数据处理能力，对于真彩色视频信息，数据量将更大。因此，必须对这些多媒体信息进行数据压缩，使之适应计算机的数据处理能力和网络的数据传输速率，同时尽可能保证其视听质量不低于人们的一般接受水平。

编码器的主要作用就是对视频或音频文件进行编码压缩，以此来有效地缩小电影和音频文件的体积。比如视频的 MPEG4，音频的 MP3、AC3、DTS 等，这些都是最常用的编码格式，它们都可以将原始数据压缩存放。

而解码和编码则是相对的。为了能够在家用设备或者计算机上重放这些视频和音频，需要用到解码软件，一般称为插件。由于每种编码器的编码方式不同，因此只有安装各种解码插件，计算机才能重放这些图像和声音。比如，最常用的视频播放有许多视频格式，少了哪种解码器，就不能播放哪种格式的视频。

一般“暴风影音”软件中差不多包含了常见的各种影音插件。

▶ 拓展与提高

1. 实用的截图功能

暴风影音中有截图功能，用户在播放视频时单击截图快捷键“F5”，即可轻松而快速地将视频内容保存为图片，如图 3—2—10 所示。用户还可以在程序“高级选项”下的“其他设置”选项中自定义截图的保存路径及图片保存类型等，如图 3—2—11 所示。

图 3—2—10

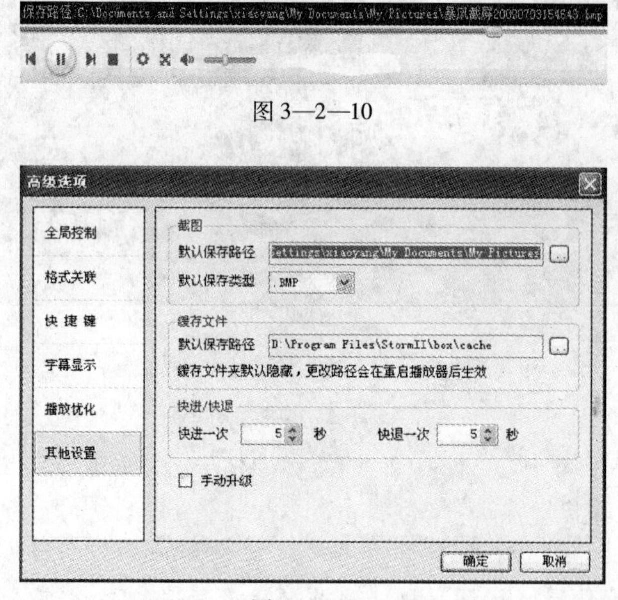

图 3—2—11

2. 清理播放痕迹

暴风影音支持播放痕迹的清理，用户可以单击播放窗口顶部的“主菜单”按钮来打开操作选项，如图 3—2—12 所示，选择“打开最近播放”下的“每次退出播放器时自动清除”选项，即可在每次退出播放器时自动清除播放历史记录。

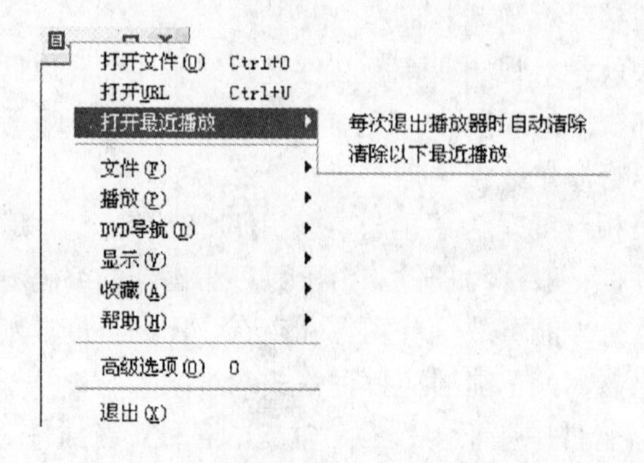

图 3—2—12

另外，对于正在播放的视频文件，用户可以设置退出时自动记录或者自动清除播放进度，满足用户的个性化需求，如图 3—2—13 所示。

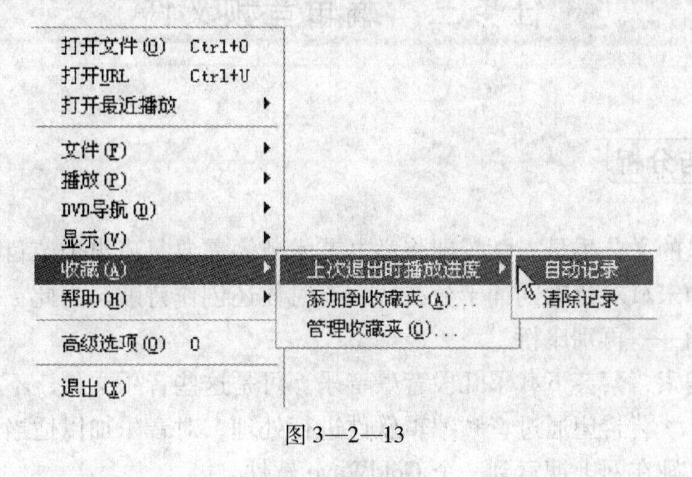

图 3—2—13

3. 智能的播放优化功能

暴风影音提供了播放优化功能，该功能包括硬件优化和软件优化两部分，其中硬件优化功能在播放高清视频时尤为有用，可以根据系统资源选择最佳滤镜配置以加速高清视频播放，自动调节播放高清视频时的资源占用，以求在画质和流畅度两者之间达到平衡。而软件优化对播放在线视频比较有用，可以自动优化和清理网络播放环境，并且可以防止在线播放时病毒或者木马的入侵，如图 3—2—14 所示。

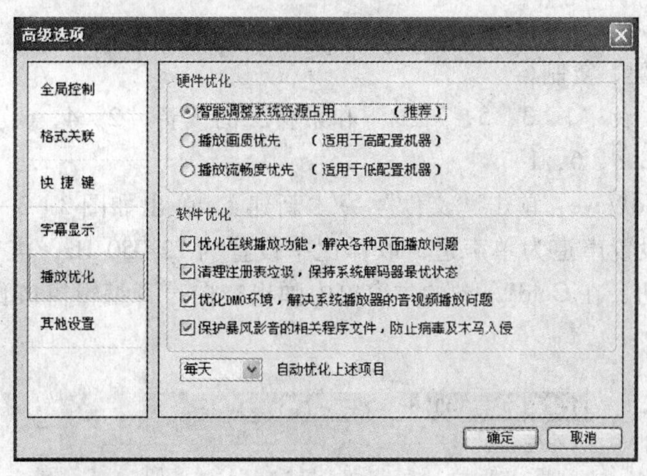

图 3—2—14

[思考与练习]

1. 从网上下载“暴风影音”软件，并安装在计算机中。
2. 使用暴风影音播放一部电影。

任务三 编辑音频文件

▶ 任务描述与分析

蔡芸是班里的文艺委员，学校即将举办艺术节，需要每班出个节目在艺术节开幕式上演出。班里的宋斌对诗歌朗诵十分在行，有时候还创作诗歌。为此，蔡芸决定让宋斌表演配乐诗朗诵——再别康桥。

经过上网搜索，蔡芸下载了几段背景音乐。可是这些音乐文件，不是声音太轻，就是中间有杂音。蔡芸希望通过音频编辑软件进行处理，对音乐加以适当的修改，达到预期效果。于是，她在网上搜索到一个 GoldWave 软件。

GoldWave 是一款简单易用的数码录音及编辑软件，它不仅可以播放声音文件、进行各种格式之间的转换，还可以对原有的或自己录制的声音文件进行编辑，制作出各种各样的效果。GoldWave 除了支持基本的 WAV 格式外，还可以直接编辑 MP3 格式、AIF 格式、视频 MPG 格式的音频。本任务中介绍的是 GoldWave 4. 26 版本。

▶ 方法与步骤

1. 声音的新建、复制

把素材一的读音“1，3，5，7，9”和素材二的读音“2，4，6，8，0”合并成一段声音“4，5，4，3，6，1”。

（1）打开 GoldWave，单击“文件”→“新建”，弹出如图 3—3—1 所示的“新建声音”对话框。设置声道为单声道，取样比率设置为 22 050 Hz，声音的长度为 10 s，单击“确定”按钮，在 GoldWave 的主窗口中弹出空白声音编辑窗口，如图 3—3—2 所示。

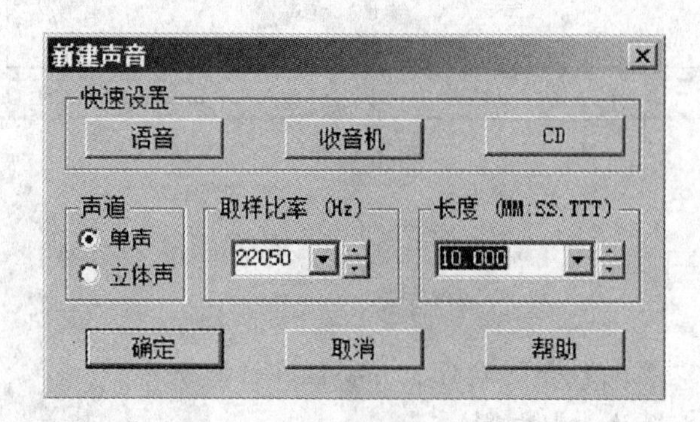

图 3—3—1

（2）单击“文件”→“打开”，弹出“打开”对话框，在素材中找到“单数”文件，如图3—3—3所示，单击“打开”按钮。采用同样的方法打开“双数”，如图3—3—4所示。

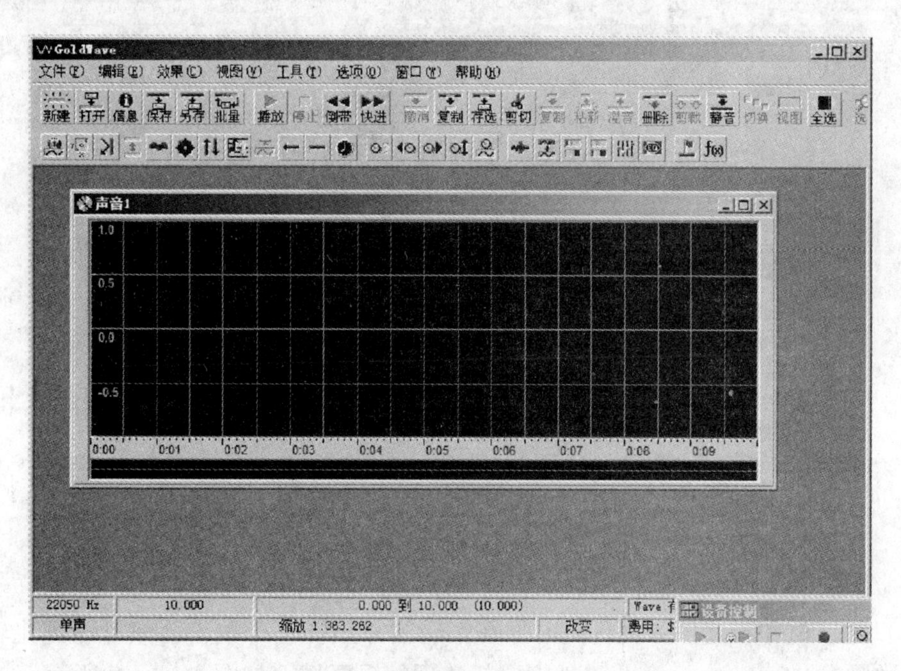

图3—3—2

图3—3—3

图 3—3—4

（3）把素材和新建声音文件同时放在编辑窗口里，整个编辑区域可能会比较混乱，可以通过单击“窗口”→“平铺”来重新整理编辑区域，如图 3—3—5 所示。

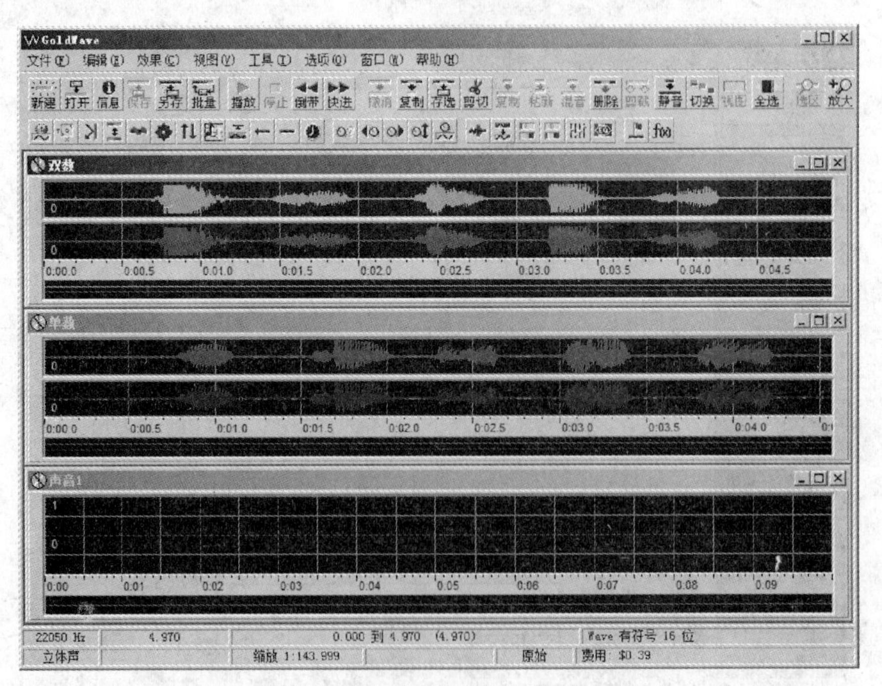

图 3—3—5

（4）单击“单数”，激活该素材，单击工具栏上的“全选”按钮，然后单击“播放”按钮，试听该段素材声音。记住各个发音的位置，然后用相同的方法试听“双数”音频文件。

（5）单击“双数”，激活该素材，用鼠标单击第二个音节的前面，然后右键单击第二个音节的后面并把第二个音节选中，试听一下，如果发音是“4”就对了，如图3—3—6所示。

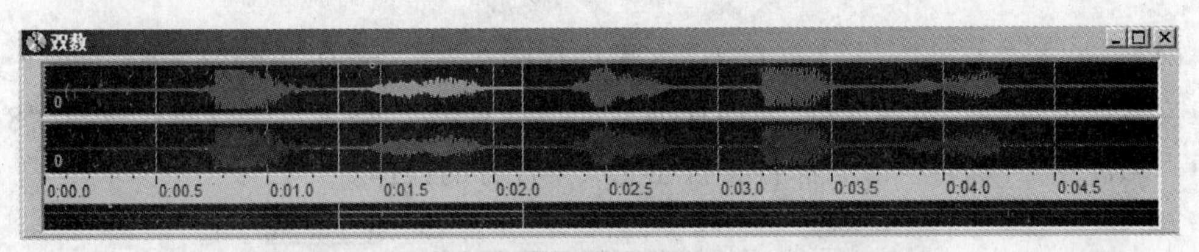

图3—3—6

（6）单击“编辑”→“复制”，把选中的声音片段复制到剪贴板上。

（7）单击“声音1”编辑区域，把该声音片段激活，单击该编辑区域的最左边，然后单击“编辑”→“粘贴”，把复制后的声音片段粘贴到“声音1”编辑区域上。粘贴后的界面如图3—3—7所示。

（8）激活“单数”，找到发音“5”，选中该声音片段，单击“编辑”→“复制”，把发音“5”复制到剪贴板上。

（9）激活“声音1”，在第一个声音片段后面适当的位置单击鼠标，确定第二个声音片段的插入位置。单击“编辑”→“粘贴”，粘贴后的界面如图3—3—8所示。

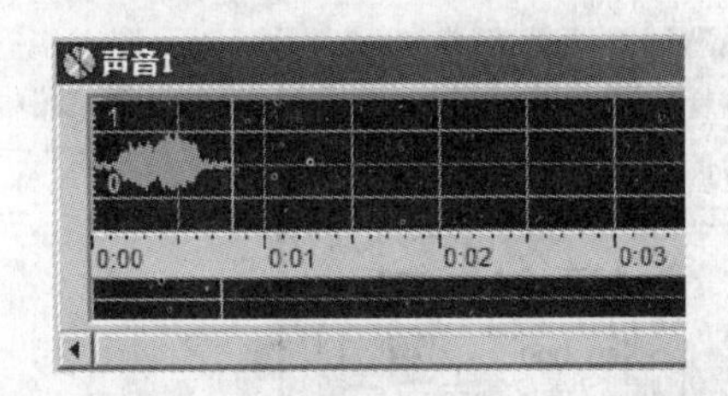

图3—3—7

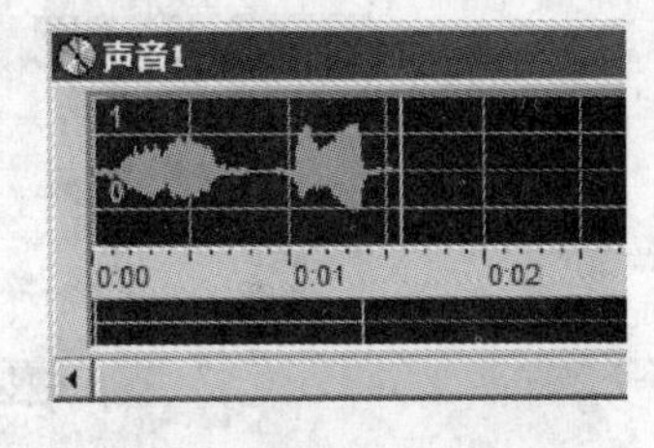

图3—3—8

（10）用相同的方法把后面几个数字的发音粘贴到“声音1”的编辑界面中，进行所有操作后单击工具栏上的“全选”按钮。编辑基本完成后的界面如图3—3—9所示。

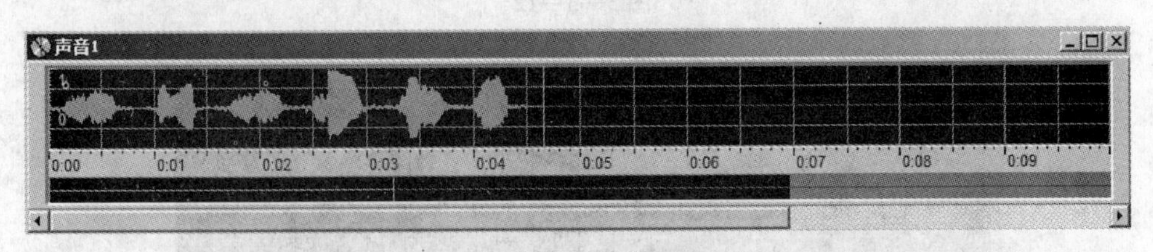

图3—3—9

（11）经过编辑，“声音1”的长度有所改变，应该把后面剩余的静音部分删除。在声音片段的后面单击鼠标左键，在整个文件的最后单击鼠标右键，单击“编辑”→“删除”，把静音部分删除，这样整个声音文件就编辑完成了。完成后的界面如图3—3—10所示。

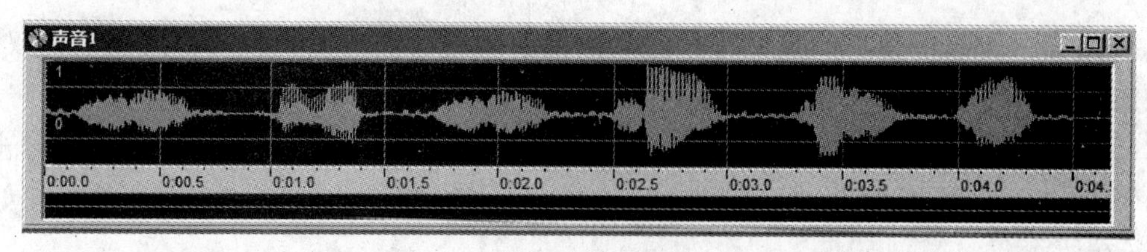

图 3—3—10

(12) 单击“文件”→“另存为”，弹出如图 3—3—11 所示的对话框，在“文件名”文本框里输入“声音复制”，保存类型选择“Wave”格式，文件属性选择“8 位，单声，无符号”。最后单击“保存”按钮完成本任务的操作。

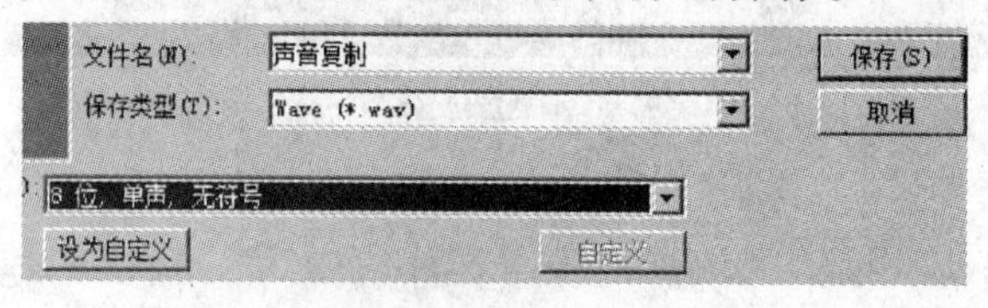

图 3—3—11

2. 声音的采集

(1) 新建声音文件。打开 GoldWave，单击“文件”→“新建”，弹出“新建声音”对话框，如图 3—3—12 所示。设置声道为单声道，取样比率设置为 22 050 Hz，声音的长度为 40 s，单击“确定”按钮，在 GoldWave 的主窗口中弹出空白声音编辑窗口，如图 3—3—13 所示。

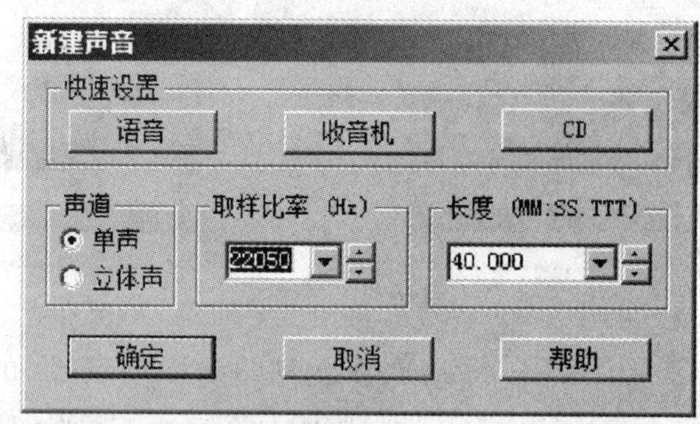

图 3—3—12

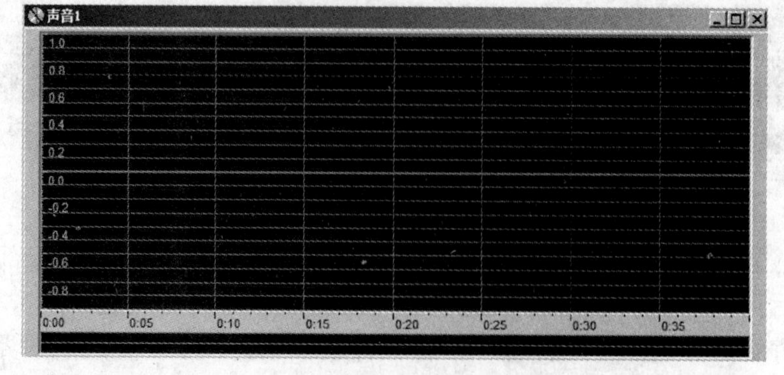

图 3—3—13

（2）单击“窗口”→“陪伴”→“设备控制”，如图 3—3—14 所示，打开设备控制器，如图 3—3—15 所示。

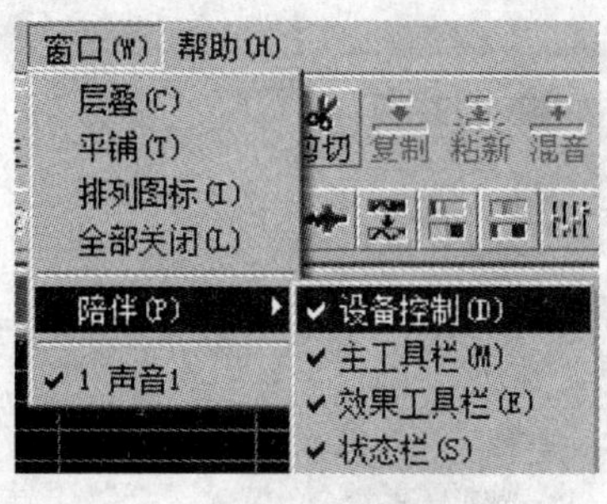
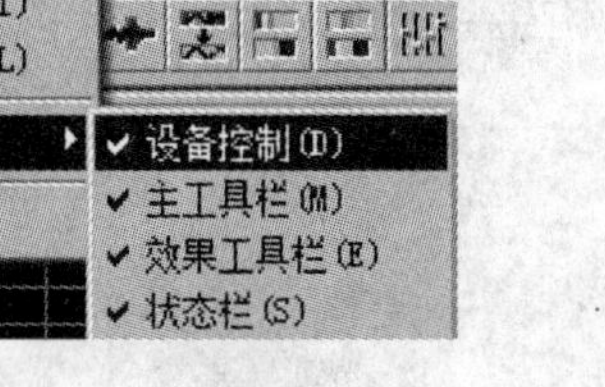

图 3—3—14

图 3—3—15

（3）单击设备控制器上的属性按钮，打开“设备控制属性”对话框，如图 3—3—16 所示。

（4）打开“录音”选项卡，如图 3—3—17 所示，取消选项“Ctrl 键保护”。这样在录音时只要单击录音按钮，就可以录制声音了。

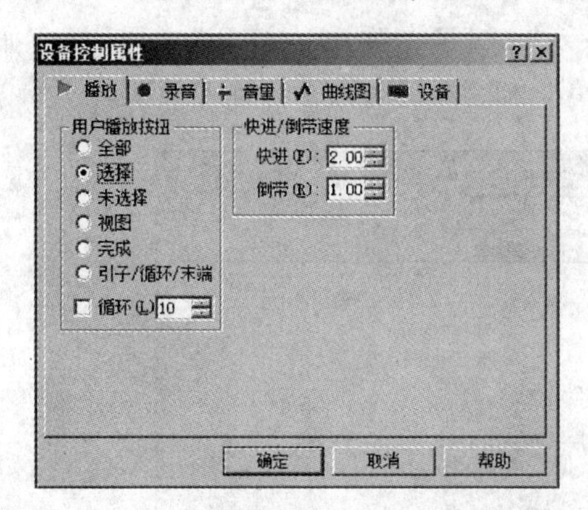

图 3—3—16

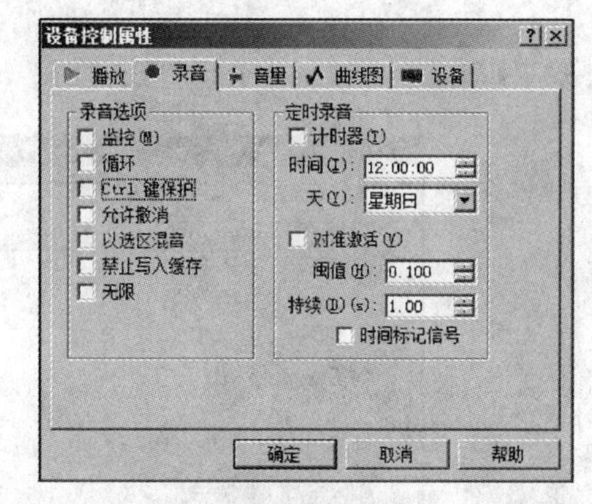

图 3—3—17

（5）单击设备控制器上的录音按钮，开始采集声音。录制完成后再次单击停止录音按钮，完成录音操作。录好声音后的编辑区域如图 3—3—18 所示。

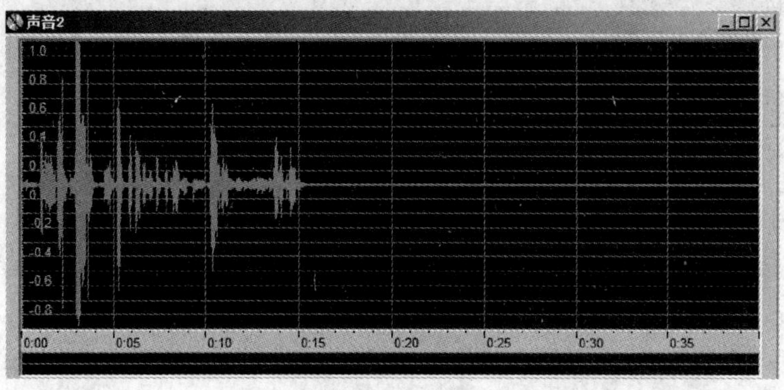

图 3—3—18

（6）把没有声音的静音部分删除，然后对声音文件进行最大化处理。单击“效果”→“音量”→“最大化”，弹出“最大化音量”控制面板，如图 3—3—19 所示，选择“新最大值”后，单击“确定”按钮。

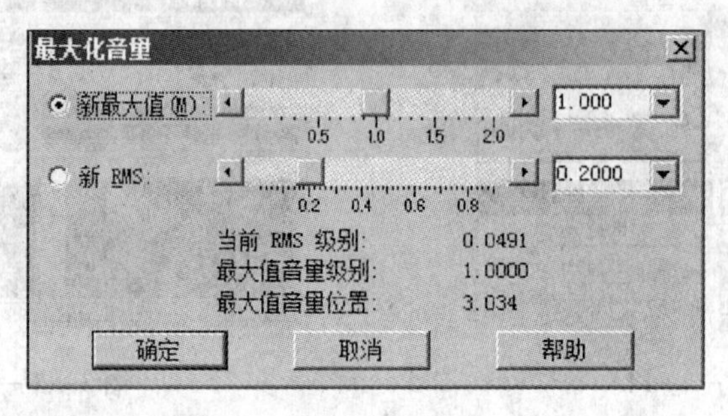

图 3—3—19

（7）单击“文件”→“另存为”，在弹出的对话框中输入“声音采集”，然后保存。

3. 声音合成

（1）打开 GoldWave，单击“文件”→“打开”，弹出“打开”对话框，如图 3—3—20 所示，在素材中分别打开“left. wav”和“right. wav”。

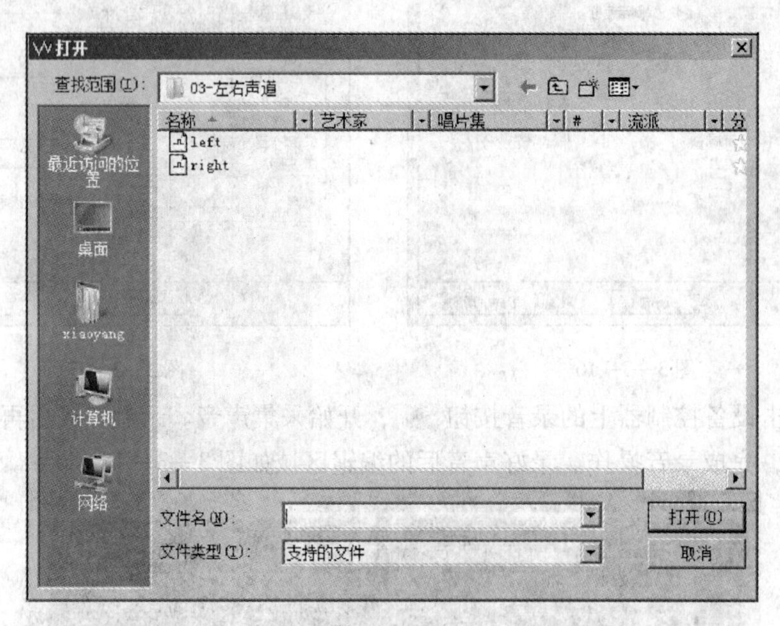

图 3—3—20

（2）单击“文件”→“新建”，弹出“新建声音”对话框，如图 3—3—21 所示。设置声道为立体声，取样比率设置为 44 100 Hz，声音的长度为 2 min，单击“确定”按钮，在 GoldWave 的主窗口中弹出空白声音编辑窗口。

（3）单击“窗口”→“平铺”，激活“声音 1”，在音轨的最左边单击鼠标左键，然后单击鼠标右键，确定编辑声音的插入点，如图 3—3—22 所示。

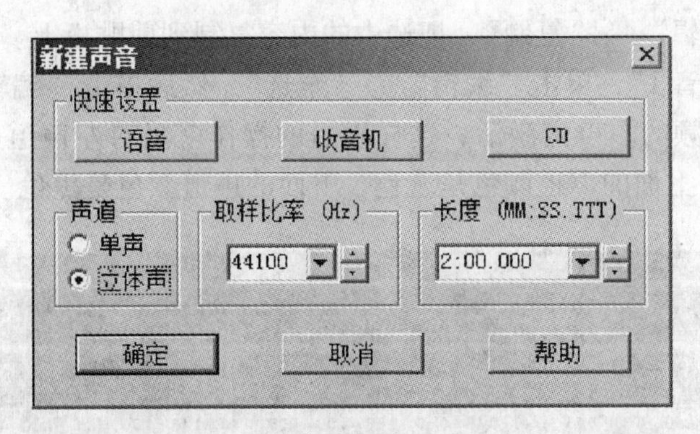

图 3—3—21

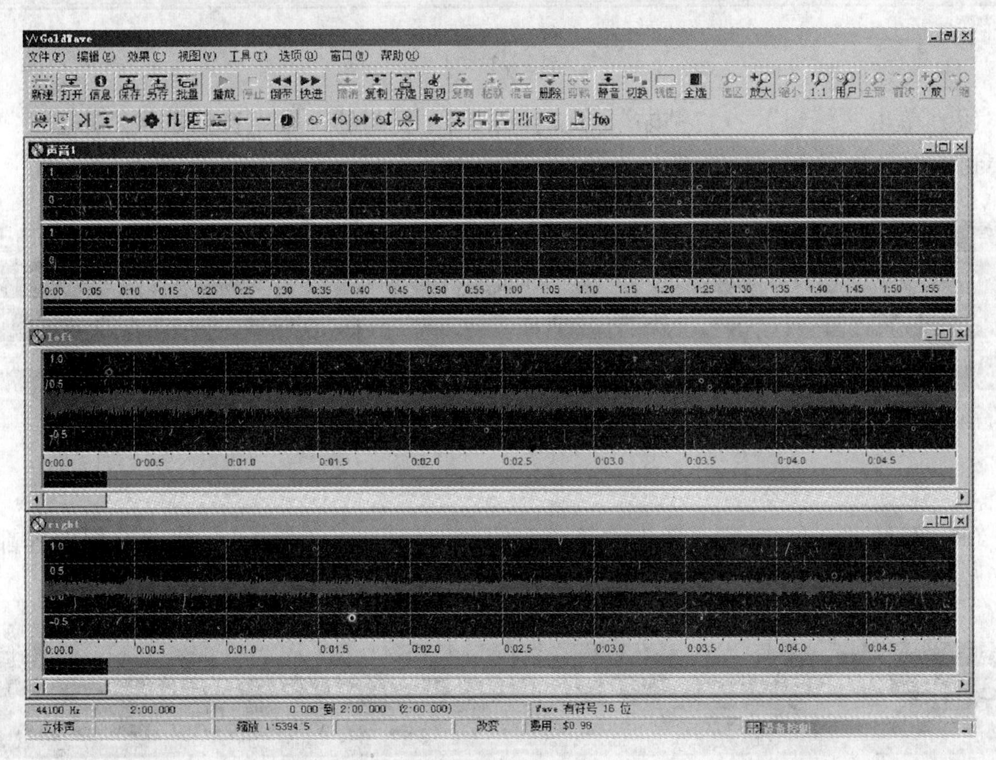

图 3—3—22

（4）激活“left. wav”，单击主菜单上的“编辑”→“全选”，把所有的内容都选中。如图 3—3—23 所示，整个音轨背景呈现为蓝色。

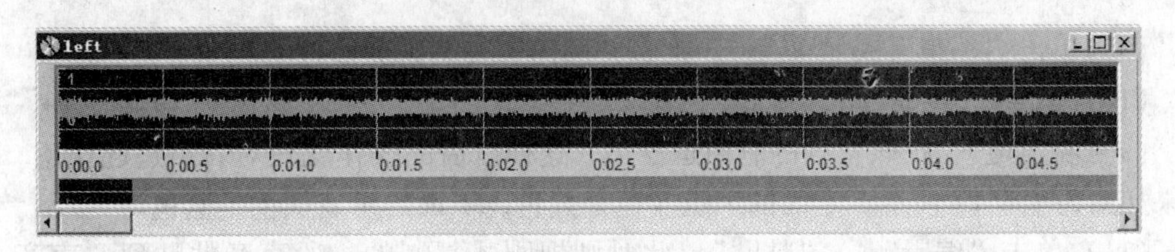

图 3—3—23

（5）单击“编辑”→“复制”，把选中的内容复制到剪贴板上。

（6）激活“声音 1”，单击“编辑”→“全选”，然后单击“编辑”→“声道”→“左声道”，把该音频的左声道激活，这样以后的操作就只对左声道起作用。其效果如图 3—3—24 所示，上面的声道颜色是蓝色，下面的声道颜色是黑色。

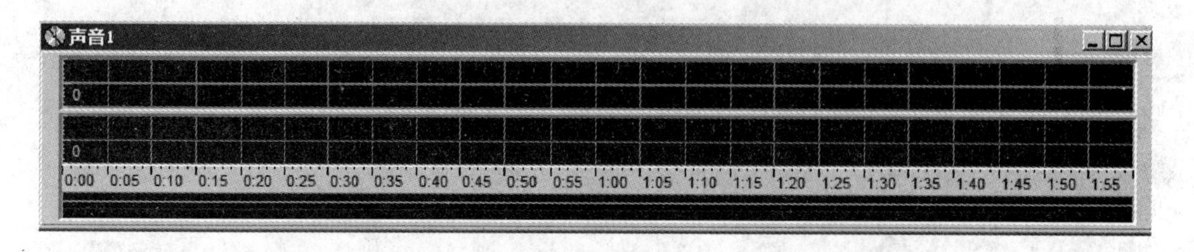

图 3—3—24

（7）单击“编辑”→“粘贴”，此时则把刚才复制的一段声音粘贴到“声音 1”的左声道上面，如图 3—3—25 所示。

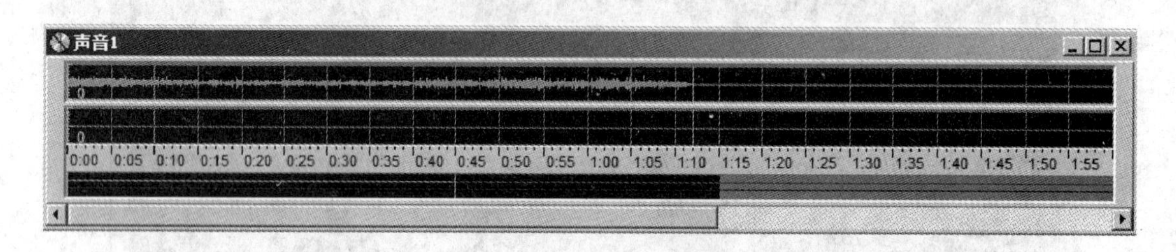

图 3—3—25

（8）激活“right. wav”，单击主菜单上的“编辑”→“全选”，把所有的内容都选中。如图 3—3—26 所示，整个音轨背景呈现为蓝色。

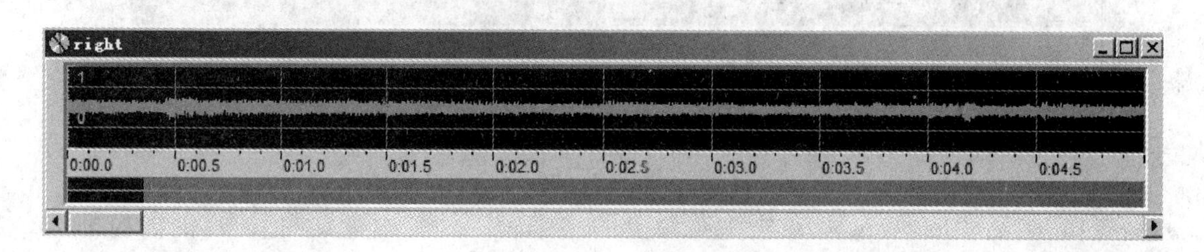

图 3—3—26

（9）单击“编辑”→“复制”，把选中的内容复制到剪贴板上。

（10）激活“声音 1”，单击“编辑”→“全选”，然后单击“编辑”→“声道”→“右声道”，把该音频的右声道激活，这样以后的操作就只对右声道起作用。其效果如图 3—3—27 所示，上面的声道颜色是黑色，下面的声道颜色是蓝色。

（11）单击“编辑”→“粘贴”，此时则把刚才复制的一段声音粘贴到“声音 1”的右声道上面，如图 3—3—28 所示。

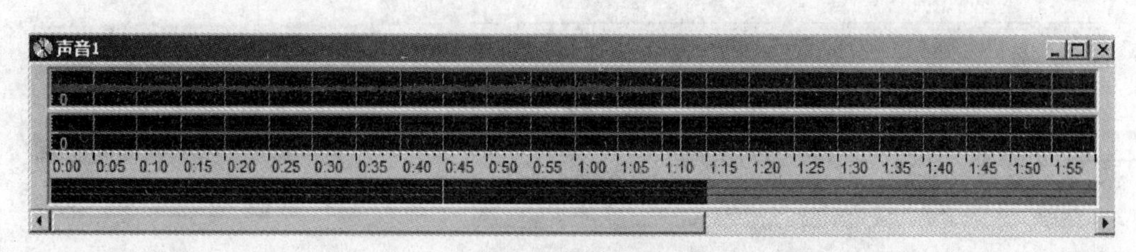

图 3—3—27

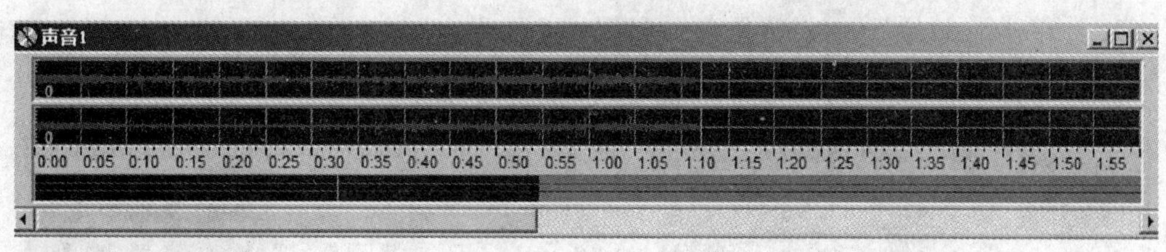

图 3—3—28

（12）单击“编辑”→“声道”→“双声道”，把两个声道同时激活。选择“声音1”后面的静音部分，如图 3—3—29 所示，单击“编辑”→“删除”，把没有声音的静音部分删除。删除静音后的效果如图 3—3—30 所示。

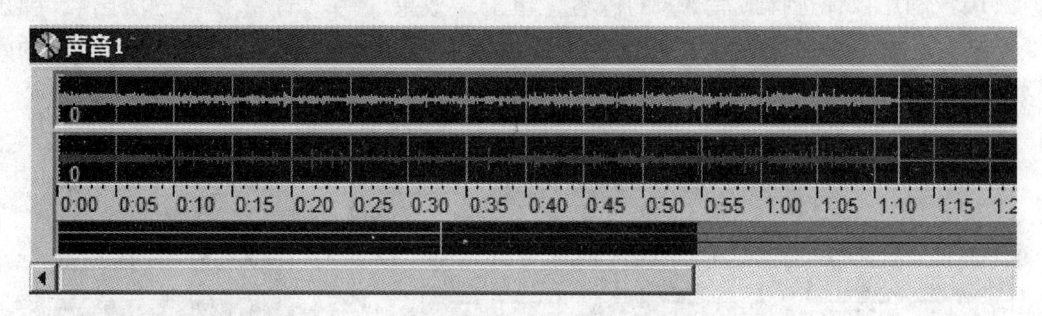

图 3—3—29

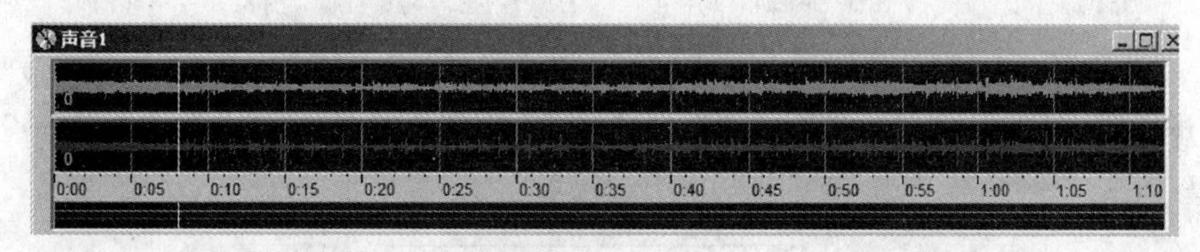

图 3—3—30

（13）将左声道的音量调节为原来的 300%。选中左声道，单击“效果”→“音量”→“改变”，弹出“改变音量”对话框。如图 3—3—31 所示，把音量改为“300”。这样就把左声道的音量提高到原来的 3 倍了。

（14）对整个新文件开始 3 s 的音量进行淡入处理，最后 3 s 的音量进行淡出处理。激活“声音 1”，单击“编辑”→“声道”→“双声道”，利用鼠标选择开始 3 s 的内容，如图 3—3—32 所示（使用 Shift + ↑缩小波形，使用 Shift + ↓放大波形）。

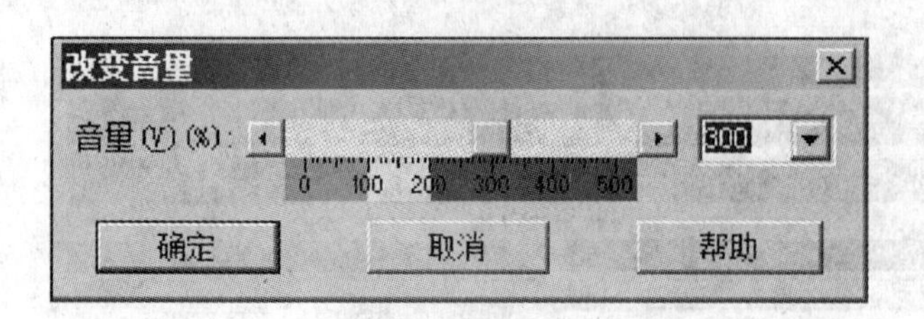

图 3—3—31

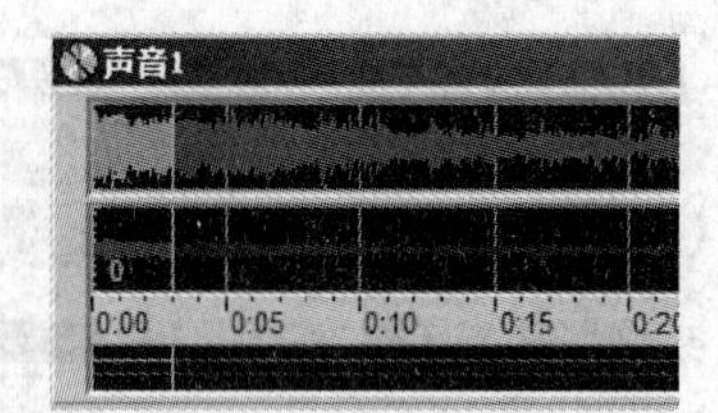

图 3—3—32

（15）单击“效果”→“音量”→“淡入”，弹出“淡入”对话框，单击“确定”按钮，即可对前 3 s 的内容进行淡入处理，处理后的效果如图 3—3—33 所示。

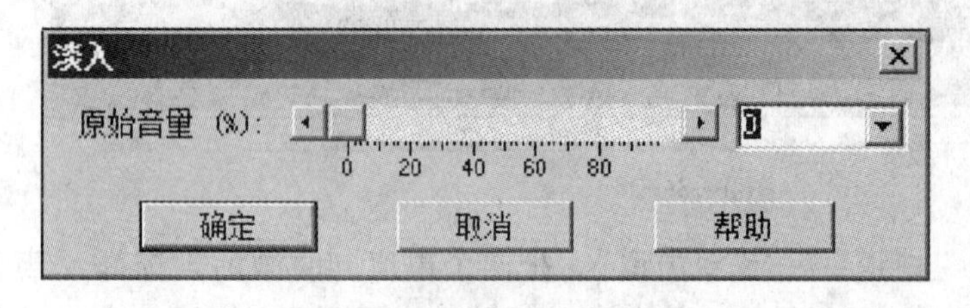

图 3—3—33（1）

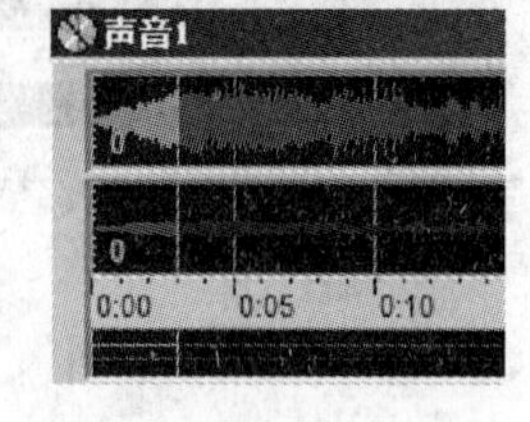

图 3—3—33（2）

（16）利用鼠标选择最后 3 s 的内容，单击“效果”→“音量”→“淡出”，弹出“淡出”对话框，单击“确定”按钮，即可对后 3 s 的内容进行淡出处理，处理后的效果如图 3—3—34 所示。

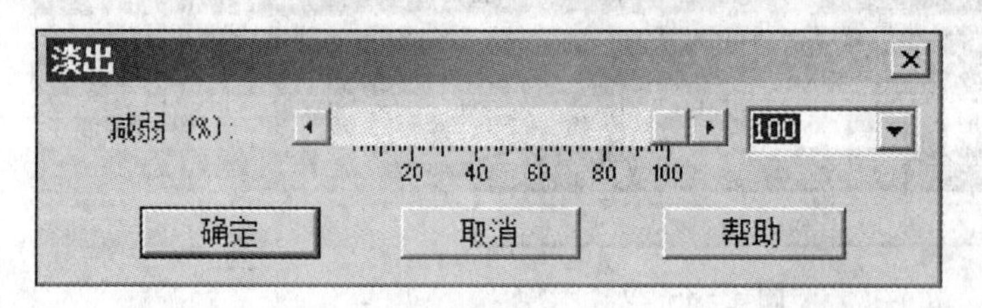

图 3—3—34（1）

图 3—3—34（2）

（17）单击“文件”→“另存为”，弹出“另存为”对话框。文件名为“声音合成”，保存类型为 MPEG 音频，文件属性选择“第 3 层，22 050 Hz，立体声，160 kbps”，单击“保存”按钮，如图 3—3—35 所示。

图 3—3—35

▶ 相关知识与技能

1．GoldWave 的界面

GoldWave 的界面如图 3—3—36 所示，这是一个空白的 GoldWave 窗口。刚进入 GoldWave 时，窗口是空白的，而且 GoldWave 窗口上的大多数按钮、菜单均不能使用，需要先建立一个新的声音文件或者打开一个声音文件。GoldWave 窗口右下方的小窗口是设备控制面板。

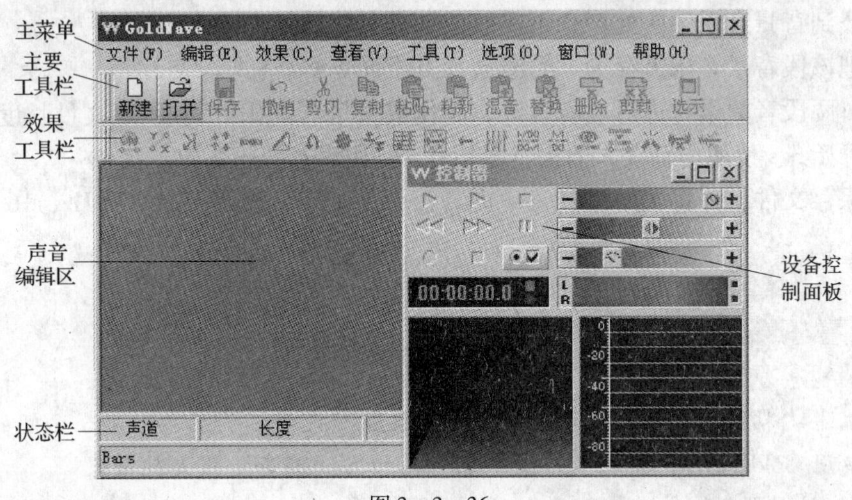

图 3—3—36

2．声音编辑区

在声音编辑区可以对声音进行选择、编辑等一系列操作。如图 3—3—37 所示，图中的蓝色区域即为声音编辑区，中间两排波形（绿色和红色）是已经打开的声音文件；横向坐标是时间，纵向坐标是音量；上面绿色的波形是左声道，下面红色的波形是右声道。中间垂直的白线是时间线，指示当前播放的位置。

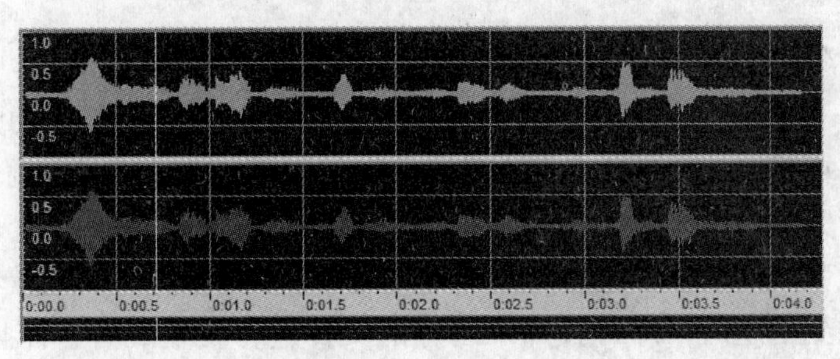

图 3—3—37

3．状态栏

状态栏显示与声音有关的各种信息，包括采样频率、声音长度、声音类型等，如图 3—3—38 所示。

44100 Hz	4.284	0.000 到 4.284 (4.284)			MPEG 音频 第 3 层, 128kbps
立体声		缩放 1:311.249		原始	费用: $0.29

图 3—3—38

▶ 拓展与提高

使用 GoldWave 音频处理软件，按照下列要求制作完成后保存文件。

1. 导入素材提供的两段声音文件。

2. 找到背景音乐中一处声音不连续的部分并把该处删除。

3. 把该段背景音乐另存为“背景音乐 01”（WAV 格式）。

4. 对两段音频素材进行混音合成，制作成一个“配乐诗朗诵”，文件长度为 60 s。

5. 开始 3 s 使用声音淡入效果，最后 3 s 使用声音淡出效果。

6. 保存文件，并将文件命名为“混音效果”（MP3 格式，22 050 Hz，16 kbps，单声道）。

[思考与练习]

1. 试述“粘贴”“粘贴新建”和“混音粘贴”几种不同的粘贴命令之间的区别。

2. 使用 GoldWave 软件录制一段声音，并加上“回音”或其他效果。

任务四　录制屏幕内容

▶ 任务描述与分析

李老师本学期承担 08 级“信息技术基础”一课教学任务。在教学中，如何提高学生的听课效率一直是困扰她的问题。从以往的教学经验来看，接受能力强的同学很快就能把练习完成，而接受能力弱或上课不专心听讲的同学，在做练习时就会出现这样或那样的问题。

在一次全区教研活动中李老师得知，有一款屏幕录像软件可以把教学演示步骤录制下来。学生在遇到问题时，即可打开录制好的文件进行反复观看，而且还可以录制声音。这样使得枯燥的操作过程变得有声有色，激发学生的学习兴趣，调动学生的积极性，增强教学效果。

屏幕录像专家 V6.0 是一款专业的屏幕录像制作工具。使用它可以轻松地将屏幕上的软件操作过程、网络教学课件、网络电视、网络电影、聊天视频等录制成 Flash 格式、ASF 格式、AVI 格式或者自播放的 EXE 格式文件。它具有长时间录像并保证声音完全同步的能力，使用简单，功能强大，是制作各种屏幕录像和软件教学动画的首选软件。

▶ 方法与步骤

1. 安装屏幕录像专家 V6.0 软件

（1）双击“屏幕录像专家”文件夹中的 Setup. exe 文件。

（2）弹出“欢迎安装屏幕录像专家”软件界面，单击“Next”按钮，如图 3—4—1 所示。

（3）阅读软件安装协议，同意许可协议内容单击“Yes”按钮，进入下一步安装界面，如图 3—4—2 所示。

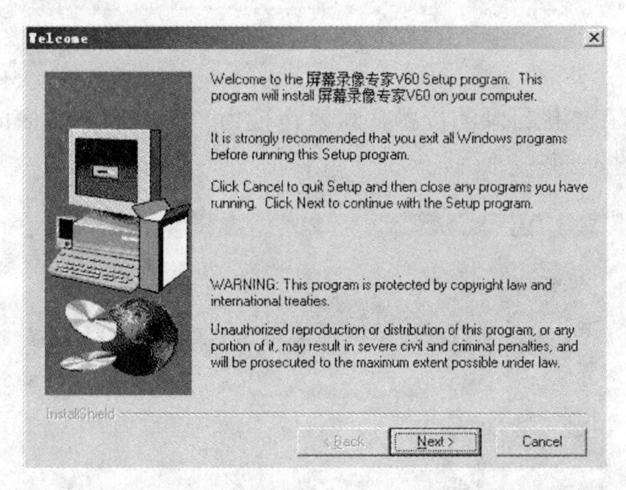

图 3—4—1

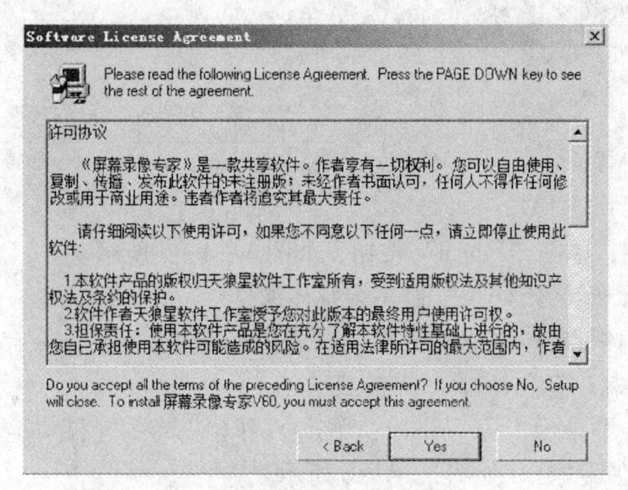

图 3—4—2

（4）输入用户名和公司名称，如图 3—4—3 所示。

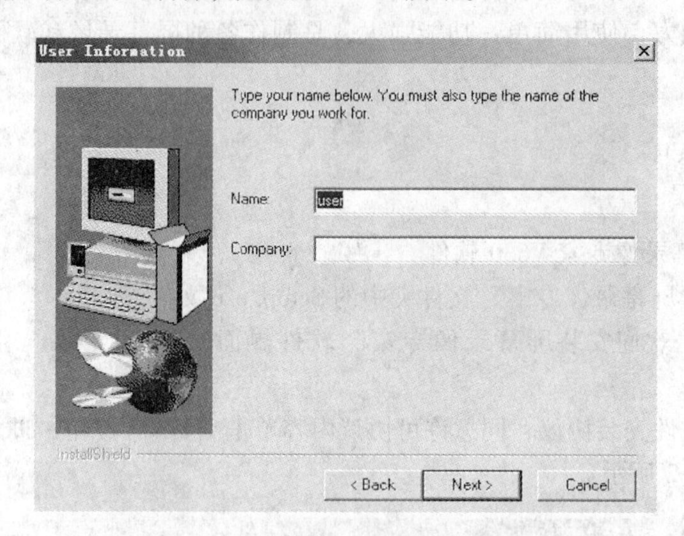

图 3—4—3

（5）选择安装在本机目录的位置，默认路径为“C:\Program Files\天狼星\屏幕录像专家 V60”，如图 3—4—4 所示。

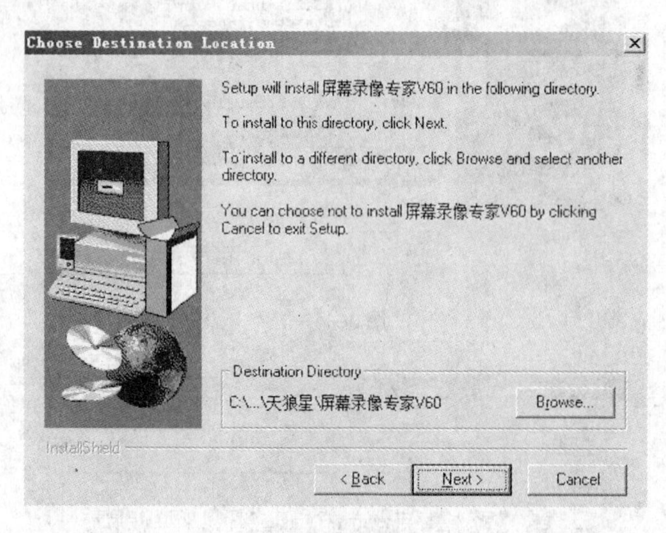

图 3—4—4

（6）完成安装，单击“Finish”按钮，如图 3—4—5 所示。

2. 用“屏幕录像专家 V6.0”制作多媒体课件

制作一个多媒体课件，要求文件名为“PPT 的制作 .exe”，保存在 C 盘根目录下。录制过程中同时录制声音和光标。

（1）打开“屏幕录像专家 V6.0”，单击“开始”→“程序”→“屏幕录像专家 V60”→“屏幕录像专家”，如图 3—4—6 所示。

（2）修改基本设置，如图 3—4—7 所示。

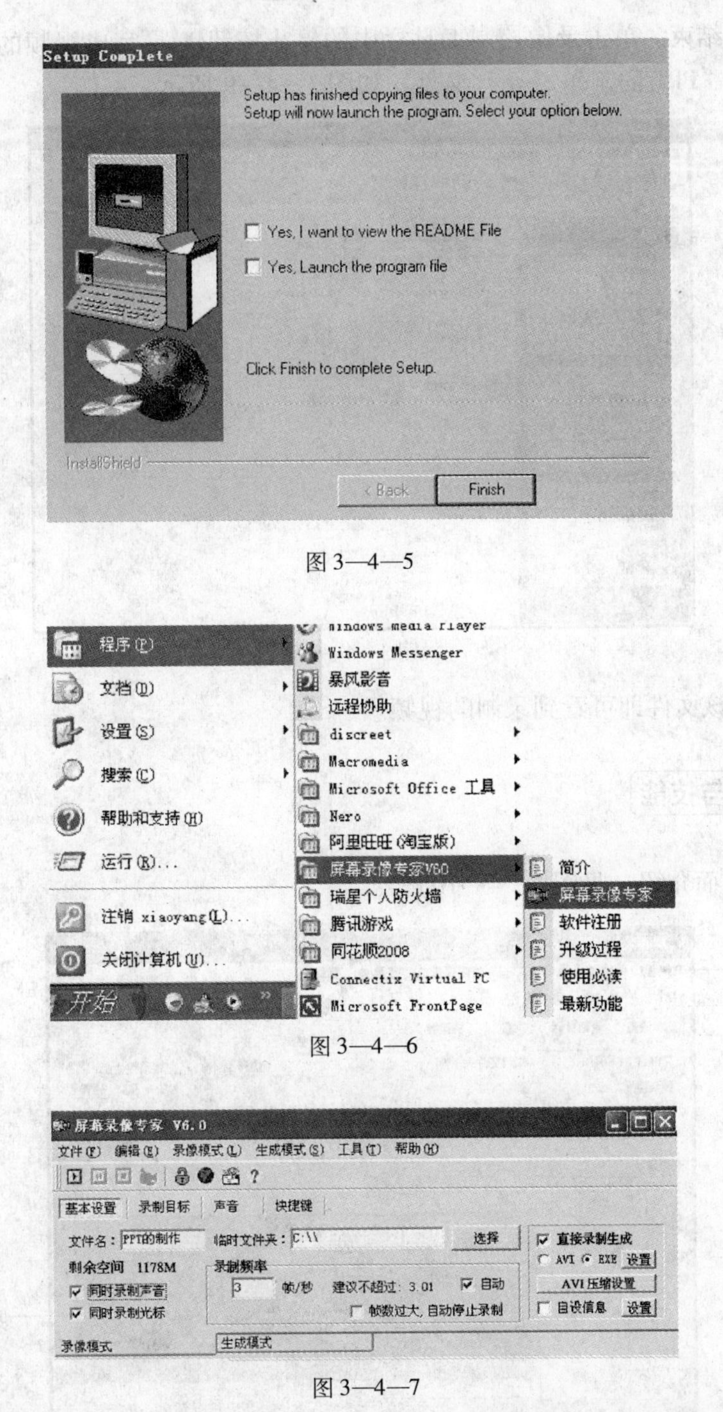

图 3—4—5

图 3—4—6

图 3—4—7

图 3—4—8

（3）开始录制。单击录像控制工具栏中的录制按钮，当任务栏右下角如图 3—4—8 所示时，即已经开始录制计算机屏幕中的内容，同时录制声音及光标单击的动作。

（4）录制结束。单击录像控制工具栏中的停止按钮▣，完成视频的录制。在 C 盘根目录下生成“PPT 的制作 . exe”文件，如图 3—4—9 所示。

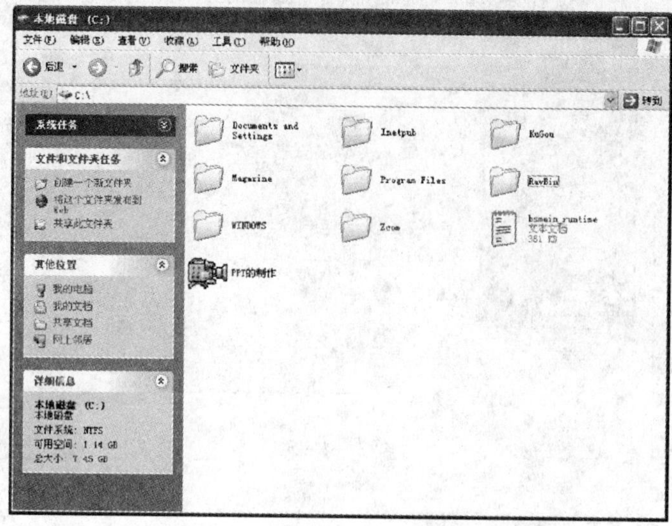

图 3—4—9

（5）双击该文件即可看到录制的视频。

▶ 相关知识与技能

1．软件界面介绍（见图 3—4—10）

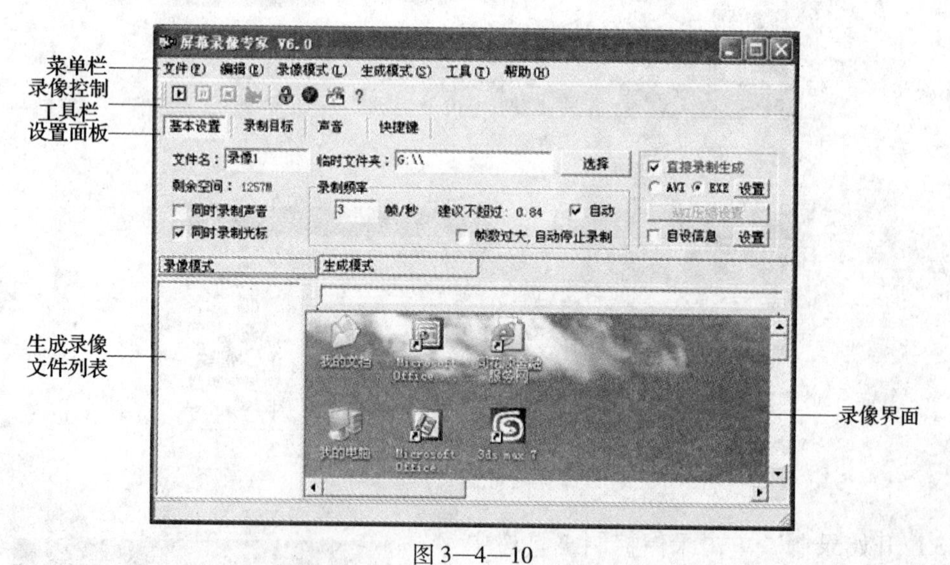

图 3—4—10

（1）“基本设置”面板，如图 3—4—11 所示。在“基本设置”面板中，可以设置录像的文件名、存放的文件夹、录制文件的类型、录制的频率，以及在录制过程中是否同时录制声音和光标等。

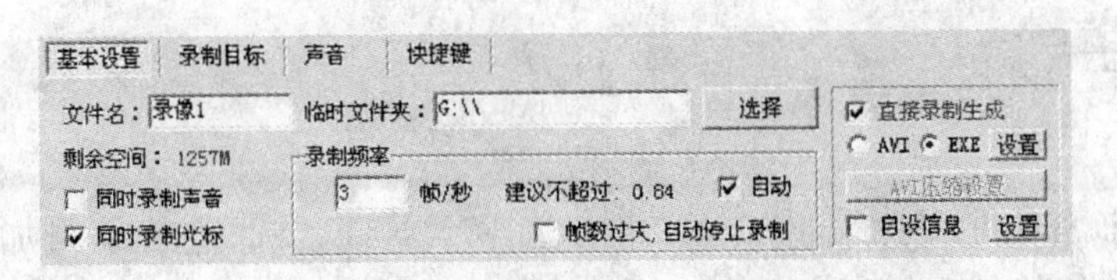

图 3—4—11

（2）“录制目标”面板，如图 3—4—12 所示。在“录制目标”面板中，可以设置录制屏幕是全屏形式还是窗口形式，也可以定义录制的范围。此外，在录制过程中还可以设置本软件的显示方式。

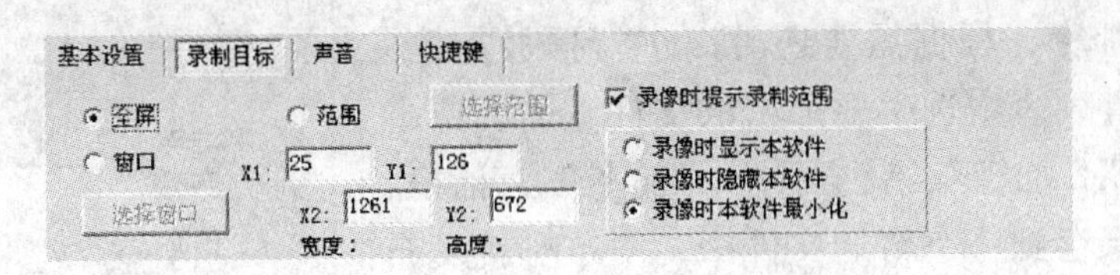

图 3—4—12

（3）“声音”面板，如图 3—4—13 所示。在“声音”面板中，可以设置声音的采样位数和采样频率。

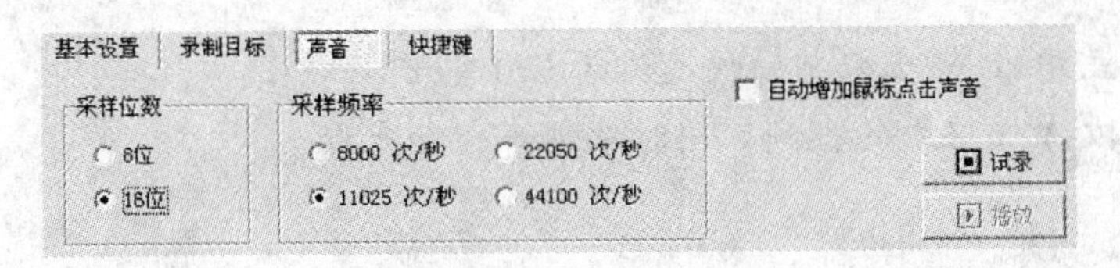

图 3—4—13

（4）“快捷键”设置面板，如图 3—4—14 所示。可以设置各种录制方式的快捷键。

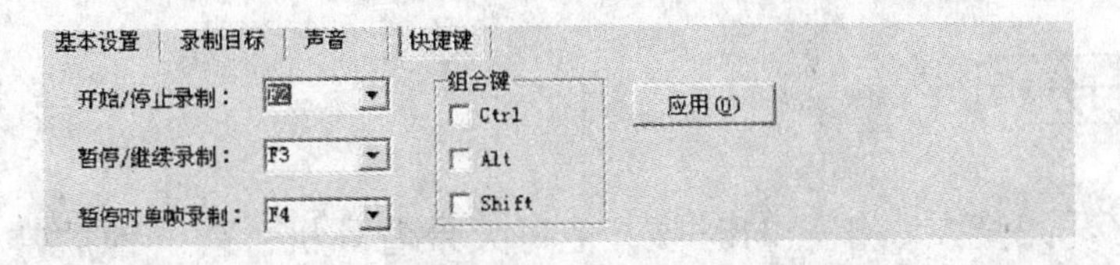

图 3—4—14

2. 采样频率

采样频率即取样频率，是指每秒钟取得声音样本的次数。采样频率越高，声音质量就越好，但是它所占用的内存比较大。由于人耳的分辨率很有限，所以太高的频率就不能辨别出来。采样频率一般分为 22.05 kHz、44.1 kHz、48 kHz 三个等级，22.05 kHz 只能达到 FM 广播的声音品质，44.1 kHz 是理论上的 CD 音质界限，48 kHz 则更加精确一些。对高于 48 kHz 的采样频率，人耳已无法辨别出来，所以在计算机上没有多少使用价值。

▶ 拓展与提高

EXE 录像加密功能支持编辑加密和播放加密。EXE 录像进行编辑加密后不能在屏幕录像专家或其他软件中做任何编辑修改，可以有效保护录制者的权益。编辑加密后对录像文件播放没有任何影响。进行播放加密后，打开 EXE 录像文件时需要输入正确的密码才能开始播放。进行播放加密时，软件内部自动同时实现编辑加密，即播放加密后的文件也不能做任何编辑修改。

一般情况下，对于要发布出去的 EXE 录像至少应该进行编辑加密，根据需要还可以进行播放加密。只要在录像文件列表中选中要加密的文件，然后单击“编辑”→“EXE 加密”，就会弹出“加密”对话框，文件加密后会保存到一个新的文件中，发布时就发布这个新的文件，如图 3—4—15 所示。

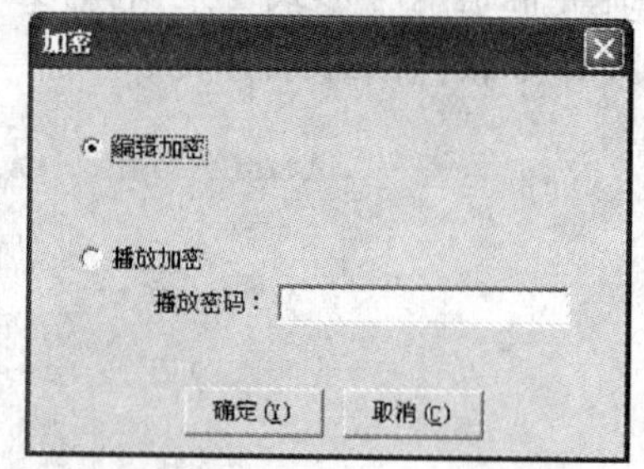

图 3—4—15

[思考与练习]

1. 如何设置开始/停止录制的快捷键为 Ctrl + F8？
2. 录制一段 AVI 格式的视频，同时录制声音和光标。

任务五　转换多媒体文件格式

▶ 任务描述与分析

老王是位音乐发烧友，年轻的时候，他每天带着耳机，陶醉地欣赏着 Walkman 所放出的音乐。

随着时代的变迁，他随身携带的宝贝也不断更新换代，从 Walkman 到便携式 CD 机，再到现在的 MP3 和 MP4。多年来，他收藏了大量好听的 CD 和 VCD 光盘，他想是否可以通过计算机将 CD 和 VCD 光盘中的音乐转换为 MP3 文件，或将从网上下载的各种视频文件转换成手机、PDA、PSP、iPod 等设备可以使用的便携式视频呢？

格式工厂（Format Factory）正是这样一款比较全能的免费媒体转换软件，它可以将所有类型的视频转换成 MP4、MPG、AVI、WMV、FLV、SWF 等格式；将所有类型的音频转换成 MP3、WMA、MMF、AMR、OGG、WAV 等格式；将所有类型的图片转换成 JPG、BMP、PNG、TIF、ICO 等格式；可以抓取 DVD 到视频文件，抓取 CD 到音频文件。下面就来介绍一下格式工厂（Format Factory）的使用方法。

▶ 方法与步骤

1. 视频转换

（1）启动格式工厂（Format Factory）。执行“开始”→“程序”→“Format Factory”→“Format Factory”，打开格式工厂（Format Factory）主界面，如图3—5—1所示。

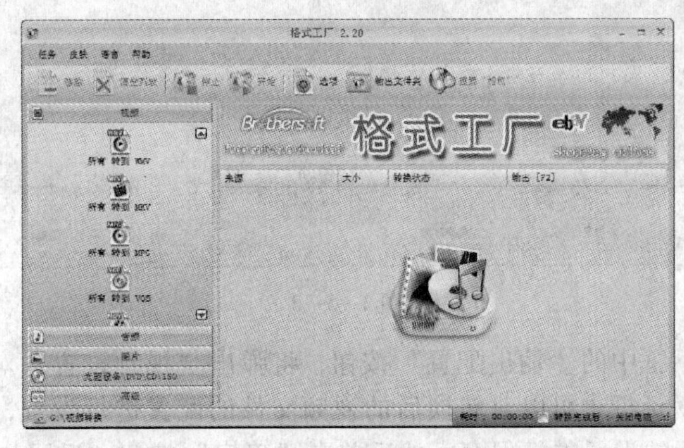

图3—5—1

（2）单击左侧窗格中的“视频”选项卡，在打开的列表框中单击要转换的视频格式图标按钮。若要将视频文件转换成MP4格式，则单击“所有转到MP4”图标按钮，这时将弹出“所有转到MP4”对话框，如图3—5—2所示。先单击对话框右上角的“添加文件”按钮，将要转换格式的视频文件添加进来。然后在对话框下方的“输出文件夹”文本框内输入视频文件所要保存的位置（也可通过单击“浏览”按钮来选择文件所要保存的位置），设置完成后如图3—5—3所示。

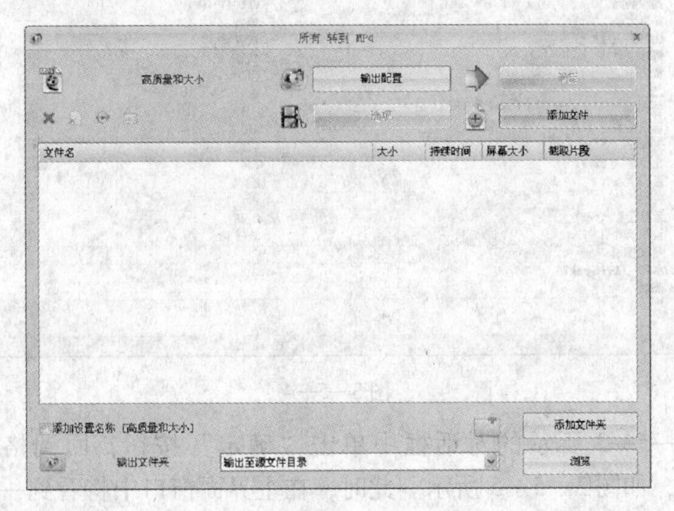

图3—5—2

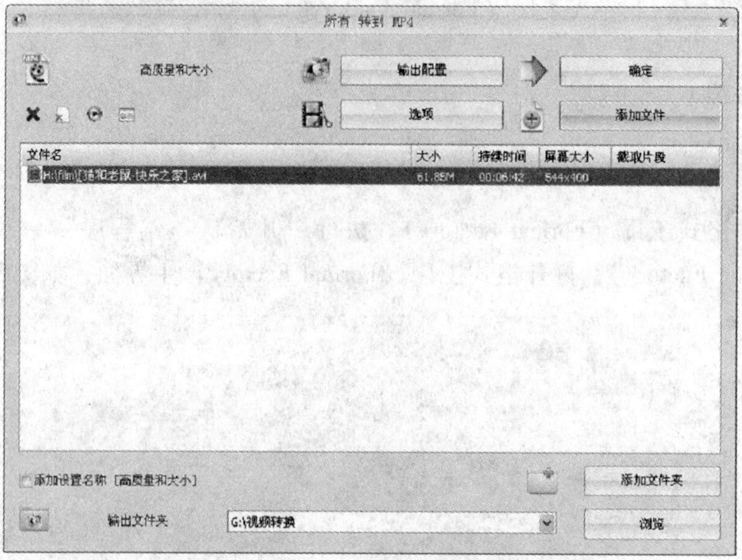

图 3—5—3

（3）单击对话框中的“输出配置”按钮，将弹出“视频设置”对话框，如图 3—5—4 所示。在该对话框中可以对转换后的视频文件的配置进行设置，单击“另存为”按钮可以对修改后的设置进行保存，然后单击“确定”按钮，返回如图 3—5—3 所示的对话框。

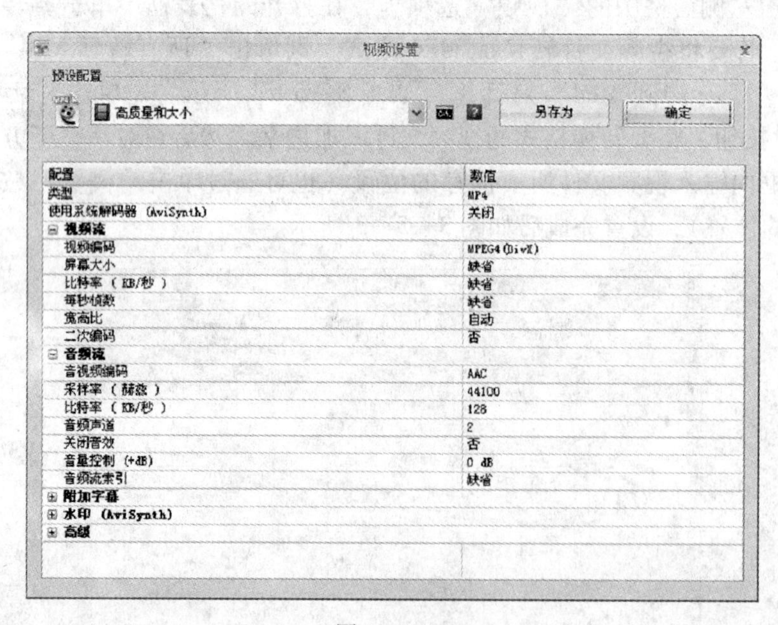

图 3—5—4

（4）在图 3—5—3 所示的对话框中单击“确定”按钮，回到格式工厂（Format Factory）主界面，如图 3—5—5 所示。此时，在主界面窗口中将看到一条正等待转换的记录，单击主界面窗口工具栏上的“开始”按钮，即可开始进行视频格式转换。

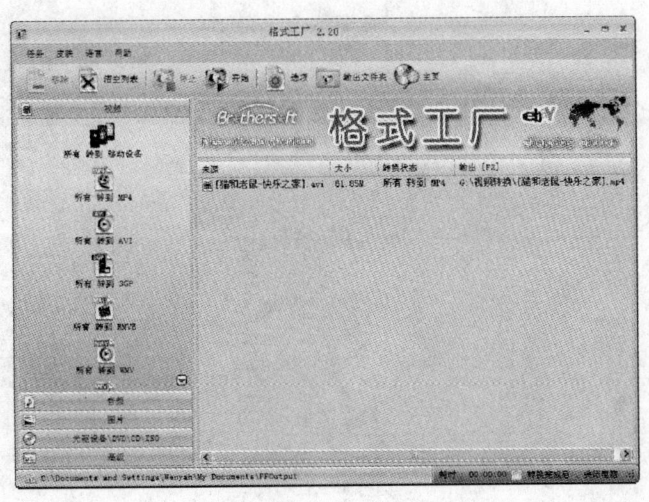

图 3—5—5

转换后的视频文件保存在工具栏“输出文件夹”图标中所显示的位置。用户也可通过工具栏上的“选项”按钮打开如图 3—5—6 所示的对话框，改变“输出文件夹”的位置。

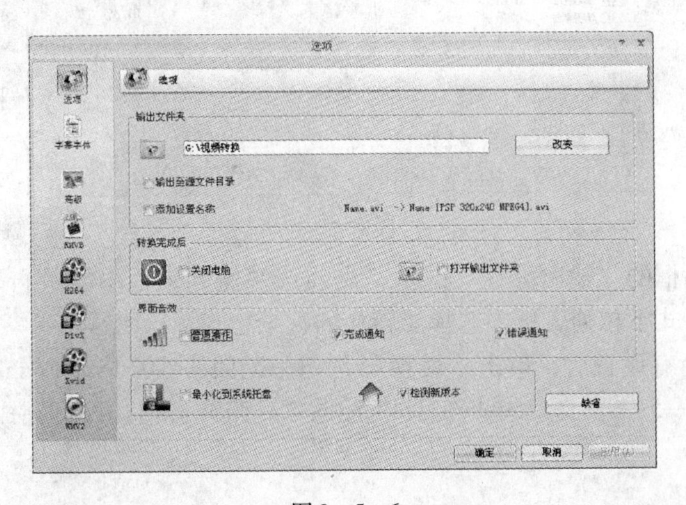

图 3—5—6

2. DVD 转到视频文件

（1）在格式工厂（Format Factory）主界面窗口中，单击左侧窗格中的“光驱设备\DVD\CD\ISO”选项卡，在打开的列表框中单击“DVD 转到视频文件”按钮，弹出如图 3—5—7 所示的对话框。

（2）将需要转换成视频文件的 DVD 光盘放入光驱，单击图 3—5—7 中的 DVD 下拉列表，选择 DVD 光驱。此时，对话框中将显示 DVD 光盘中的文件信息，如图 3—5—8

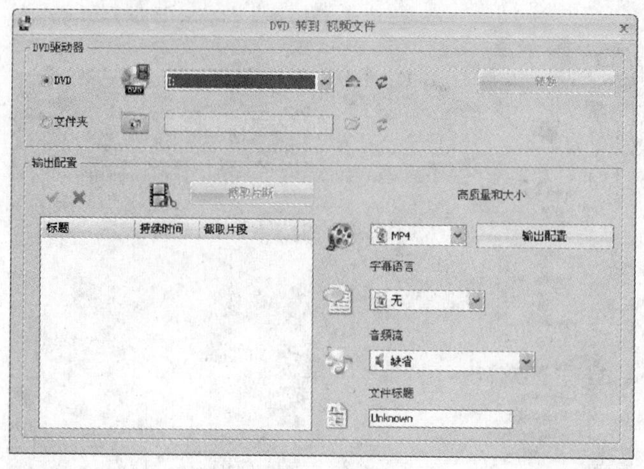

图 3—5—7

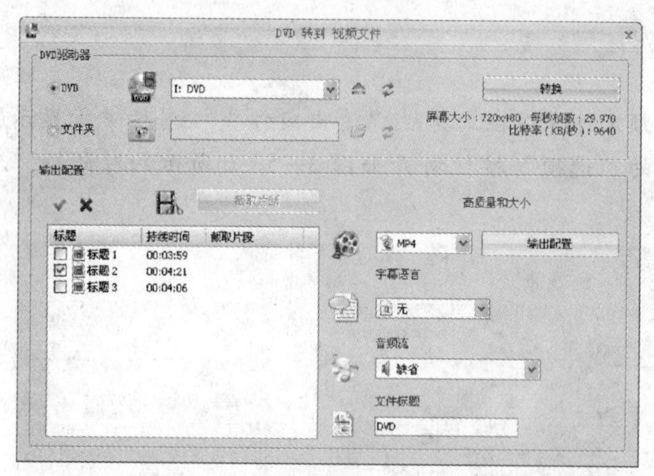

图 3—5—8

所示。在该对话框的“输出配置”区域，先勾选左侧列表框中要进行转换的文件，然后在右侧输出格式下拉列表框中选择要转换的视频格式。

（3）完成所有设置后，单击“转换”按钮，返回格式工厂（Format Factory）主界面窗口，如图 3—5—9 所示。单击工具栏上的“开始”按钮，即可完成 DVD 到视频文件的转换操作。

3. 视频合并

（1）在格式工厂（Format Factory）主界面窗口中，单击左侧窗格中的“高级”选项卡，在打开的列表框中单击“视频合并”按钮，弹出如图 3—5—10 所示的对话框。

（2）先单击对话框中“源文件列表”区域的“添加文件”按钮，将需要合并的视频文件添加进来，然后在对话框的“输出配置”区域中选择文件合并后需要生成的视频格式，设置完成后如图 3—5—11 所示。最后单击“确定”按钮，返回格式工厂（Format Factory）主界面。

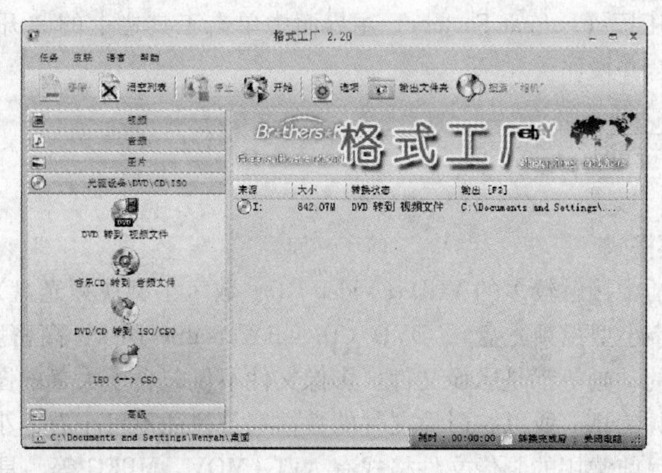

图 3—5—9

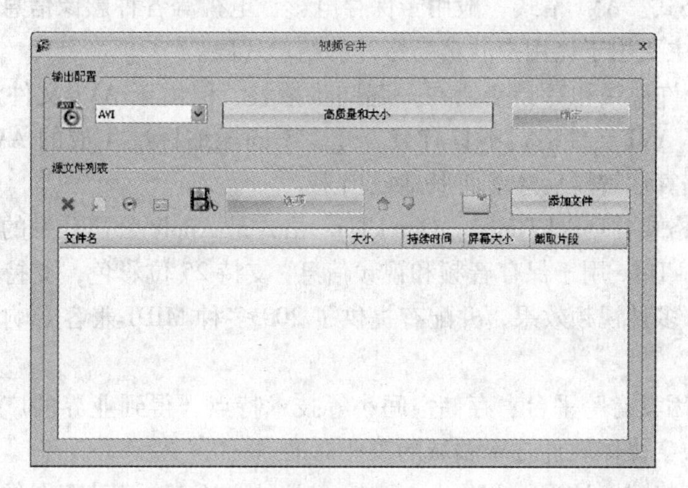

图 3—5—10

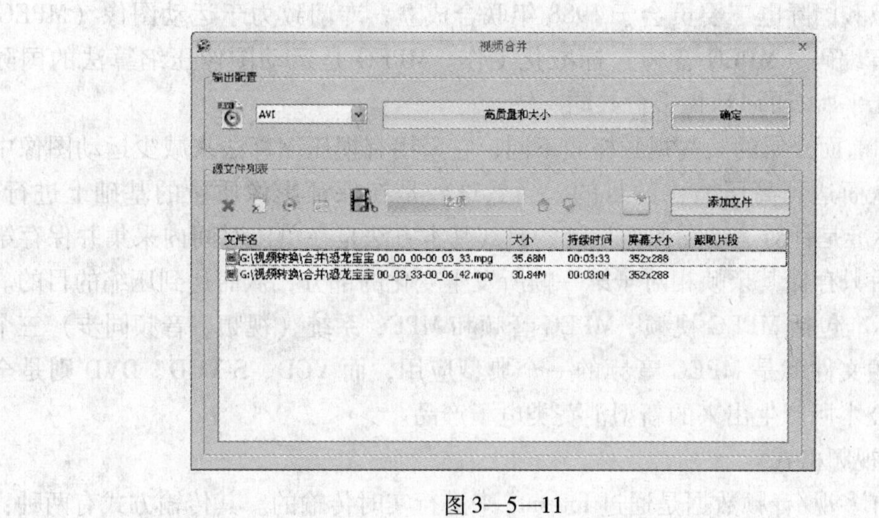

图 3—5—11

（3）在格式工厂（Format Factory）主界面中单击工具栏上的“开始”按钮，即可完成视频文件的合并操作。

▶ 相关知识与技能

1. 影像视频格式

人们日常生活中接触较多的 VCD（Video CD：数字小型视频光盘）、S-VCD（Super VCD：极好的数字小型视频光盘）、DVD（Digital Versatile Disk：高密度数字视频光盘）和多媒体光盘中的动画等都是影像文件。影像文件不仅包含了大量的图像信息，而且还容纳了大量的音频信息。所以，影像文件的数据容量往往不可小看，小到几兆字节，大到几十兆字节。目前常用的影像文件格式有 AVI、MOV、MPEG 等，具体介绍如下：

（1）AVI 格式。AVI 格式一般用于保存电影、电视等各种影像信息，有时它也出现在 Internet 中，主要用于让用户欣赏新影片的精彩片段。

AVI 格式允许视频和音频交错在一起同步播放，但由于 AVI 文件没有限定压缩标准，因此造成了 AVI 文件格式不具有兼容性。不同压缩标准生成的 AVI 文件，必须使用相应的解压缩算法解压后才能将其播放出来。

（2）MOV 格式（QuickTime）。QuickTime 格式是 Apple 公司开发的一种音频和视频文件格式。QuickTime 用于保存音频和视频信息，支持 25 位彩色，支持领先的集成压缩技术，提供 150 多种视频效果，并配有提供了 200 多种 MIDI 兼容音响和设备的声音装置。

QuickTime 因具有跨平台、存储空间小等技术特点，得到业界的广泛认可，事实上它已成为目前数字媒体软件技术领域的工业标准。

（3）MPEG 格式。MPEG（Moving Pictures Experts Group：动态图像专家组）是由国际标准化组织和国际电工委员会于 1988 年联合成立，专门致力于运动图像（MPEG 视频）及其伴音编码（MPEG 音频）标准化工作。MPEG 是运动图像压缩算法的国际标准，现已被几乎所有的 PC 机平台共同支持。

MPEG 和前面介绍的某些视频格式不同，它采用有损压缩算法来减少运动图像中的冗余信息，从而达到高压缩比的目的，当然这些是在保证影像质量的基础上进行的。MPEG 压缩标准是针对运动图像而设计的，其基本方法是在单位时间内采集并保存第一帧信息，然后只存储其余帧相对于第一帧所发生变化的部分，从而达到压缩的目的。

MPEG 标准包括 MPEG 视频、MPEG 音频和 MPEG 系统（视频、音频同步）三个部分，MP3 音频文件就是 MPEG 音频的一个典型应用，而 VCD、S-VCD、DVD 则是全面采用 MPEG 技术所产生出来的新型消费类电子产品。

2. 流式视频格式

当今，许多视/音频数据是通过 Internet 来进行实时传输的。其传输方式有两种：一种是以文件形式存储，先传输后播放，用 FTP 下载或 E-mail 传输，这样对于比较小的文件是可行的，例如MP3音乐。另一种就是“一边传输，一边播放”的“流媒体”传输格式，即先从服务器上下载一部分视频文件，形成视频流缓冲区后实时播放，同时继续下载，为接下来的播放做好准备。这种“边传边播”的方法克服了用户必须等待整个文件从Internet上全部下载完毕后才能播放的缺点。到目前为止，Internet上使用较多的流式视频格式有以下几种：

（1）RM格式。RM（Real Media）是一种能够在低速率网络上实时传输视/音频信息的视/音频压缩规范的流式视/音频文件格式，可以根据网络数据传输速率的不同制定不同的压缩比率，从而实现在低速率的广域网上进行影像数据的实时传送和实时播放。RM格式是目前Internet上最流行的跨平台的客户/服务器结构流媒体应用格式。

（2）ASF格式。ASF（Advanced Streaming Format：高级流格式）是由Microsoft公司推出的，也是一种在Internet上实时传播多媒体的技术标准。

ASF的主要优点包括：本地或网络回放、可扩充的媒体类型、部件下载、扩展性等。

ASF的压缩率和图像质量都很不错。因为ASF是以一种可以在网络上即时观赏的“视频流”格式存在的，所以它的图像质量比VCD稍差一点，但比同是“视频流”格式的RM要好。

（3）WMV格式。WMV格式是一种独立于编码方式的、在Internet上实时传播多媒体的技术标准。Microsoft公司希望用它取代QuickTime之类的技术标准以及WAV、AVI之类的文件扩展名。

WMV的主要优点包括：本地或网络回放、可扩充的媒体类型、部件下载、可伸缩的媒体类型、流的优先级化、多语言支持、环境独立性、丰富的流间关系、扩展性等。

▶ 拓展与提高

格式工厂（Format Factory）不仅支持视频格式的转换，而且还可以利用它在进行视频格式转换的同时，对源视频文件进行简单的剪辑。通过剪辑可以去掉源文件中用户不需要的部分，这样既增强了视频的观看效果，也缩短了视频的播放时间。

1. 在图3—5—3中，先选中添加进来的某个源文件，然后单击对话框中的“选项”按钮，即可打开如图3—5—12所示的对话框。

2. 在该对话框中，单击“开始时间”按钮，可以把当前视频的播放时间作为截取部分的开始时间；单击“结束时间”按钮，可以把当前视频的播放时间作为截取部分的结束时间。最后单击“确定”按钮，返回如图3—5—13所示的对话框。

3. 在该对话框的列表框中，可以看到“截取片段”栏下清楚地显示出用户截取的时间节点，单击“确定”按钮，返回格式工厂（Format Factory）主界面。单击格式工

图 3—5—12

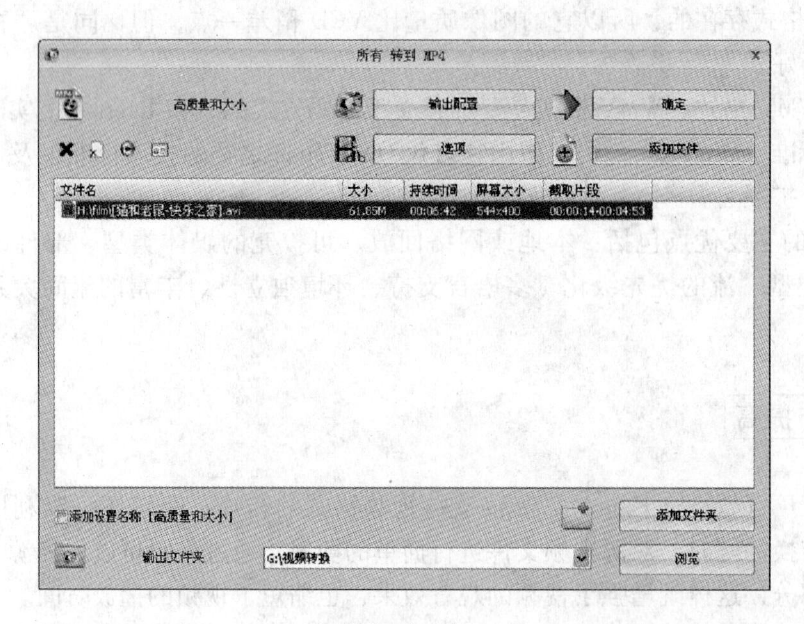

图 3—5—13

厂（Format Factory）主界面窗口工具栏上的“开始”按钮，即可完成视频格式的转换和视频文件的截取。

[思考与练习]

选择您所喜欢的一段 AVI 格式的视频或者影片，将其转换成 RMVB 格式。

▶ 单元评价

单元实训评价表

<table>
<tr><td rowspan="2"></td><td colspan="2">内容</td><td colspan="3">评价等级</td></tr>
<tr><td>能力目标</td><td>评价项目</td><td>A</td><td>B</td><td>C</td></tr>
<tr><td rowspan="12">职业能力</td><td rowspan="2">能使用酷狗音乐 2010 播放音乐</td><td>在酷狗中添加并播放音乐</td><td></td><td></td><td></td></tr>
<tr><td>使用播放列表</td><td></td><td></td><td></td></tr>
<tr><td rowspan="3">能使用暴风影音 2009 播放电影</td><td>播放视频文件</td><td></td><td></td><td></td></tr>
<tr><td>管理播放中的视频</td><td></td><td></td><td></td></tr>
<tr><td>播放音频文件</td><td></td><td></td><td></td></tr>
<tr><td rowspan="3">能使用 GoldWave 4.26 录制、编辑声音</td><td>声音的新建、复制</td><td></td><td></td><td></td></tr>
<tr><td>声音采集</td><td></td><td></td><td></td></tr>
<tr><td>声音合成</td><td></td><td></td><td></td></tr>
<tr><td rowspan="2">能使用屏幕录像专家软件录制视频</td><td>安装屏幕录像专家 V6.0 软件</td><td></td><td></td><td></td></tr>
<tr><td>制作一个多媒体课件</td><td></td><td></td><td></td></tr>
<tr><td rowspan="2">能使用格式工厂对常用多媒体格式进行转换</td><td>视频格式转换</td><td></td><td></td><td></td></tr>
<tr><td>视频合并</td><td></td><td></td><td></td></tr>
<tr><td rowspan="4">通用能力</td><td colspan="2">分析问题的能力</td><td></td><td></td><td></td></tr>
<tr><td colspan="2">解决问题的能力</td><td></td><td></td><td></td></tr>
<tr><td colspan="2">自我提高的能力</td><td></td><td></td><td></td></tr>
<tr><td colspan="2">沟通能力</td><td></td><td></td><td></td></tr>
<tr><td colspan="3">综合评价</td><td colspan="3"></td></tr>
</table>

单元四
使用图形图像工具软件

生活中有很多美好的人物、事物和景色，人们总是希望留下这样或那样的一些美好瞬间。随着数码相机的普及，照片已成为人们记录生活、回忆过去所不可或缺的部分。随着时光的流逝，人们拍摄的照片越来越多，与别人分享照片，共同欣赏照片，回忆过去的点点滴滴，已成为人们生活的乐趣。时间是不能倒退的，生活也是不能重新来过的，所以对记录我们过去美好记忆的照片的浏览、美化、保存也就变得很重要了。

[**能力目标**]

- 能对屏幕图像进行捕捉
- 能对图形图像进行简单的美化和修饰
- 能将图片做成电子相册

任务一　捕捉屏幕图像

任务描述与分析

小罗是个网游爱好者，游戏中的精彩情节和精美画面经常给他留下深刻的印象，他很想把自己在网游中经历的一些优美画面永久地保留下来，做成自己的桌面或者发给其他朋友观看。可是怎样才能将游戏中的这些画面以图片的形式保存下来呢？

网友小张告诉小罗，其实 Windows 系统中提供了抓取屏幕图形的简便方法。当需要抓取整个屏幕时，只需按 Print Screen 键（屏幕拷贝键）即可将全屏作为图像存储到剪贴板中，再到其他应用程序中粘贴即可。但是它的使用范围受到限制，也很不方便。而 HyperSnap 是一个功能强大的屏幕抓图软件，它不仅具有支持众多图形文件格式、能完整抓取带滚动条的窗口界面、支持重新定义图片大小和用户定义快捷键等重要功能，而且经过汉化后，操作界面友好，操作更加方便。

方法与步骤

1. 设置捕捉热键

（1）单击“开始”→“程序”→“HyperSnap 6”→“HyperSnap 6”，启动 HyperSnap 程序，其界面如图 4—1—1 所示。

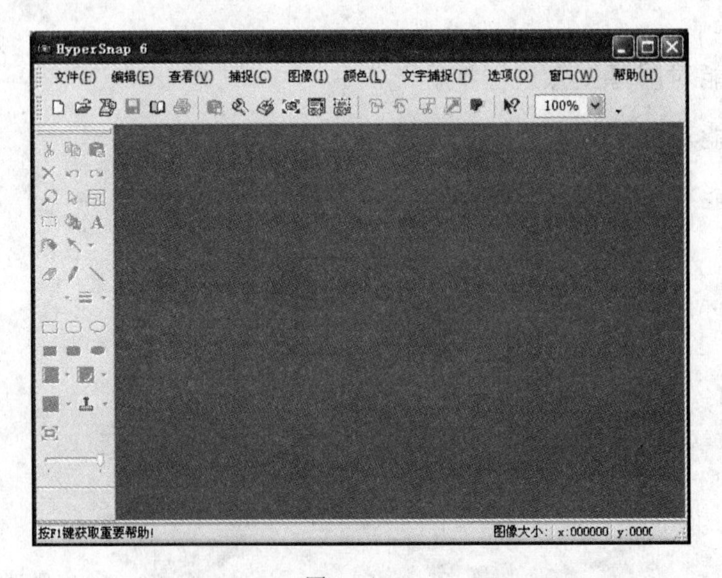

图 4—1—1

（2）在图 4—1—1 中单击“捕捉”→“屏幕捕捉快捷键”，弹出如图 4—1—2 所示的对话框。在该对话框中显示的是 HyperSnap 为捕捉图像设置的默认快捷键，常用的捕捉有“捕捉窗口”“捕捉按钮”“捕捉区域”“捕捉全屏”等。在实际工作中，捕捉鼠标光标也是常用的捕捉。在图 4—1—2 中 HyperSnap 未给“仅鼠标光标”设置快捷键，若需要捕捉鼠标光标，则可按下面的方法为其设置快捷键。

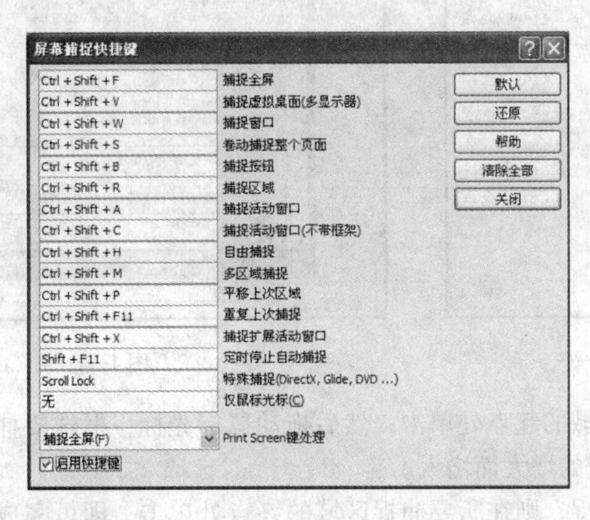

图 4—1—2

（3）重新设置快捷键。在经常使用的捕捉方法（如“捕捉窗口”）左侧的文本框内单击，在其中输入设置的快捷键（如 F10 键）。

提示

设置快捷键时，不宜使用系统默认的快捷键，如 F1 ~ F4、Ctrl + C、Ctrl + V 等。

（4）设置快捷键后，应确保图 4—1—2 中“启用快捷键”复选框处于选中状态，然后单击“关闭”按钮，关闭该对话框。

2. 捕捉屏幕图像

HyperSnap 6 的窗口菜单栏和工具栏提供了多种操作方法。用户一般可使用菜单命令、工具栏按钮或快捷键进行捕捉。

（1）捕捉窗口、按钮和控件

1）首先打开要捕捉的窗口，然后按下图 4—1—2 中设置的快捷键 Ctrl + Shift + W，或单击“捕捉”→“窗口或控件”，如图 4—1—3 所示。

2）此时将出现一个闪烁框，在要捕捉的窗口（按钮或控件）上单击，HyperSnap 6 即可将捕捉的窗口（按钮或控件）放在其界面中，如图 4—1—4 所示。

（2）捕捉选定区域

1）首先打开要捕捉的区域，然后按下图 4—1—2 中设置的快捷键 Ctrl + Shift + R，或单击“捕捉”→“区域”，如图 4—1—3 所示。

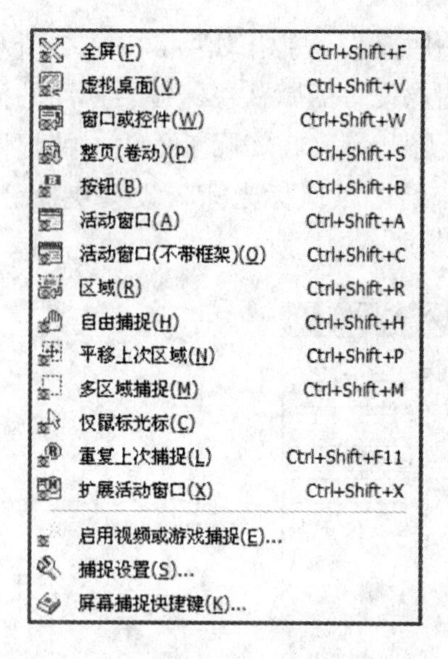

图 4—1—3

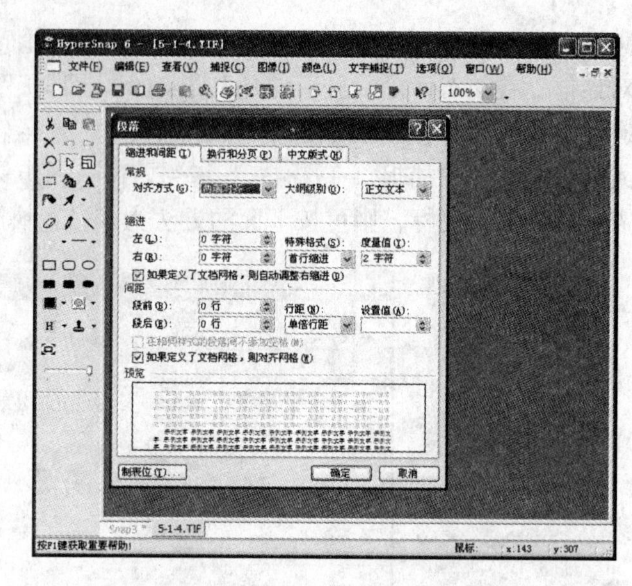

图 4—1—4

2）在要捕捉区域的起点处单击，然后拖动鼠标光标，框选要捕捉的区域，矩形区域也将随着捕捉区域的增大而增大。

3）若要停止捕捉，则在所要捕捉区域的终点处单击，即可完成捕捉，捕捉后的图像将嵌入 HyperSnap 主界面中，如图 4—1—5 所示。

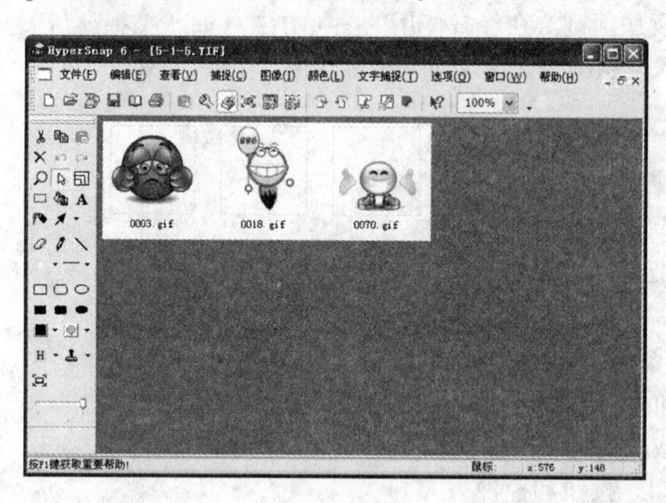

图 4—1—5

3. 编辑捕捉的图像

（1）自动修剪图像。如图 4—1—6 所示图像两侧的白色区域是在捕捉图像时多出的区域，若要直接在 HyperSnap 中将其删除，则可通过执行“图像”→“自动修剪”或按快捷键 Ctrl + T，即可将多余的区域修剪掉。此操作针对的是图像周围多余的区域具有相同像素的情况。如果图像周围多余的区域不具有相同像素，则需要执行“图像”→“剪裁”或按快捷键 Ctrl + R，对多余的区域进行手动裁剪。

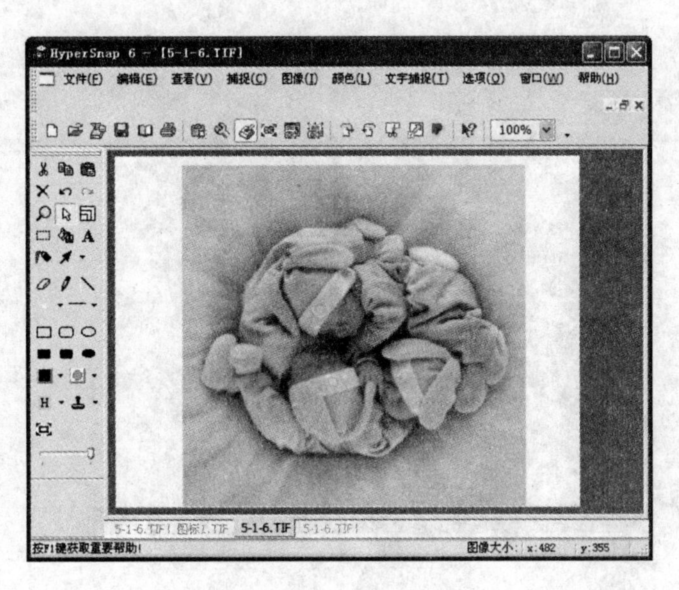

图 4—1—6

(2) 为图像添加注释。单击 HyperSnap 左侧工具栏上的**A**（添加文字）按钮，在要添加注释的地方画一个矩形框，画完后将弹出“编辑文字”对话框，在该对话框中输入要注释的内容，如图 4—1—7 所示。

(3) 单击“框架”选项卡，在该选项卡中选中“使其透明”复选框，即无背景色，如图 4—1—8 所示。

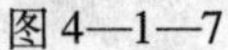
图 4—1—7

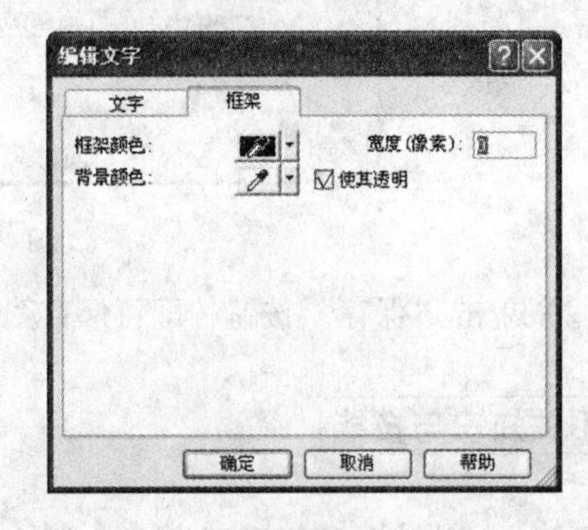

图 4—1—8

(4) 设置完成后，单击“确定”按钮，返回 HyperSnap 主界面，然后单击（箭头）按钮，在图片上绘制一个箭头，最后效果如图 4—1—9 所示。

4. 保存图像

(1) 单击“文件”→“另存为”，弹出如图 4—1—10 所示的对话框，在该对话框“文件名”后面的文本框中输入保存的文件名称，然后在“保存类型”下拉列表框中选择文件的保存类型。

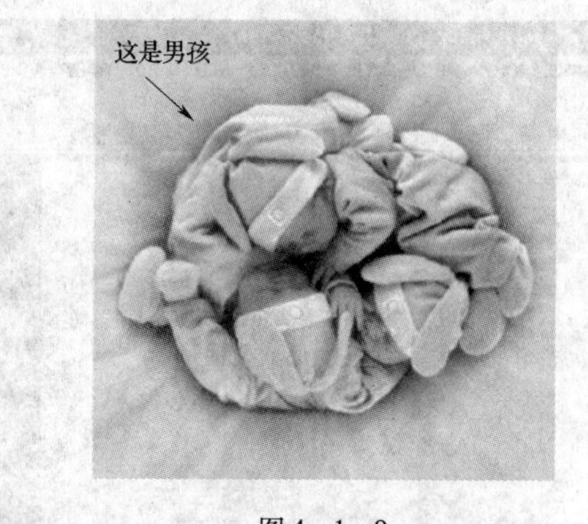

图 4—1—9

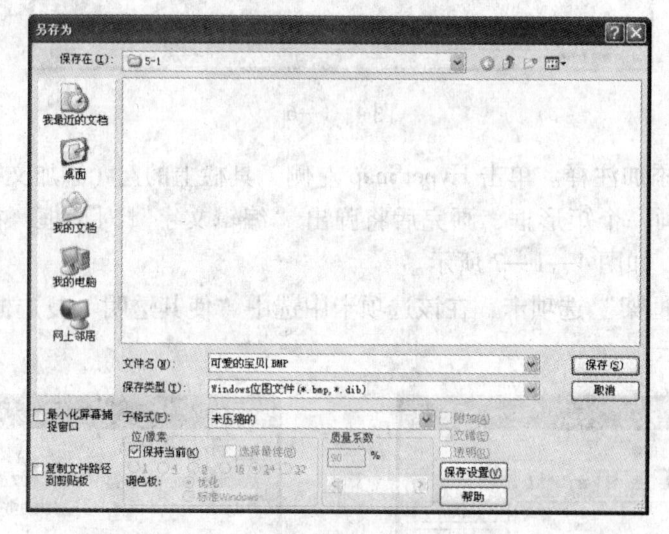

图 4—1—10

（2）单击“保存”按钮，即可保存图像。

▶ 相关知识与技能

平面设计中常见的图形图像格式有：

1．BMP 格式

BMP 格式即位图格式，是 Windows 操作系统中的标准图像文件格式，能够被多种 Windows 应用程序所支持。这种格式的特点是包含的图像信息较丰富，几乎不进行压缩，但由此导致了它与生俱来的缺点——占用磁盘空间过大。

2．GIF 格式

GIF 格式是图形交换格式。GIF 格式的特点是压缩比高，磁盘空间占用较少。GIF 不仅可以用来存储单幅静止图像，而且可以同时存储由若干幅静止图像所形成的连续动画。

GIF 格式只能保存最大 8 位色深的数码图像，所以它最多只能用 256 色来表现物体，对于色彩复杂的物体它就力不从心了。

3. JPEG 格式

JPEG 格式也是常见的一种图像格式，JPEG 格式文件的扩展名为.jpg 或.jpeg，其压缩技术十分先进，它用有损压缩方式去除冗余的图像和彩色数据，在获得极高的压缩率的同时能展现丰富生动的图像。换句话说，就是可以用最少的磁盘空间得到较好的图像质量。由于 JPEG 格式的压缩算法是采用平衡像素之间的亮度色彩来压缩的，因而更有利于表现带有渐变色彩且没有清晰轮廓的图像。

4. TIFF 格式

TIFF 格式最初是出于跨平台存储扫描图像的需要而设计的。它的特点是图像格式复杂，存储信息多。正因为它存储的图像细微层次的信息非常多，图像质量也得以提高，故而非常有利于原稿的复制。

5. PSD 格式

这是著名的 Adobe 公司的图像处理软件 Photoshop 的专用格式。PSD 其实是 Photoshop 进行平面设计的一张“草稿图”，它里面包含有各种图层、通道、遮罩等设计样稿，以便于下次打开文件时可以修改上一次的设计。在 Photoshop 所支持的各种图像格式中，PSD 的存取速度比其他格式快很多，功能也很强大。

6. PNG 格式

PNG 格式是一种新兴的网络图像格式，也是目前保证最不失真的格式，它吸取了 GIF 和 JPG 两者的优点，存储形式丰富，兼有 GIF 和 JPG 的色彩模式。PNG 的第二个特点是能把图像文件压缩到极限以利于网络传输，且能保留所有与图像品质有关的信息，因为 PNG 采用的是无损压缩方式，这一点与牺牲图像品质以换取高压缩率的 JPG 有所不同。PNG 的第三个特点是显示速度很快，只需下载 1/64 的图像信息就可以显示出低分辨率的预览图像。PNG 的第四个特点是支持透明图像的制作，透明图像在制作网页图像时很有用，用户可以把图像背景设为透明，用网页本身的颜色信息来代替设为透明的色彩，这样可以使图像和网页背景很和谐地融合在一起。

7. CDR 格式

CDR 格式是著名绘图软件 CorelDRAW 的专用图形文件格式。由于 CorelDRAW 是矢量图形绘制软件，所以 CDR 可以记录文件的属性、位置、分页等。但它的兼容性较差，在所有 CorelDRAW 应用程序中均能够使用，但其他图像编辑软件打不开此类文件。

8. SWF 格式

利用 Flash 可以制作一种后缀名为 SWF 的动画，这种格式的动画图像能够用比较小的文件来表现丰富的多媒体形式。在图像传输方面，不必等到文件全部下载后才能观看，而是可以边下载边观看，因此非常适合网络传输，尤其是在传输速率不佳的情况下，也能取得较好的效果。事实也证明了这一点，SWF 如今已被大量应用于 Web 网页进行多媒体演示与交互性设计。此外，SWF 动画采用矢量技术制作，因此不论将画面放大多少倍，画面都不会因此而有任何损害。

9. SVG 格式

SVG 格式为可缩放的矢量图形，可算作是目前最火热的图像文件格式。严格来说，它应该是一种开放标准的矢量图形语言。用户可以直接用代码来描绘图像，可以用任何文字处理工具打开 SVG 图像，通过改变部分代码来使图像具有交互功能，并可以随时插入 HTML 中通过浏览器来观看。

SVG 具备目前网络流行格式 GIF 和 JPEG 无法比拟的功能：可以任意放大图形显示，但绝不会以牺牲图像质量为代价；在 SVG 图像中保留可编辑和可搜寻的状态；SVG 文件比 GIF 和 JPEG 格式文件要小很多，因而下载速度快。

此外，还有很多图形图像格式，如 PCX 格式、DXF 格式、WMF 格式、EMF 格式、LIC 格式、EPS 格式、TGA 格式、PICT 格式等。

▶ 拓展与提高

HyperSnap 从 5.0 开始就已经有了单独的“图像”菜单，其中集成了用户经常会用到的一些图片编辑功能（如图片裁剪、改变分辨率、镜像、旋转等）和修饰效果（如马赛克、浮雕、锐化、模糊等）。HyperSnap 图片编辑功能非常简单，这里介绍两个简单的应用。

1. 图像编辑：马赛克

如图 4—1—11 所示效果是最常用到的图像编辑功能之一。在网络时代，需要注意的细节很多，也许用户一不留神就在贴图中暴露了自己的各种登录 ID、QQ 号、邮箱地址等。在图片中适当添加马赛克对于保护个人隐私相当有帮助，具体操作步骤如下：

先在工具箱中单击“选择区域”，然后拖动鼠标在图像上框选需要马赛克化的部分，单击“图像”→“镶嵌”，进入对话框后设置“Tile size”参数，即可完成马赛克的设置，如图 4—1—12 所示。

图 4—1—11

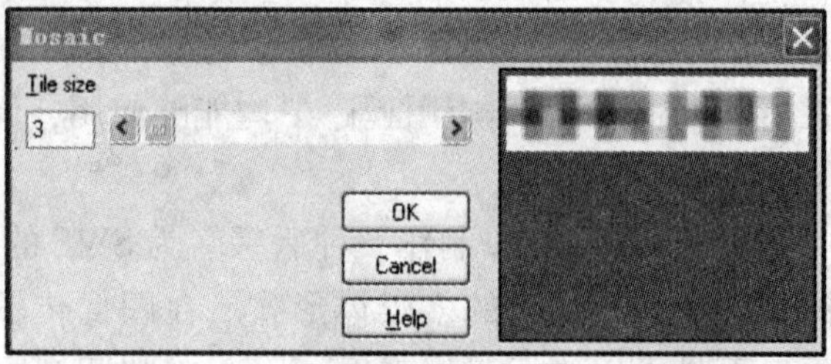

图 4—1—12

2．图像编辑：剪除区域

剪除区域是一项很特别但非常实用的功能，它能轻松实现图像内部的裁剪，具体效果如图 4—1—13 和图 4—1—14 所示。

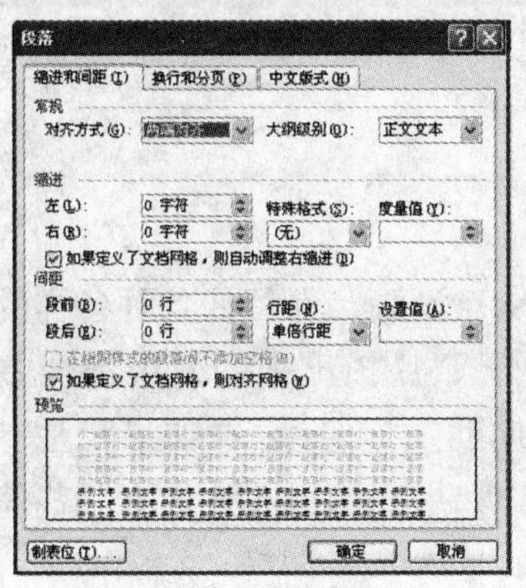
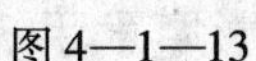

图 4—1—13

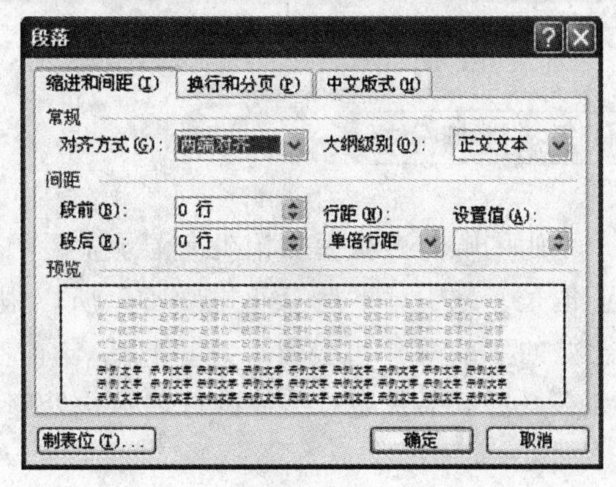

图 4—1—14

当需要隐藏图片中的部分内容时，完全不必使用 Photoshop 这样的专业工具，直接在 HyperSnap 中就能处理。在本例中，单击“图像”→“裁去条形区域”→“水平”，当前鼠标光标会自动变为水平线，用户要做的就是在图片中画出两条水平线，而水平线之间的图像则会被系统自动剪除，如图 4—1—15 所示。

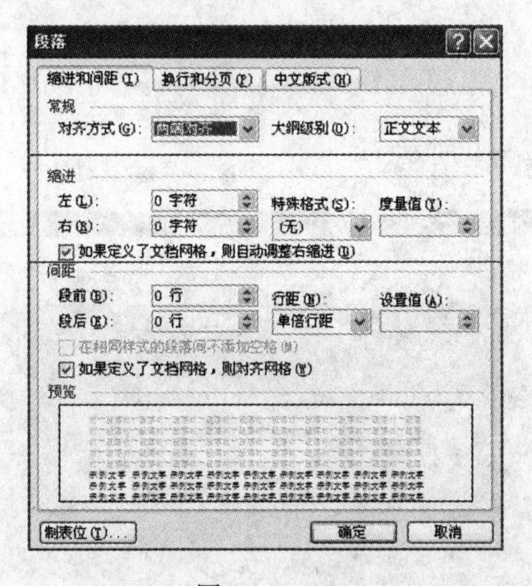

图 4—1—15

[思考与练习]

1．下载并安装 HyperSnap-DX 的最新版本，然后使用视频捕捉工具截取视频播放软件中的一组画面。

2．利用 HyperSnap-DX 在截取的图片中添加文字注释，并以 TIFF 格式保存图片。

任务二　美 化 图 片

▶ 任务描述与分析

刘小姐闲暇时喜欢用照相机来记录生活中美好的点点滴滴，保留住各种各样的美丽瞬间。但是，她毕竟不是专业摄影师，所以很多情况下照片拍出来的效果都会差强人意，美好的“瞬间”也会留下一些遗憾。有一次，她向朋友抱怨说：“如果我是专业摄影师该多好！如果我能对图片进行艺术化处理该多好！如果我能为图片加上一些俏皮的元素该多好！”

朋友听后向她介绍了一款简单实用的图像处理软件——光影魔术手 3.0。它是一个对数码照片画质进行改善及效果处理的软件。它简单易用，不需要任何专业的图像技术，就可以制作出专业胶片摄影的色彩效果。它可以从根本上解决刘小姐的问题。

▶ 方法与步骤

1. 抠图与合成

（1）单击“开始”→“程序”→“光影魔术手”→“光影魔术手”，启动“光影魔术手”程序，如图 4—2—1 所示。

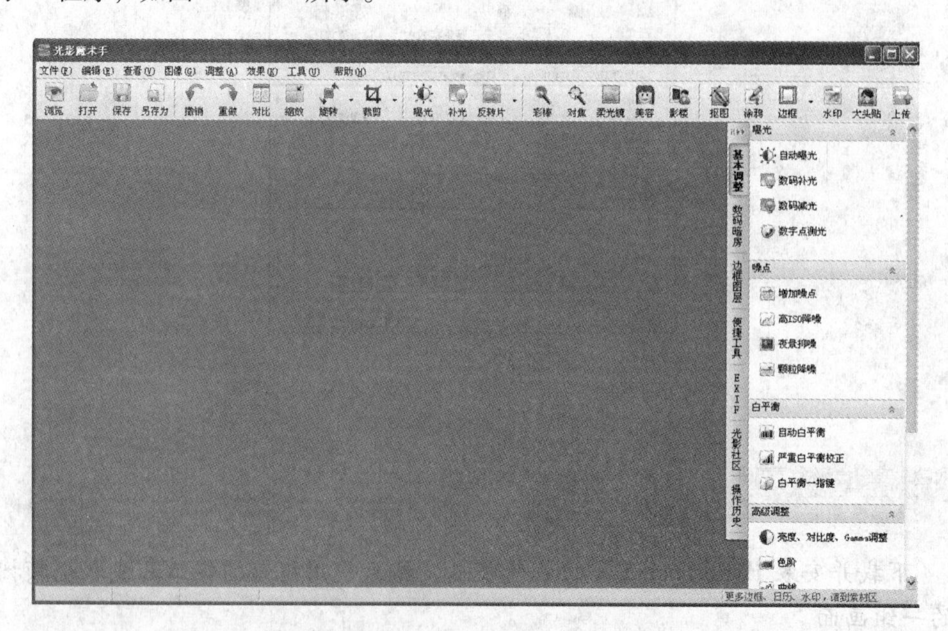

图 4—2—1

（2）单击工具栏上的“打开”按钮，弹出如图 4—2—2 所示的“打开”对话框。在该对话框中选择一幅图片，然后单击“打开”按钮，即可将图片导入“光影魔术手”的主窗口中，如图 4—2—3 所示。

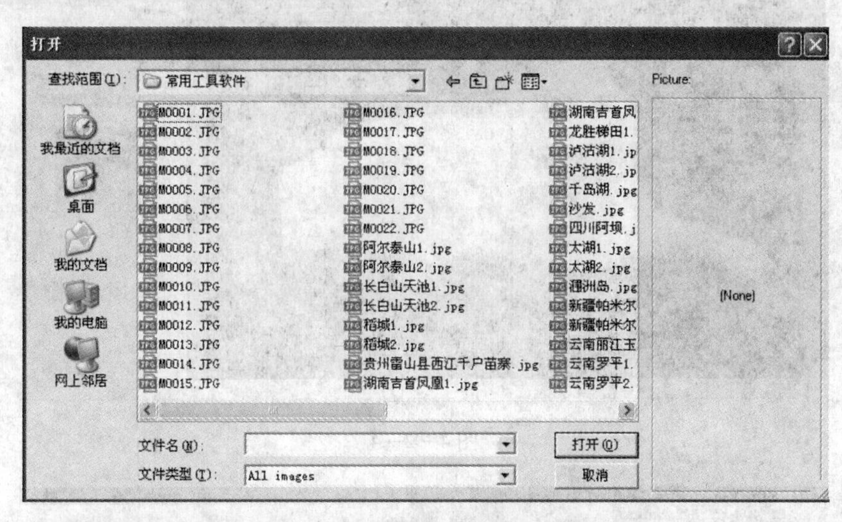

图 4—2—2

图 4—2—3

（3）在图 4—2—3 中，单击“工具”→“容易抠图”，弹出“容易抠图”对话框，如图 4—2—4 所示。

（4）在图 4—2—4 中，首先在“第一步：抠图”下单击“曲线选择工具”按钮。然后按住鼠标左键在图片上拖动，绘制出所需要被抠出的图片部分（以红色线段显示），拖动时可按住 Ctrl 键进行多次绘制。接着再按住鼠标右键拖动，绘制出图片中不需要的部分（以绿色线段显示），如图 4—2—5 所示。当鼠标抬起时，所需要被抠出的不规则的图片部分即被虚线框包围起来。

图 4—2—4

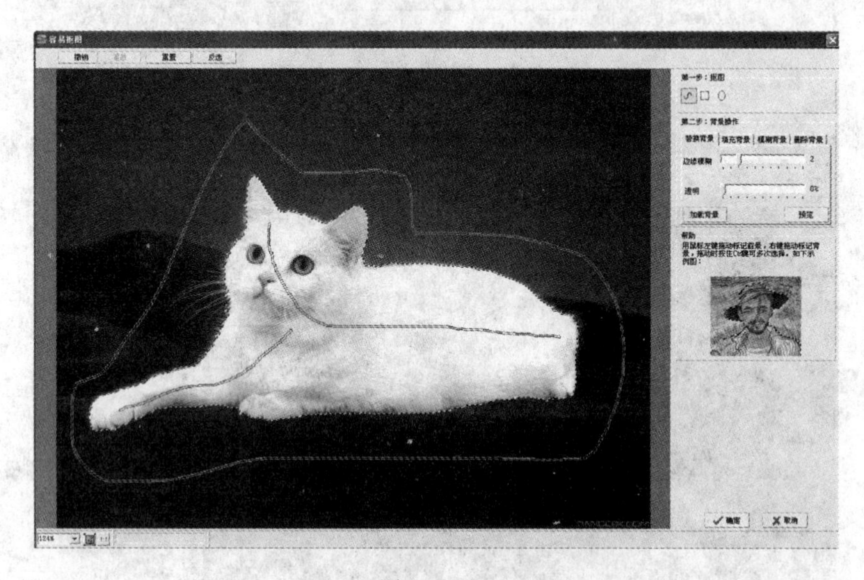

图 4—2—5

提 示

由于抠图时每次鼠标抬起都要进行计算，所以，如果图片很大的话，就很浪费时间，这时可以按住 Ctrl 键进行选择，这样只有当抬起 Ctrl 键时才会进行运算，运算期间可能要稍等几秒钟。

（5）单击“第二步：背景操作”中的“替换背景”选项卡，单击“加载背景”按钮，弹出与图 4—2—2 类似的“打开”对话框，在该对话框中选择一幅背景图片，然后单击“打开”按钮，背景图片即被载入“容易抠图”对话框中，如图 4—2—6 所示。

图 4—2—6

（6）被抠出的图片边缘有 8 个控制点，将鼠标移动到控制点上可以对抠出的图片进行大小调节，并将其拖动到背景图片的合适位置。通过调节“边缘模糊”和“透明”滑块数值，可以改变被抠出图片的边缘光滑度和透明度，如图 4—2—7 所示。

图 4—2—7

（7）图像调整满意后，单击“确定”按钮，即返回如图 4—2—8 所示的主窗口。单击“保存”或“另存为”按钮，即可对合成的图片进行保存。

2. 制作个性边框

（1）在图 4—2—1 中，单击工具栏上的“打开”按钮，在弹出的对话框中选择一幅图片将其导入，如图 4—2—9 所示。

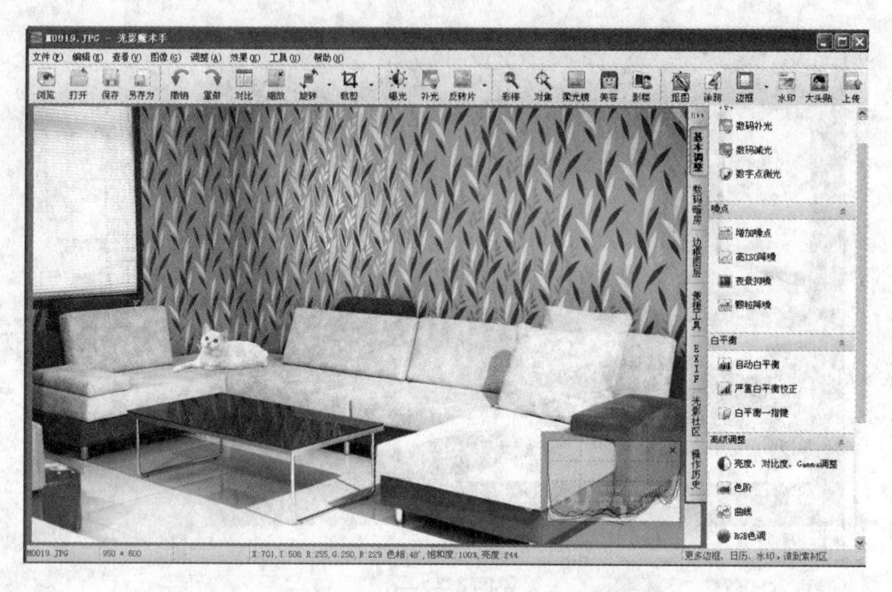

图 4—2—8

图 4—2—9

（2）添加轻松边框。单击工具栏上的“边框”按钮，选择下拉菜单中的“轻松边框”命令，或在右侧的“边框图层”面板中选择“轻松边框”选项，弹出“边框”对话框，如图 4—2—10 所示。在左侧的“轻松边框”下拉列表中可选择相应的边框样式，在右侧的预览框中即可看到加上边框后的效果，如图 4—2—11 所示。设置满意后，单击“确定”按钮。

图 4—2—10

图 4—2—11

（3）添加花样边框。单击工具栏上的“边框”按钮，选择下拉菜单中的“花样边框”命令，或在右侧的“边框图层”面板中选择“花样边框”选项，弹出“花样边框”对话框，如图 4—2—12 所示。在“花样边框”下拉列表中选择“我的最爱”，即可在下面的预览框中看到相应的边框样式。选择其中任何一种边框样式，即可在主窗口中看到添加边框后的图片效果，如图 4—2—13 所示。设置满意后，单击“确定”按钮。

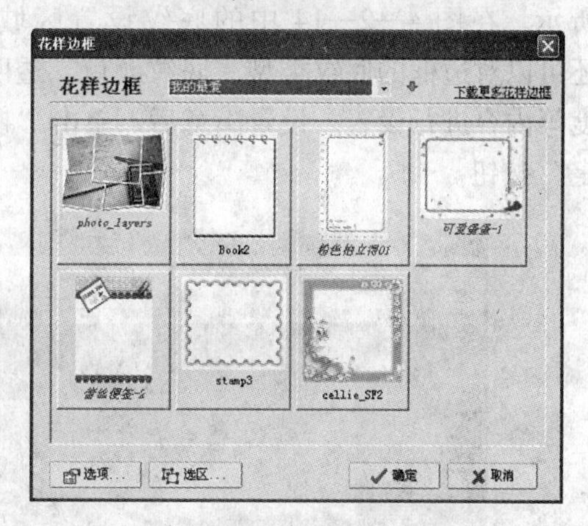

图 4—2—12

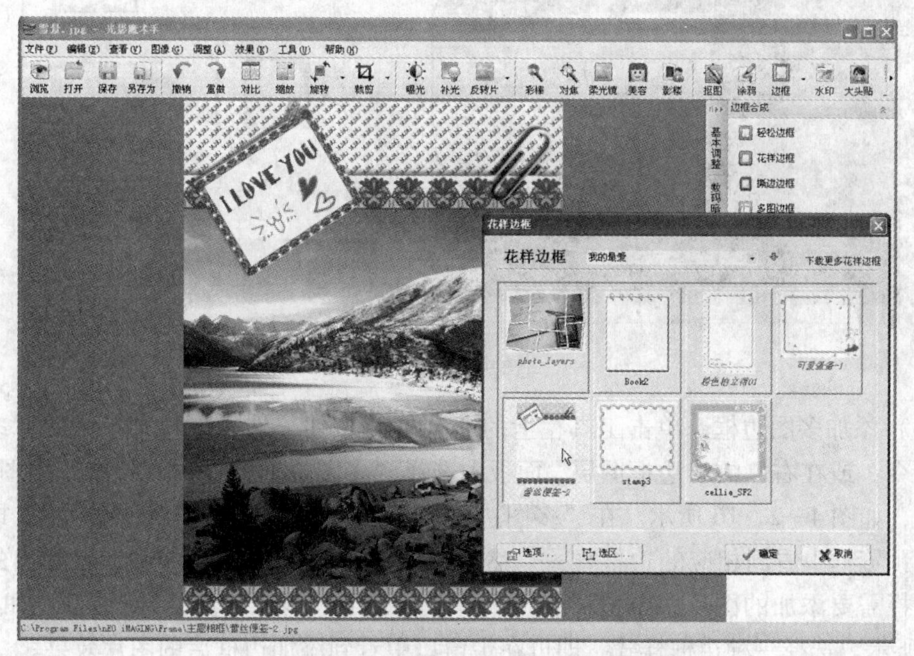

图 4—2—13

（4）添加撕边边框。单击工具栏上的“边框”按钮，选择下拉菜单中的“撕边边框”命令，或在右侧的“边框图层”面板中选择“撕边边框”选项，弹出“撕边边框”对话框，如图 4—2—14 所示。在“撕边边框”下拉列表中选择“我的最爱”，即可在下面的预览框中看到相应的边框样式。选择其中任何一种边框样式，即可在主窗口中看到添加边框后的图片效果，如图 4—2—15 所示。在图 4—2—14 中的底纹设置区域，还可以对边框的底纹类型、底纹颜色、透明度等内容进行设置。设置满意后，单击“确定”按钮。

图 4—2—14

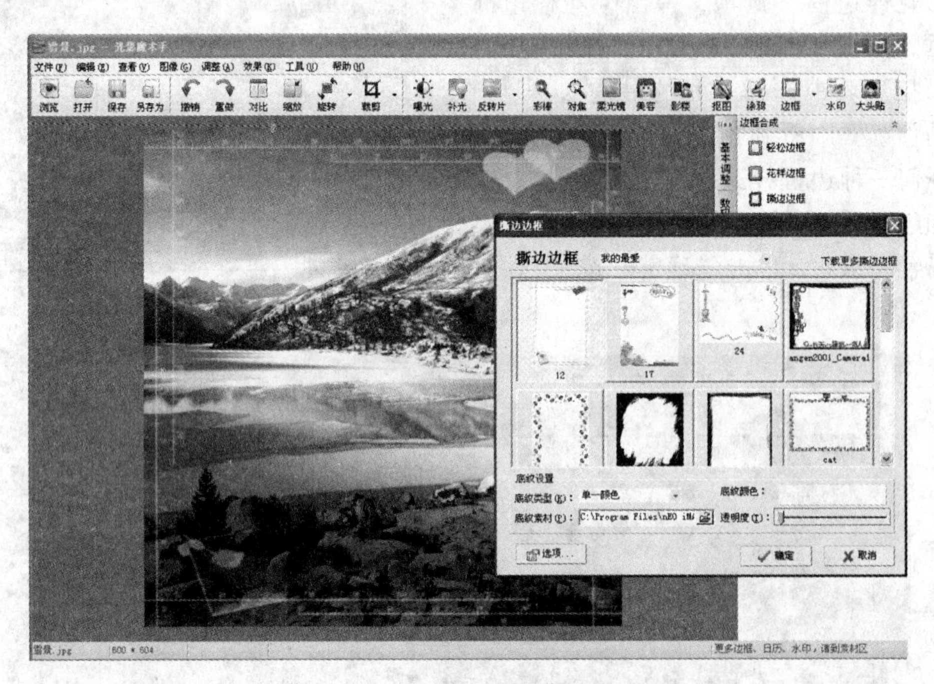

图 4—2—15

（5）添加多图边框。单击工具栏上的“边框”按钮，选择下拉菜单中的“多图边框”命令，或在右侧的“边框图层”面板中选择“多图边框”选项，弹出“多图边框”对话框，如图 4—2—16 所示。在“多图边框”下拉列表中选择“我的最爱”，即可在下面的预览框中看到相应的边框样式。然后单击右下角的“ + ”按钮，在弹出的对话框中选择需要添加的图片，单击“打开”按钮，返回“多图边框”对话框，如图 4—2—17 所示。选择一种边框样式，即可在主窗口中看到添加边框后的图片效果。

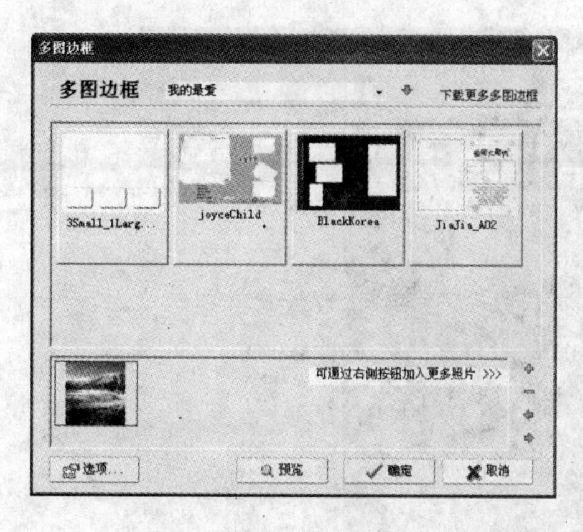

图 4—2—16

图 4—2—17

（6）设置满意后，在图 4—2—17 中单击“确定”按钮，返回主窗口，如图 4—2—18 所示。单击工具栏上的“保存”或“另存为”按钮，保存图片。

图 4—2—18

3. 图像美化

（1）在图 4—2—1 中，单击工具栏上的“打开”按钮，在弹出的对话框中选择一幅图片将其导入，如图 4—2—19 所示。

（2）单击工具栏上的“补光”按钮，可以增加图片的光线强度，如图 4—2—20 所示。如果觉得补光一次不够，可继续单击“补光”按钮，为图片多次补光。

（3）单击“调整”→“曲线”，弹出“曲线调整”对话框。在该对话框的“通道”下拉列表中选择“R 红色通道”，在设置区域中间的直线上单击，使其出现一个空心点

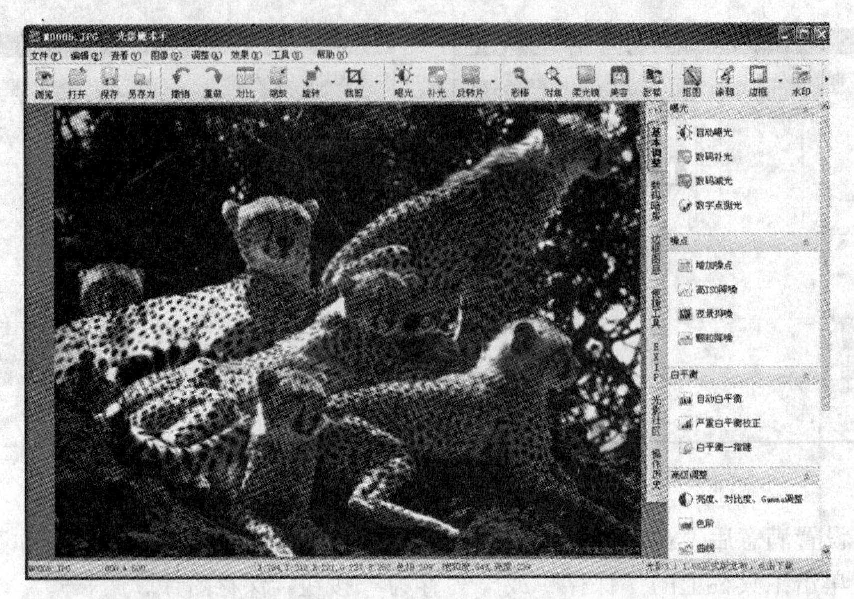

图 4—2—19

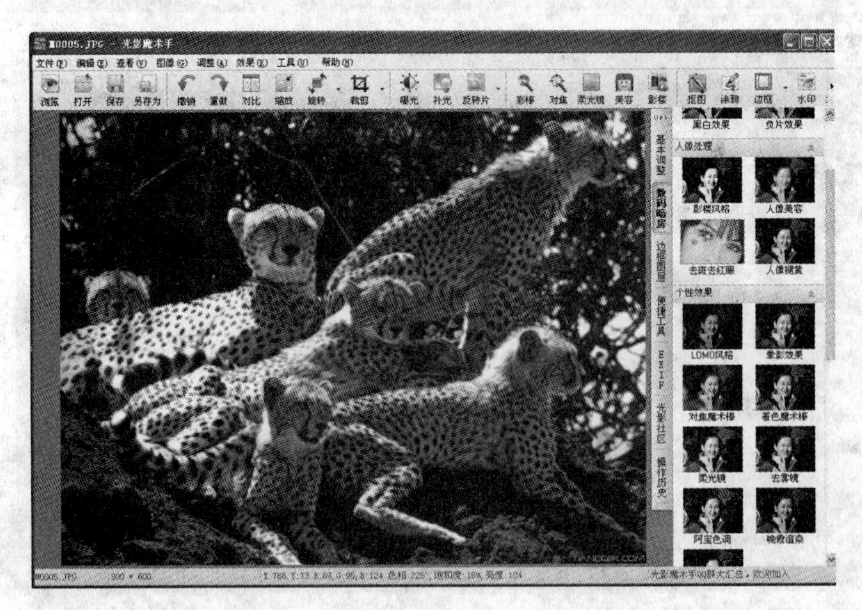

图 4—2—20

后，按住鼠标左键往上拖动到如图 4—2—21 所示的位置。

（4）单击“确定”按钮，返回如图 4—2—22 所示的主窗口，图片变得更加红润、更有生气了。

（5）单击“效果”→“柔光镜”，弹出“柔光镜”对话框。在该对话框中调整“柔化程度”和“高光柔化”参数，如图 4—2—23 所示。

（6）单击“确定”按钮，返回如图 4—2—24 所示的主窗口，图片看上去更加柔和了。

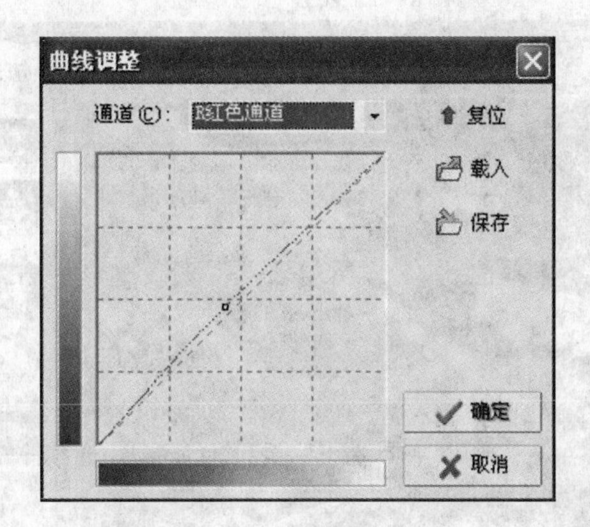

图 4—2—21

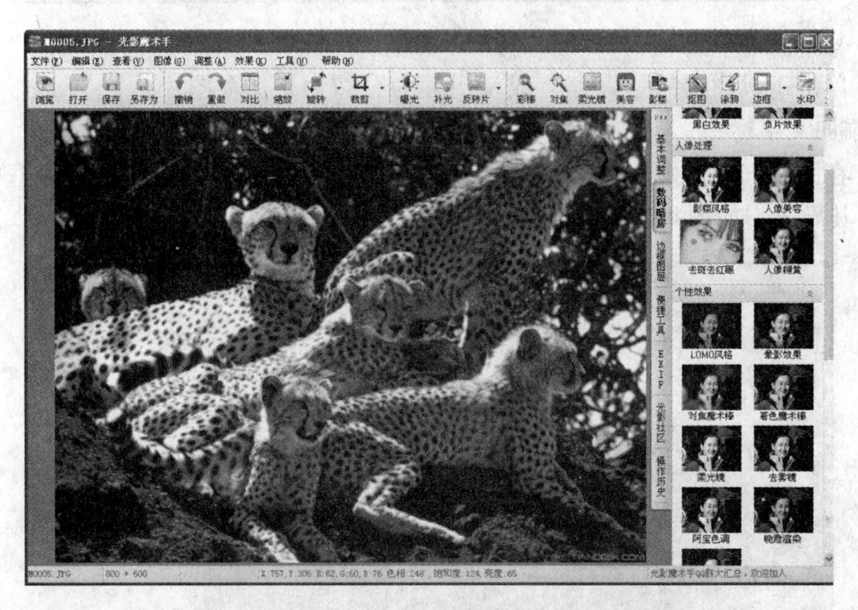

图 4—2—22

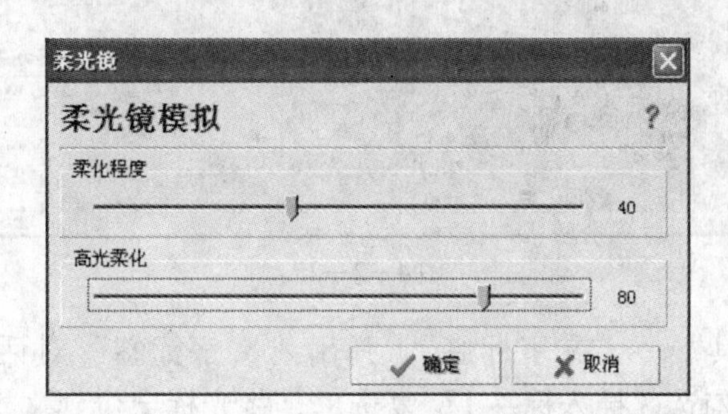

图 4—2—23

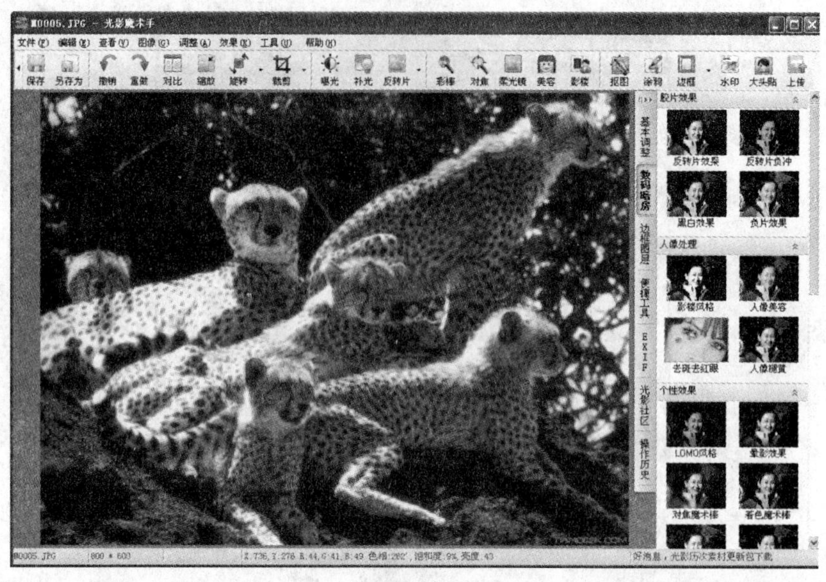

图 4—2—24

（7）单击工具栏上的“保存”或“另存为”按钮，保存图片。

4．添加文字标签

（1）在图 4—2—1 中，单击工具栏上的“打开”按钮，在弹出的对话框中选择一幅图片将其导入，如图 4—2—25 所示。

图 4—2—25

（2）单击“工具”→“文字标签”，弹出“文字标签”对话框。在该对话框的“标签①”选项卡中勾选“插入标签 1”复选框，将光标定位到文本框，单击 按钮，在下拉菜单中选择“拍摄日期”→“YYYY-MM-DD”，如图 4—2—26 所示。

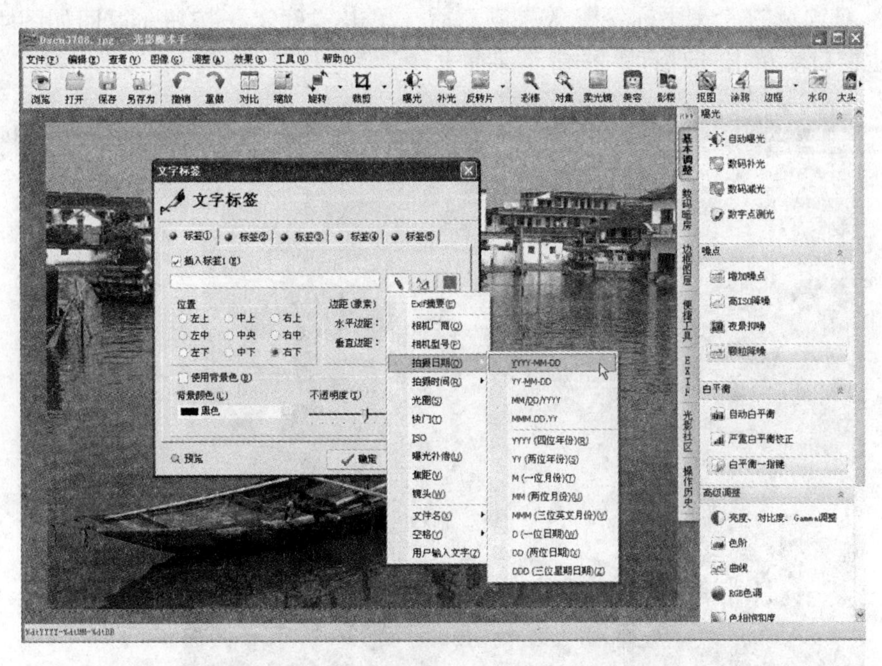

图 4—2—26

(3) 在文本框中出现“%dtYYYY-%dtMM-%dtDD”格式的照片拍摄日期信息后，再单击 按钮，弹出如图 4—2—27 所示的“字体”对话框，为标签文字设置字体、字形、大小等。

(4) 单击“确定”按钮，返回如图 4—2—28 所示的“文字标签”对话框。在该对话框中，单击 按钮，选择字体颜色；在“位置”区域中，选择“右下”；在“边距”区域中，将水平边距改为 20，垂直边距改为 10；勾选“使用背景色”复选框，在“背景颜色”下拉列表中选择背景颜色为“灰色”；单击“预览”按钮，可以在主窗口中看到加上文字标签后的效果。

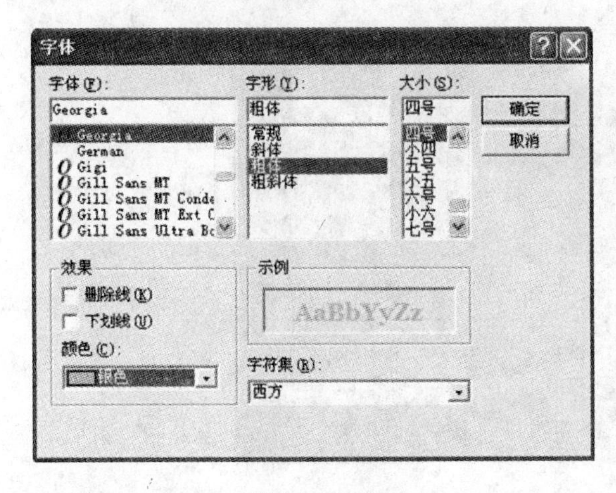

图 4—2—27

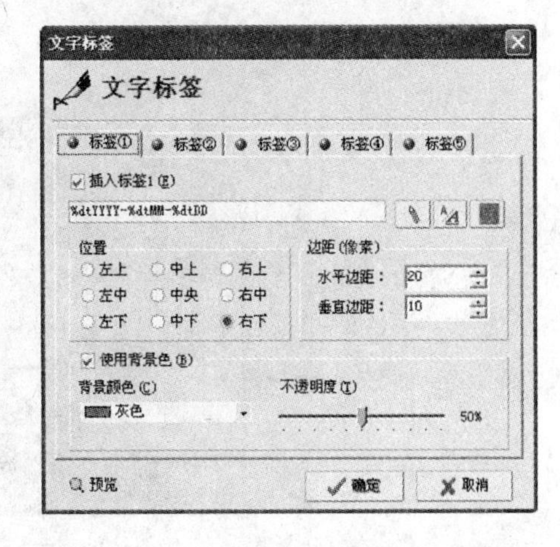

图 4—2—28

（5）对预览的“文字标签”效果满意后，单击“确定”按钮，返回如图4—2—29所示的主窗口。单击“保存”按钮，保存文件。

图4—2—29

“文字标签”可以同时添加多个，在图4—2—28中，可以继续在“标签②”“标签③”“标签④”“标签⑤”选项卡中制作更多的文字标签，效果如图4—2—30所示。

图4—2—30

5. 自动批处理

（1）单击“文件”→“批处理”，弹出“批量自动处理”对话框。在该对话框的“照片列表”选项卡中，单击 增加 按钮，在弹出的“打开”对话框中选择需要处理的多幅图片，然后单击“打开”按钮，返回“批量自动处理”对话框，如图4—2—31所示。

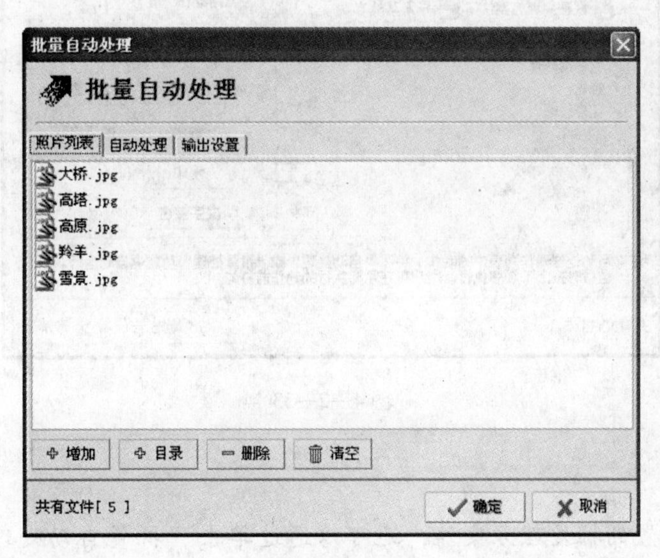

图4—2—31

（2）单击“自动处理”选项卡，然后单击“导入其他方案”按钮，弹出“打开”对话框，如图4—2—32所示。

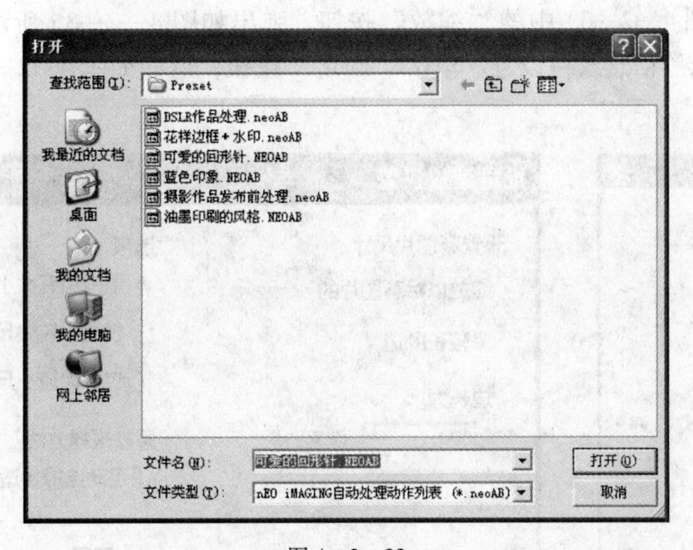

图4—2—32

（3）在该对话框中，选择方案“可爱的回形针.NEOAB”，单击“打开”按钮，返回如图4—2—33所示的对话框。

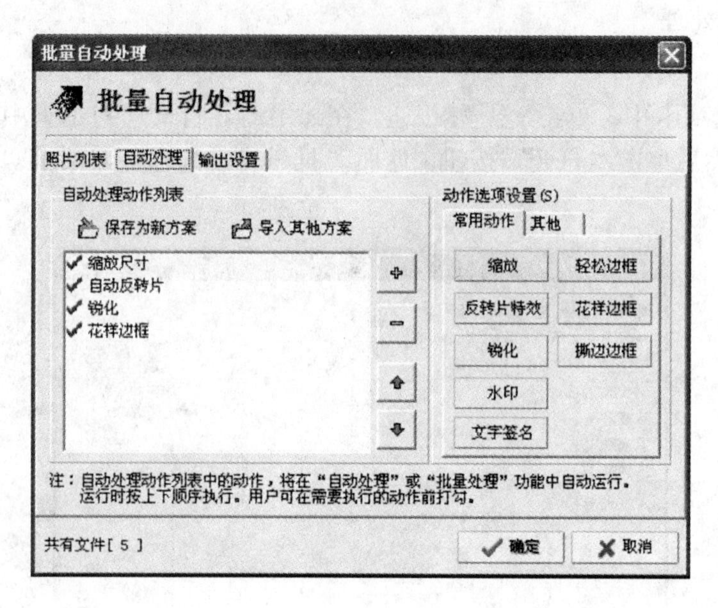

图 4—2—33

提 示

除了程序预置的批处理方案外，还可以通过单击“批量自动处理”对话框中的“+”按钮，在弹出的如图 4—2—34 所示的“增加动作”对话框中，选取其他动作进行添加。

（4）单击图 4—2—33 中的“缩放”按钮，弹出如图 4—2—35 所示的对话框，对图片尺寸和边长等信息进行设置。单击“确定”按钮，返回如图 4—2—33 所示的对话框。

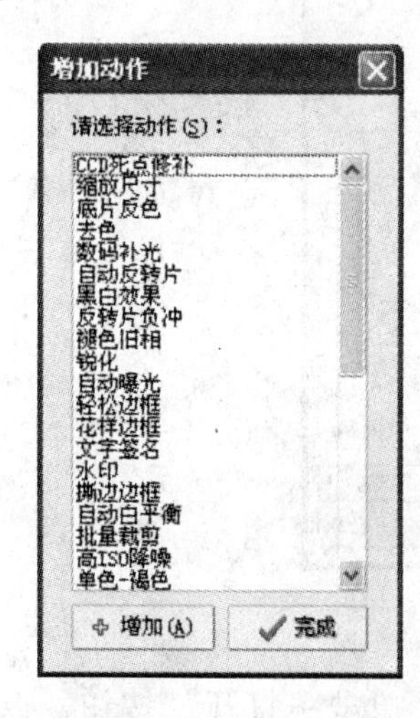

图 4—2—34

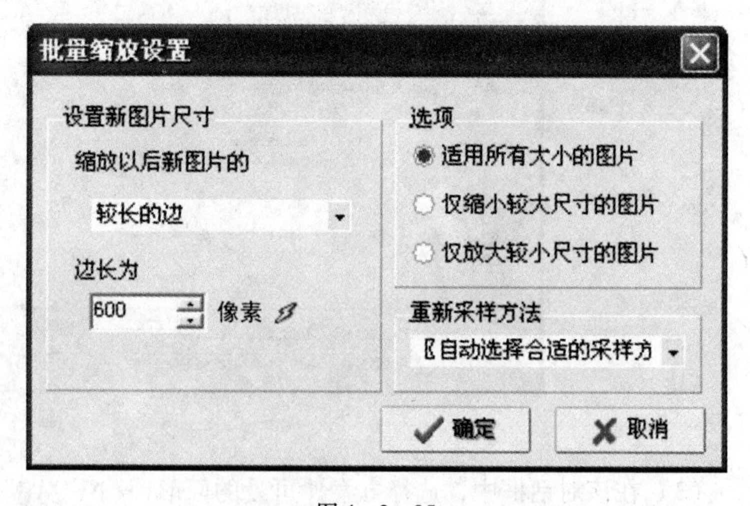

图 4—2—35

（5）单击“花样边框”按钮，弹出如图 4—2—36 所示的对话框，选择一种边框样式。单击“确定”按钮，返回如图 4—2—33 所示的对话框。

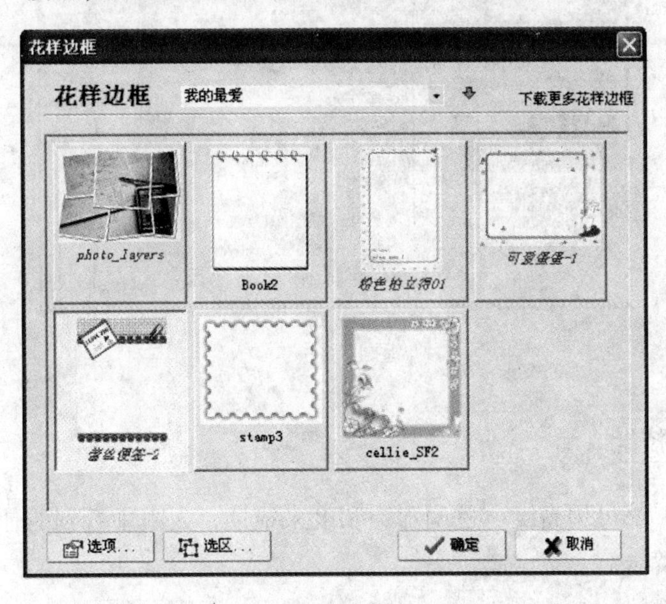

图 4—2—36

（6）单击“输出设置”选项卡，如图 4—2—37 所示进行设置，选择新图片的输出路径、文件格式等信息。

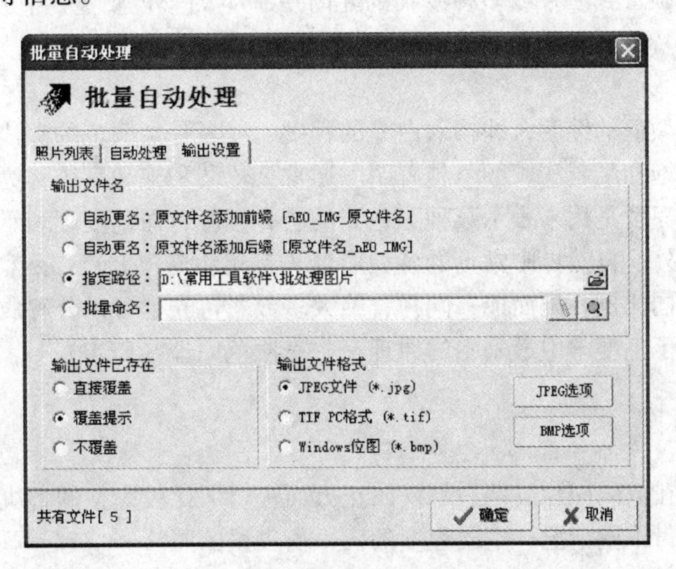

图 4—2—37

（7）单击“确定”按钮，弹出“高级批量处理”对话框，对图片进行处理，如图 4—2—38 所示。处理完毕，单击“确认”按钮，即可完成图片的批量处理操作。

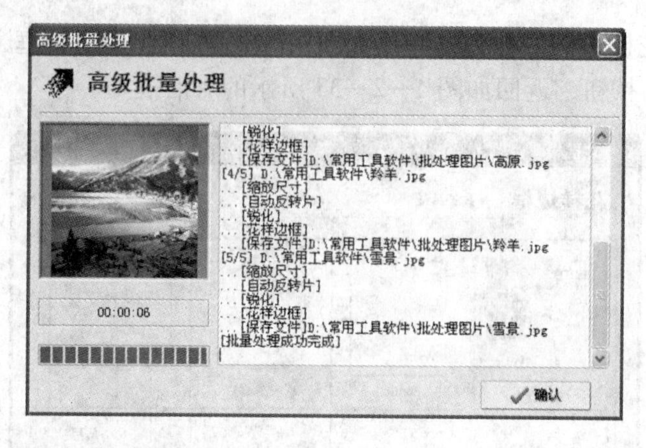

图 4—2—38

▶ 相关知识与技能

只要是彩色，都可用亮度、色调和饱和度来描述，人眼中看到的任一彩色光都是这三个特征的综合效果。

1. 亮度

亮度是光作用于人眼时所引起的明亮程度的感觉，它与被观察物体的发光强度有关。

2. 色调

色调是当人眼看到一种或多种波长的光时所产生的彩色感觉，它反映颜色的种类，决定颜色的基本特性，如红色、棕色就是指色调。

3. 饱和度

饱和度是指颜色的纯度，即掺入白光的程度，或者是指颜色的深浅程度，对于同一色调的彩色光，饱和度越深，颜色越鲜明。通常把色调和饱和度统称为色度。

总而言之，亮度是用来表示某种彩色光的明亮程度，而色度则表示颜色的类别与深浅程度。除此之外，自然界中常见的各种彩色光都可由红（R）、绿（G）、蓝（B）三种颜色的光按不同比例相配而成；同样，绝大多数彩色光也可以分解成红、绿、蓝三种色光。这就形成了色度学中最基本的原理——三原色原理（RGB）。

▶ 拓展与提高

光影魔术手在数码照片后期白平衡校正方面提供了比较完整的解决办法，主要有三个功能，可以应付不同情况、不同程度的白平衡失误的照片。

1. 自动白平衡

自动白平衡功能对于略微有点偏色的照片可以进行自动校正，效果比较好。例如白天相机自动挡拍摄的照片、用扫描仪扫描的图片，这类照片或者图像都可以用自动白平衡功能进行校正。

不过要注意的是，自动白平衡功能是根据照片的原始信息进行直方图分析，在此基础上进行智能校正。所以，一旦照片经过后期处理，原始信息不充分了，就有可能达不到明显的效果。

如图 4—2—39 所示的对比图就是利用自动白平衡进行校正的。单击“调整”→“自动白平衡”即可完成，不需要设置参数，简单易用。

原图　　自动白平衡处理后

图 4—2—39

2. 白平衡一指键

很多数码相机提供白平衡一指键用来自定义白平衡，所以根据相机原理，设计了后期数码白平衡一指键。

白平衡一指键要求用户在照片中手工指出一个没有颜色的物体。没有颜色是指白色、灰色、黑色。用户只要在照片上用鼠标轻轻一点，软件就会明白照片的偏色情况，就能进行色彩校正。

白平衡一指键这个功能很灵活，基本上各种普通的偏色情况都能应付，而且操作比较简单，单击“调整”→“白平衡一指键”即可完成。

3. 严重白平衡错误校正

严重白平衡错误校正是专门用来应付偏色相对严重的照片的。很多情况下，照片的白平衡可能都会不尽如人意。有时候拍摄仓促，来不及定制白平衡就匆匆下手，结果照片严重偏色，很难挽救。

实际上严重偏色的照片，某些颜色已经严重溢出。用传统方法挽救是比较困难的，不过光影魔术手的严重白平衡错误校正能将 90% 以上的照片处理好。而且整个处理过程全部是自动的，只要单击“调整”→“严重白平衡错误校正”即可，无须设置参数。

[思考与练习]

1. 使用光影魔术手从背景颜色较复杂的照片中抠取出人物。

2. 使用光影魔术手对磁盘中的一组照片进行批量处理，要求对所有照片进行统一尺寸、自动曝光、添加反转片效果、添加花样边框等设置。

3. 使用光影魔术手创作一张精美的明信片，要求加入祝福词、签名、日期等。

任务三　制作电子相册

▶ 任务描述与分析

陈先生很喜欢摄影，每到一个地方都把那里的山山水水“记录”下来。久而久之，他人生中的很多美好回忆也都定格在了计算机中那堆积如山的照片里。看着这么多记录着美好回忆的照片，陈先生很想让亲朋好友与他共享那些精彩的“数码故事”。如果可以将这些永恒的记忆刻成一张既便于存放又便于交流的VCD或DVD就好了。

MemoriesOnTV正是一款制作电子相册不错的软件。它可以为日常所拍摄的数码照片配上音乐、字幕和转场特效，然后用计算机把它刻成VCD或DVD光盘，之后就可以像播放MTV一样在电视上播放自己的“数码故事”了。

▶ 方法与步骤

1．启动MemoriesOnTV软件，打开它的程序界面，如图4—3—1所示。

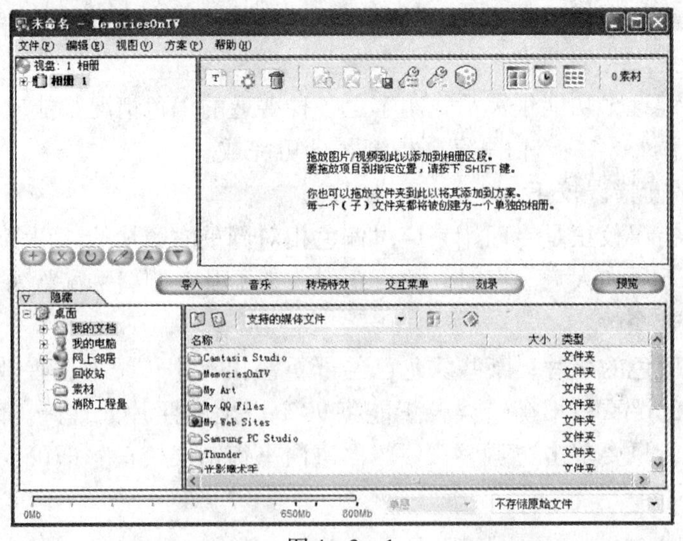

图4—3—1

2．在主界面左上角的“视盘”项下已存在一个名为“相册1”的相册，右击该相册，选择“重命名相册”命令，如图4—3—2所示，将相册命名为“动物秀”。

在MemoriesOnTV中所建立相册的文件名都是以.ptv为扩展名的。

3. 右击“视盘”项，选择“添加新相册”命令，如图 4—3—3 所示，为光盘增加一个相册，并命名为“风光无限”。同理，如果用户还想添加更多的相册，用此方法继续添加即可。

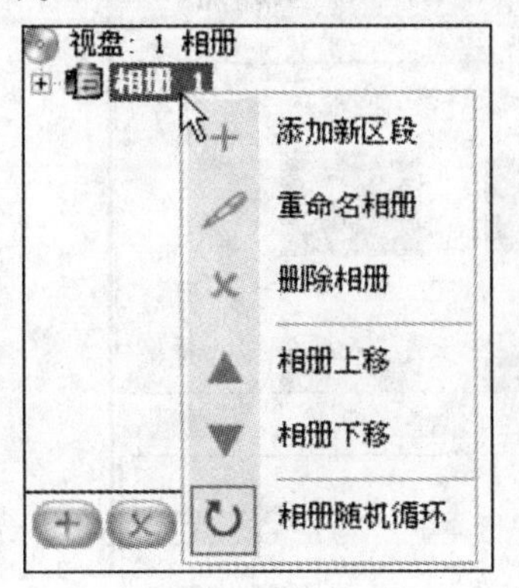

图 4—3—2

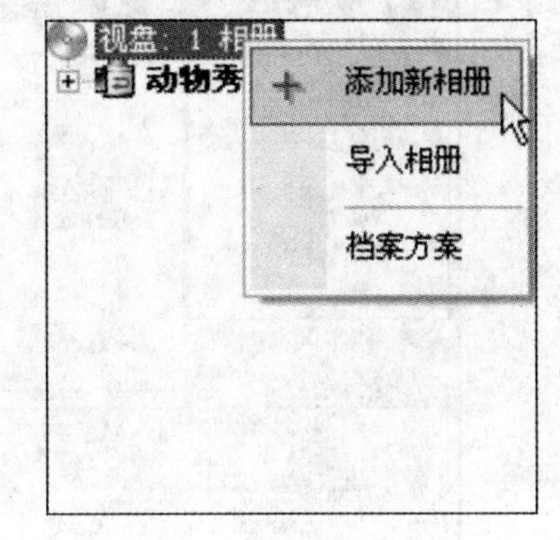

图 4—3—3

4. 单击“动物秀”左侧的“＋”按钮，展开该项，右击其下的“区段 1”，选择“重命名区段”命令，根据相片内容，将其命名为与该区段相片有关的某个名称，如“飞禽”。右击“动物秀”，选择“添加新区段”命令，并将其命名为“走兽”。采用同样的方法，完成对“风光无限”相册的区段添加和命名工作。最后完成的效果如图 4—3—4 所示。

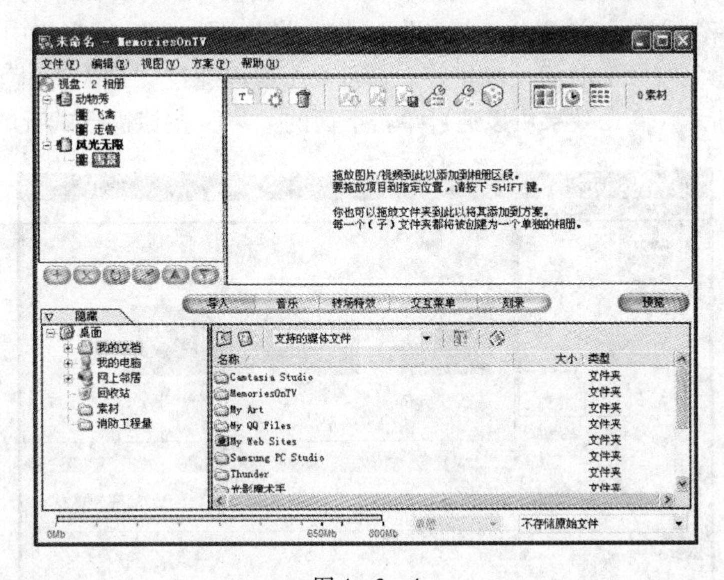

图 4—3—4

5. 单击“动物秀”→“飞禽”区段，为该部分添加相片。单击主界面中的“导入”按钮，切换到“导入”功能区。在左下角的文件夹目录区域，选择好相片所在的目录，在右侧的列表框中通过全选或者单选的方式选中自己需要的相片，用鼠标将其拖动到右上方的窗格中，完成对该部分的相片添加工作。以同样的方式将相片添加到其他区段中，如图 4—3—5 所示。主界面最下面的容量条显示了当前所选相片占用的空间大小。

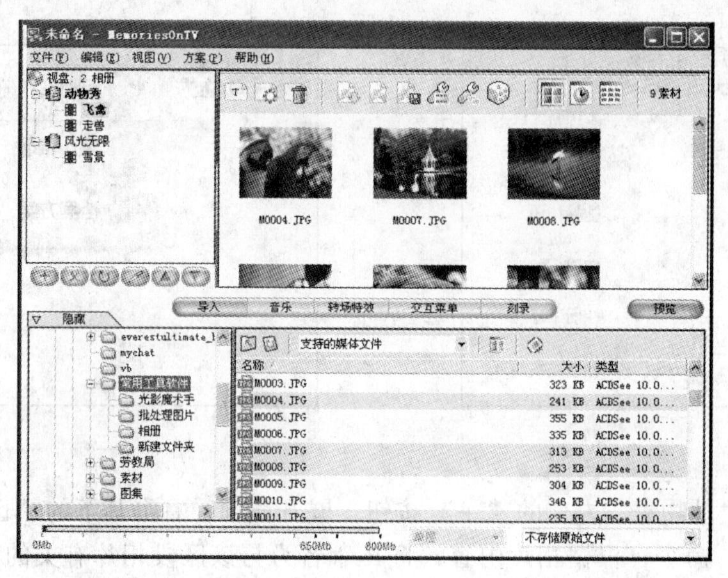

图 4—3—5

6. 单击主界面中的“音乐”按钮，切换到“音乐”功能区，为相册增加背景音乐，可增强观看时的温馨感。单击左下角的“＋”按钮，在弹出的“打开”对话框中，选中要添加的音频文件，并单击“打开”按钮，将其添加到音乐窗格中。所选音乐的时间长度应尽量与视频的时间长度相等。音量大小可以通过“最大音量”滑块来调节，如图 4—3—6 所示。音乐效果可以通过单击下面的“▶”按钮进行试听。

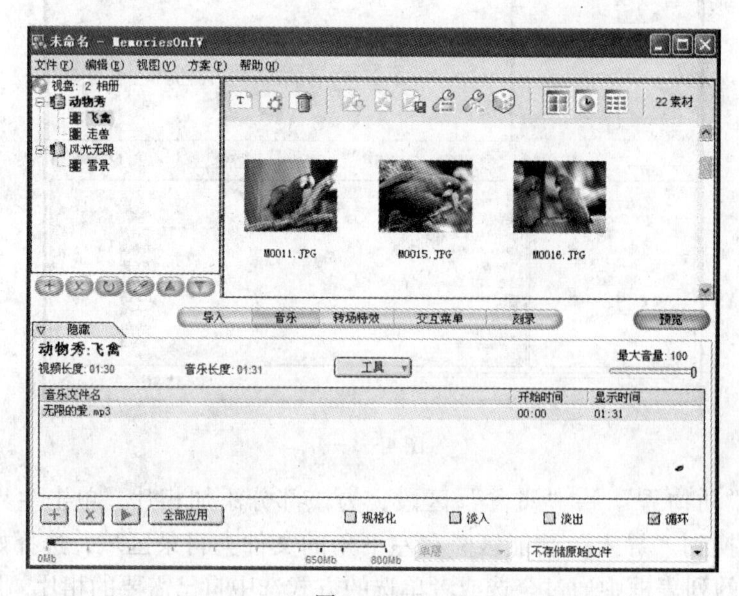

图 4—3—6

在所选的音乐文件上双击，会弹出“修整背景音乐”对话框，如图 4—3—7 所示。在该对话框中，还能对导入音乐在相册中的播放起点和终点进行调整。

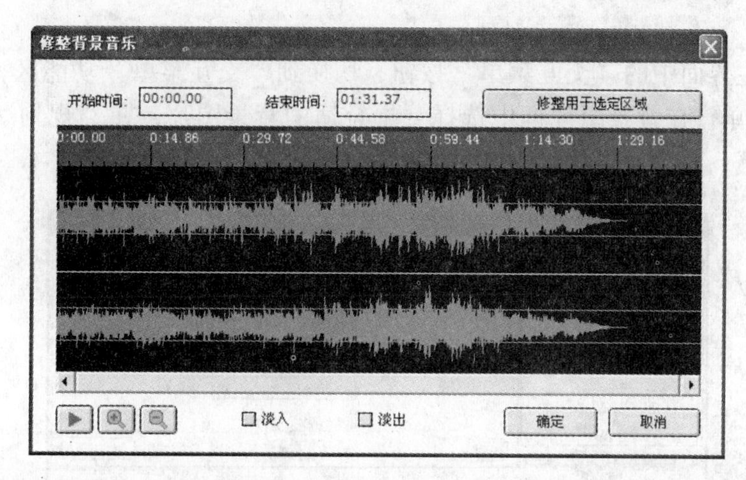

图 4—3—7

7. 单击主界面中的“转场特效”按钮，切换至“转场特效”功能区。软件为设置图片特效和转场特效两种效果提供了多种选择，以及实现这些特效所需要的时间。在“图片特效”下拉列表中选择“随机推拉/缩放”选项，图片延迟时间设为 2 s。在“转场特效”下拉列表中选择“淡变”选项，转场延迟时间设为 2 s，如图 4—3—8 所示。单击所有的“应用”按钮，在它们的下拉菜单中选择“应用于所有幻灯片”选项。

图 4—3—8

提示

用户也可单选相册中的某一幅图片，然后对其“图片特效”“图片延迟”“转场特效”“转场延迟”等内容进行设置，这样可使每一幅图片都有不一样的特效。如果单击“全部应用”按钮，可将所做的设置应用到所有相册中。

8. 单击主界面中的“交互菜单”按钮，切换到“交互菜单”功能区，为不同的相册设置交互菜单。在背景图片框中选择一幅合适的背景图片，在“规划”下拉列表中选择“2-靠右”，其余设置默认，如图 4—3—9 所示。

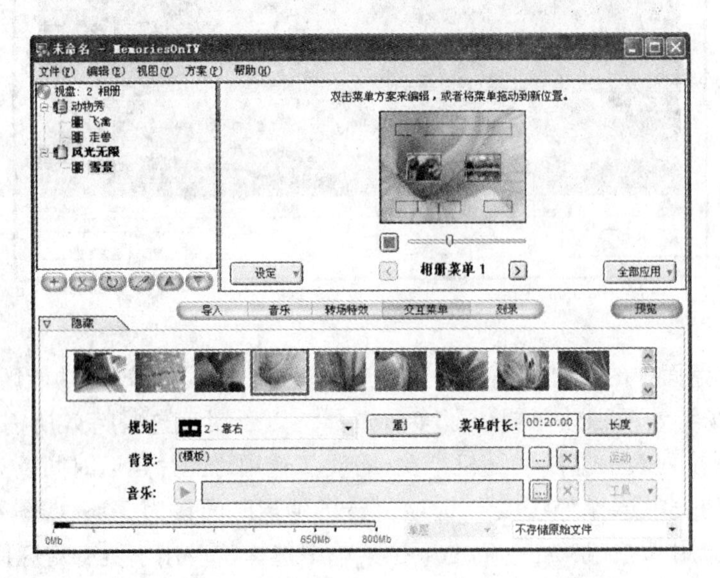

图 4—3—9

9. 完成以上操作后，单击“预览”按钮，可以对刚才编辑的 VCD 相册进行预览。如果觉得满意就可以直接刻录光盘。单击“刻录”按钮，程序会自动检测系统中的刻录设备，同时弹出一个对话框，询问是否愿意调用 Nero 程序来进行刻录，用户可以根据自己的喜好进行选择。如果选否的话，MemoriesOnTV 会以自带的功能来完成刻录。用户只要按照提示选择好需要制作的光盘类型，然后在“选项”下单击“创建新视频文件并刻录到视盘”，再单击“开始”按钮，精美的相册就制作完成了。

▶ 相关知识与技能

MemoriesOnTV 制作的电子相册是 PTV 格式的文件。

电子相册是指可以在计算机上观赏且区别于 VCD/DVD 的静止图片的特殊文档，其内容不局限于摄影照片，也可以包括各种艺术创作图片。

电子相册具有传统相册无法比拟的优越性：图、文、声、像并茂的表现手法，灵活修改编辑的功能，快速的检索方式，永不退色的恒久保存特性。

制作电子相册首先要获得数字化的图片，即图片文件。用数码相机拍摄，可以直接得到电子图片文件。也可以使用普通相机拍摄，通过扫描仪得到图片文件。如果是游戏画面或 VCD/DVD 画面，可采用屏幕复制或功能更强的截屏软件获得图片。

其次要对图片进行加工处理。使用 Photoshop 对图片进行修整编辑和效果装饰，可得到专业设计水平的图片。一些图像工具如 CorelDRAW 等可完成一般的图像处理任务。

▶ 拓展与提高

利用 MemoriesOnTV 还能为电子相册中的照片添加相框、文字说明、背景色和特效等内容，具体操作步骤如下：

1. 将要做成电子相册的照片添加到 MemoriesOnTV 相册中。

2. 在要进行设置的照片上右击，选择“配置幻灯片”命令，弹出“图片/视频设置”对话框，在该对话框中单击“相框”选项卡，可以为照片添加个性边框，如图 4—3—10 所示。

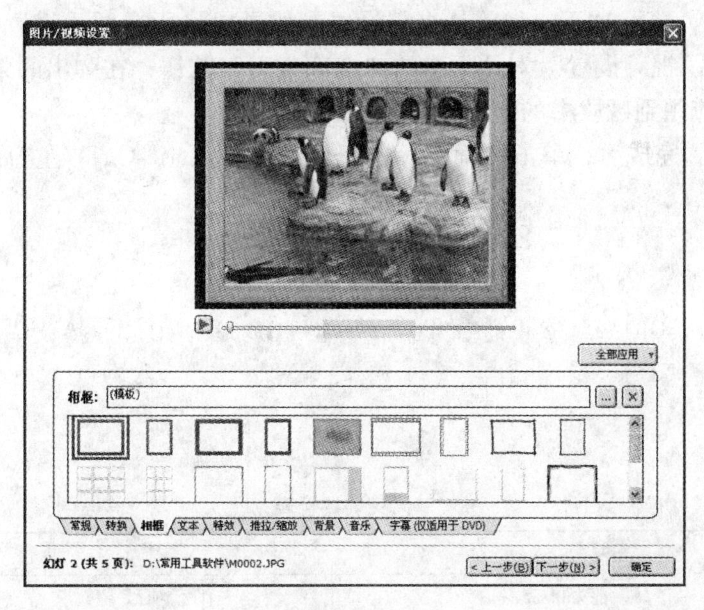

图 4—3—10

3. 单击图 4—3—10 中的“文本”选项卡，可以为照片添加文字说明。首先单击“+”按钮为照片添加空白文本，然后单击“编辑”按钮设置具体的文本内容。文本编辑好后，还能设置文本开始播放的时间、显示的时间、文本出现的特效等，如图 4—3—11 所示。通过单击“图片/视频设置”对话框中的▶按钮，可以预览效果，如果不满意可继续调整。

4. 可以根据需要对其他选项卡中的内容进行逐一设置。一张照片设置完成后单击

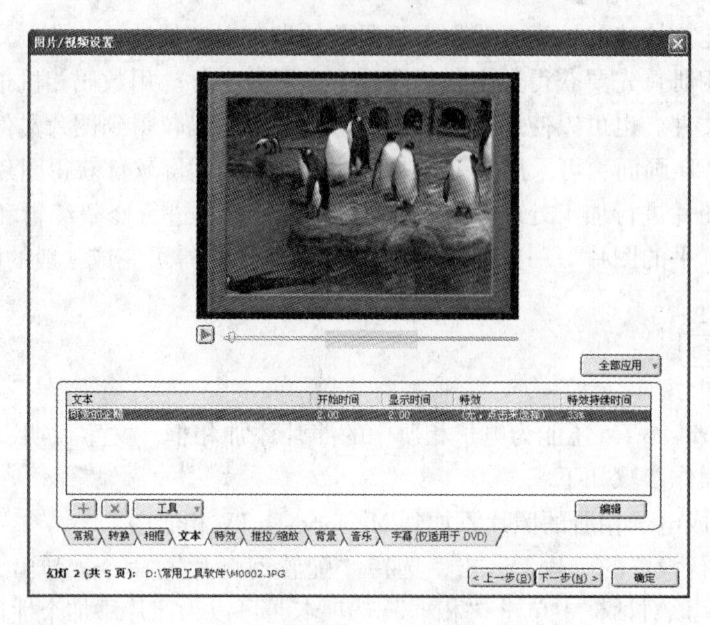

图 4—3—11

"下一步"按钮，即可对下一张照片进行设置。如果想将所有照片设置成一样的效果，只需单击"图片/视频设置"对话框中的"全部应用"按钮，在弹出的菜单中选择"全部设置"→"应用到区段中的全部幻灯片"即可。

5. 全部设置完成后，单击"确定"按钮，返回 MemoriesOnTV 主窗口。

[思考与练习]

利用 MemoriesOnTV 将家中的照片刻成一盘 VCD 或 DVD，并播放给朋友看。

▶ 单元评价

单元实训评价表

	内容		评价等级		
	能力目标	评价项目	A	B	C
职业能力	能使用 HyperSnap 6 对屏幕图像进行捕捉	能设置捕捉热键			
		能捕捉屏幕图像			
		能编辑捕捉的图像			
	能使用光影魔术手 3.0 对图形图像进行简单的美化和修饰	能抠图并合成图像			
		能制作个性边框			
		能美化图像			
		能添加文字标签			
		能自动批处理图像			

续表

<table>
<tr><td rowspan="2"></td><td colspan="2">内容</td><td colspan="3">评价等级</td></tr>
<tr><td>能力目标</td><td>评价项目</td><td>A</td><td>B</td><td>C</td></tr>
<tr><td rowspan="2">职业能力</td><td rowspan="2">能使用 MemoriesOnTV 4.03 制作电子相册</td><td>能制作电子相册</td><td></td><td></td><td></td></tr>
<tr><td>能为相册中的照片添加音乐、字幕和转场特效</td><td></td><td></td><td></td></tr>
<tr><td rowspan="4">通用能力</td><td colspan="2">分析问题的能力</td><td></td><td></td><td></td></tr>
<tr><td colspan="2">解决问题的能力</td><td></td><td></td><td></td></tr>
<tr><td colspan="2">自我提高的能力</td><td></td><td></td><td></td></tr>
<tr><td colspan="2">沟通能力</td><td></td><td></td><td></td></tr>
<tr><td colspan="3">综合评价</td><td colspan="3"></td></tr>
</table>

单元五

使用动画制作工具软件

动画以多姿多彩、有声有色的运动画面，将抽象的、深奥的内容具体化、形象化，使其具有很强的直观感、动态感和新鲜感。它更能引起人们的注意力，同时还避免运用大量的抽象语言文字，使人们对它的感知更直接，理解和记忆起来也更容易。随着网络媒体的出现，动画的使用和流传也越来越广泛了。

［**能力目标**］

- 能使用 SWiSH Max 制作二维文字动画和简单图形动画
- 能使用 Ulead COOL 3D 制作三维文字动画和简单三维动画
- 能使用 Ulead GIF Animator 制作 GIF 动画

任务一　制作二维文字动画

▶ 任务描述与分析

小林在网络上新建了一个个人主页。他想把自己在网络上的“家”打扮得漂漂亮亮的，还想为自己的“家”起一个既好听又有意义的名字。他觉得如果能用动画的形式将“家”的名字展示出来，那么肯定能使整个主页添色不少。可是怎样才能既方便又快速地制作出文字动画呢？

他找来了一个名叫 SWiSH Max 的二维文字动画软件来帮忙。该软件操作方便，可在短时间内制作出复杂的文本、图像、图形和声音的效果，而且它拥有 230 个内建效果，如爆炸、旋涡、3D 旋转、曲折等，能使用户轻松地制作出漂亮的动画。这对小林来说无疑是最好的选择。

▶ 方法与步骤

1. 制作文字动画

（1）启动 SWiSH Max2 软件后，在窗口中选择“创建新影片”→“新建影片”，新建一个空白影片文件，如图 5—1—1 所示。

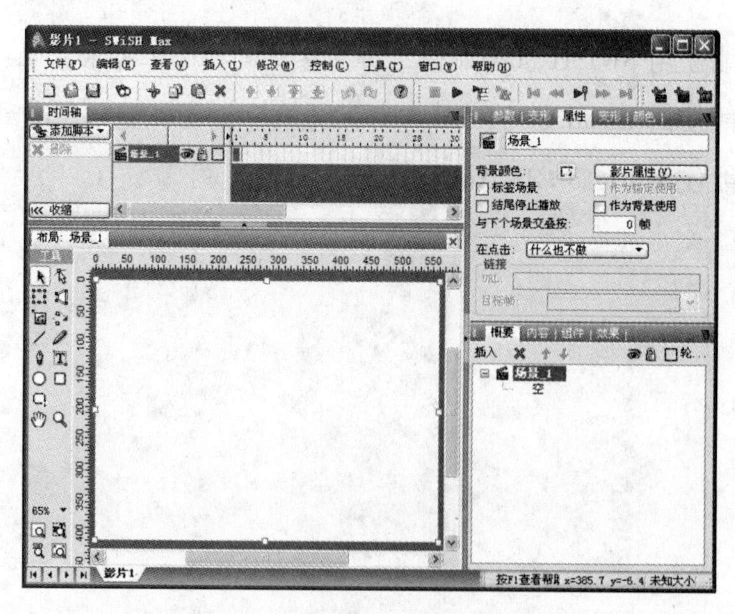

图 5—1—1

(2) 单击主界面左侧“工具”面板中的 T (文字工具) 按钮，当鼠标光标变成“$^{+}$T”形状时，在影片文档中单击；当出现跳动的光标时，输入文字“变幻莫测的文字动画”，如图 5—1—2 所示。

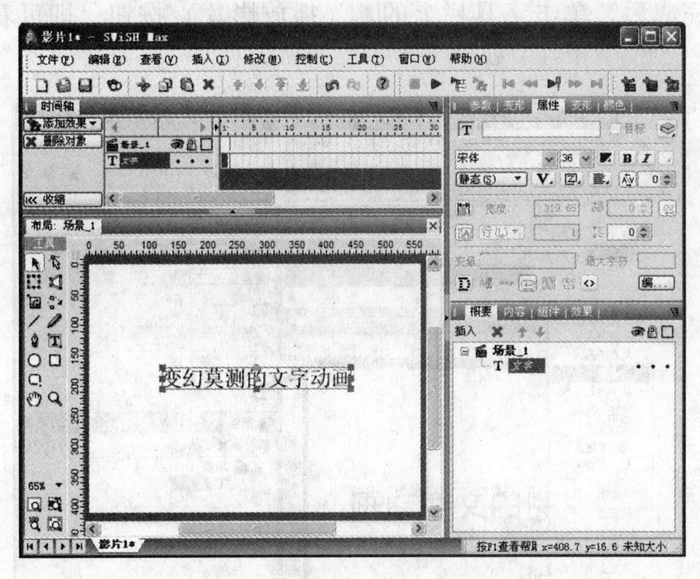

图 5—1—2

(3) 单击“工具”面板中的 (选择工具) 按钮，选中文字并将其移动到场景中的合适位置。在主界面右侧的“属性”面板中，将文字的字体设置为“幼圆”，字号设置为“48”，颜色设置为“红色”，字形加粗，字符间距加大到 10。设置后的文字效果如图 5—1—3 所示。

图 5—1—3

（4）在时间轴上选中文字层的第 1 帧，单击主界面左上角的“添加效果”按钮，在下拉菜单中选择“滑动”→“从上进入”，如图 5—1—4 所示。然后选中文字层的第 20 帧，单击“添加效果”按钮，在下拉菜单中选择“回到起始”→“旋转-翻转”。动画效果添加完成后，单击工具栏上的（播放影片）按钮，即可看到文字的动画效果。

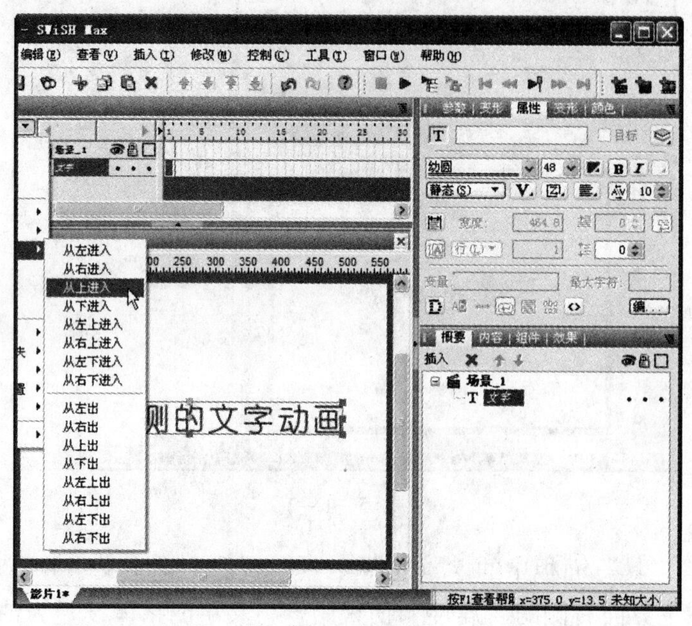

图 5—1—4

（5）单击“文件”→“另存为”，弹出“另存为”对话框，如图 5—1—5 所示。选择保存位置，输入文件名“文字 . swi”，单击“保存”按钮即可。

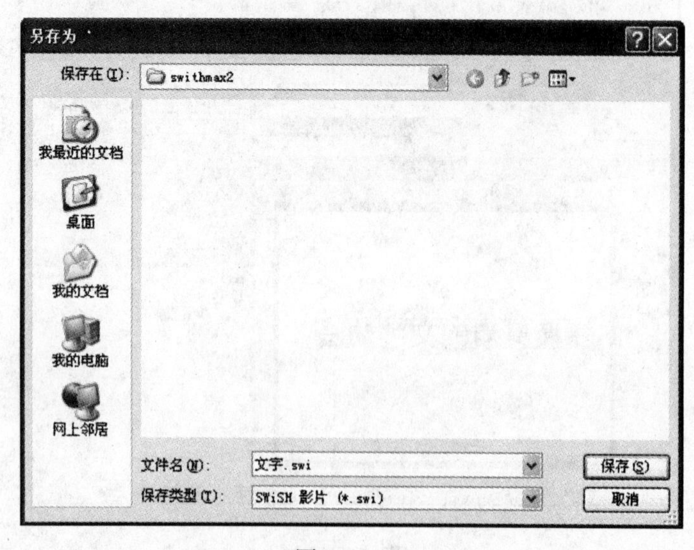

图 5—1—5

2. 制作阴影文字

（1）在SWiSH Max2主界面中，单击“文件”→“新建”，新建一个空白影片文件，如图5—1—6所示。

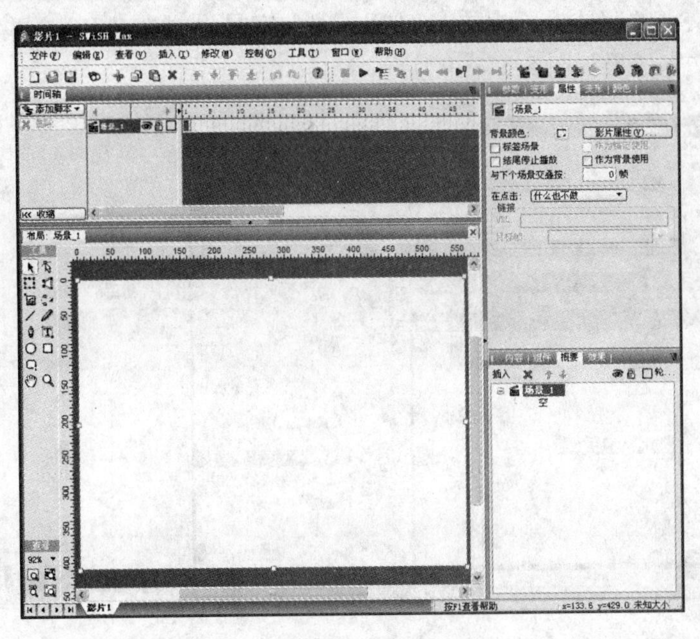

图5—1—6

（2）在主界面右侧的“属性”面板中，单击“影片属性”按钮，在弹出的“影片属性”对话框中，将“背景颜色”设置为“黄色”，“宽度”设置为“500”像素，“高度”设置为“300”像素，其他选项按照默认设置，如图5—1—7所示，然后单击“确定”按钮。

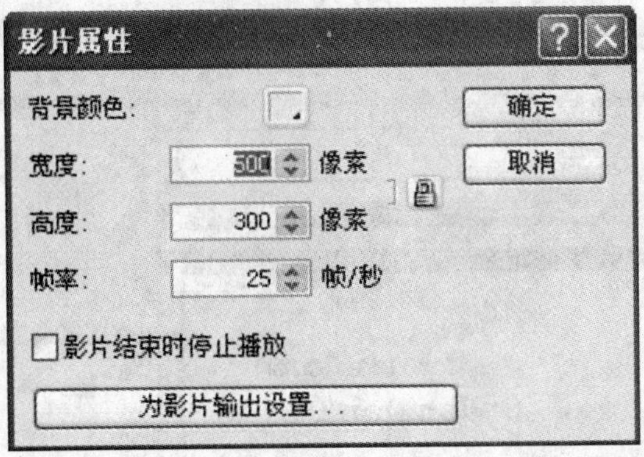

影片属性
背景颜色：　确定
宽度：500 像素　取消
高度：300 像素
帧率：25 帧/秒
影片结束时停止播放
为影片输出设置...

图5—1—7

（3）单击主界面左侧“工具”面板中的T（文字工具）按钮，当鼠标光标变成“+T”形状时，在影片文档中单击；当出现跳动的光标时，输入文字“SwishMax2”，如图5—1—8所示。

（4）分别选中“Swish”“Max”和“2”，单击主界面右侧“属性”面板中的“颜色”按钮，将其分别设置为绿色、蓝色和红色。

（5）单击“工具”面板中的（选择工具）按钮，选中“SwishMax2”，在“属性”面板中将文字的字体设置为“Arial Black”，字号设置为“36”，并加粗。设置完成后，影片中的文字效果如图5—1—9所示。

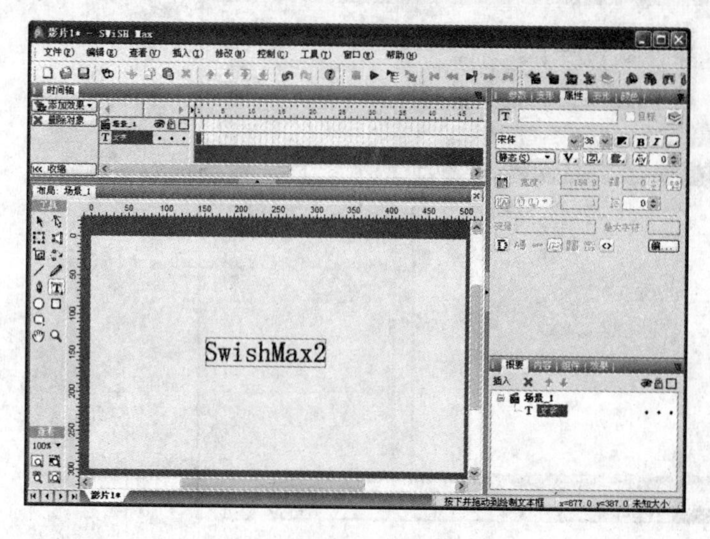

图5—1—8

图5—1—9

（6）在“SwishMax2”文字上右击，弹出快捷菜单，选择“复制对象”命令，在影片其他位置单击后再右击，选择“粘贴至此”命令。此时影片文档中多了一个和原来的“SwishMax2”一样的文字层，在“概要”面板中也可以看到，如图5—1—10所示。

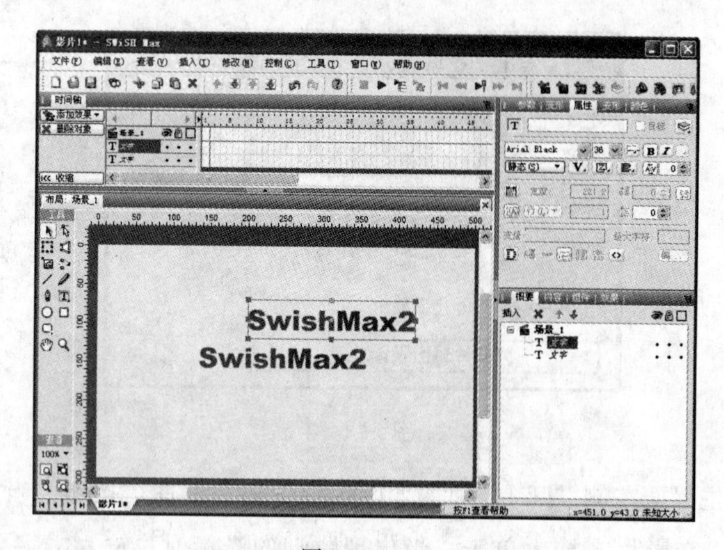

图5—1—10

（7）将“概要”面板中处于下层的文字颜色设置为“黑色”，并将其按图 5—1—11 所示位置进行排列，使两者基本重叠，制作出类似阴影的效果。

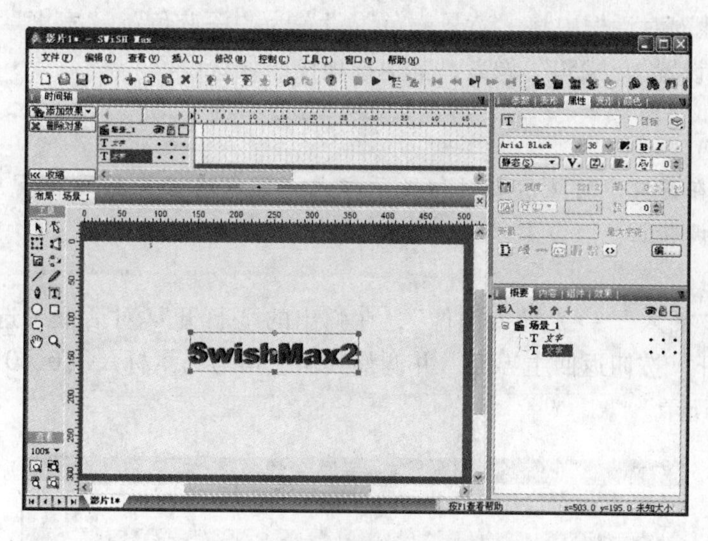

图 5—1—11

（8）在“概要”面板中选中第一个文字层，在时间轴上单击该文字层的第 1 帧，然后单击主界面左上角的“添加效果”按钮，在下拉菜单中选择“滑动”→“从左进入”，如图 5—1—12 所示。采用同样的方法，将第二个文字层的第 1 帧设置为“从右进入”。

（9）分别单击两个文字层的第 25 帧位置，为其添加“回到起始”“向下拉伸并返回”的动画效果。单击工具栏上的“播放影片”按钮，即可看到文字的动画效果，如图 5—1—13 所示。

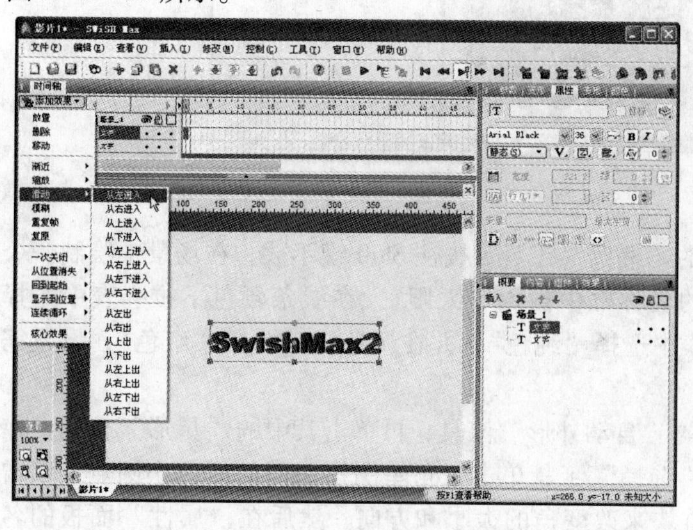

图 5—1—12

图 5—1—13

（10）单击“文件”→“另存为”，弹出“另存为”对话框，选择保存位置，输入文件名“阴影字 . swi”，单击“保存”按钮即可。

3．制作图形动画

（1）在 SWiSH Max2 主界面中，单击“文件”→“新建”，新建一个空白影片文件，并在“影片属性”对话框中将“背景颜色”设置为“深蓝色”，“宽度”设置为“350”像素，“高度”设置为“250”像素，其他选项按照默认设置。

影片文件在窗口中的显示比例和显示方式，可以通过主界面左下角“查看”面板中的按钮来调整。

（2）单击“插入”→“导入图像”，在弹出的“打开”对话框中选择一幅背景图片，单击“打开”按钮返回主界面，并调整其左上角与场景标尺（0，0）的位置重合，如图 5—1—14 所示。

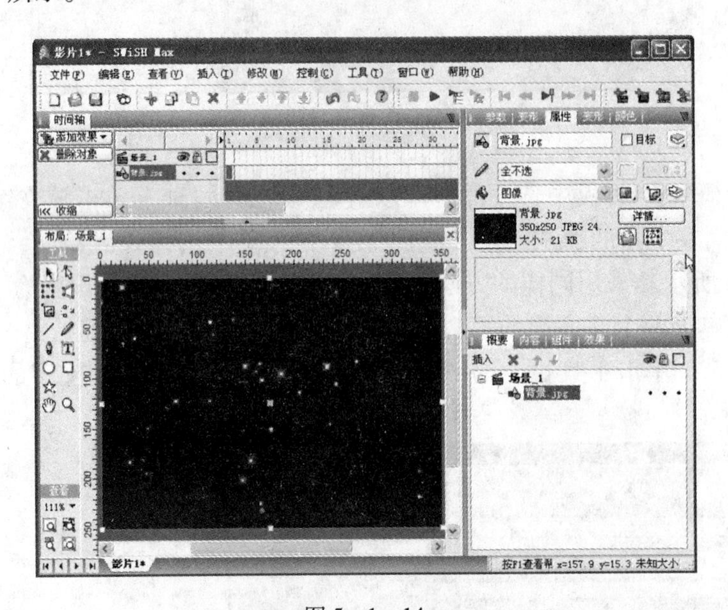

图 5—1—14

（3）单击“工具”面板中的“椭圆”工具，按住 Shift 键不放，在场景中绘制一个正圆，然后在其“属性”面板的名称框中输入“太阳”，在线条颜色下拉列表中选择“全不选”，在填充颜色下拉列表中选择“纯色”，并在调色板中选择“红色”，设置完成后的效果如图 5—1—15 所示。

（4）单击“工具”面板中的“自动外形”工具，再单击其中的“星形”按钮，在场景中绘制一个五角星。利用“选择”工具单击五角星图形中间的绿色小圆点，以增加角的个数；拖动凹角间的小方块来改变角的大小和方向。然后在“属性”面板的名称框中输入“光芒”，在线条颜色下拉列表中选择“全不选”，在填充颜色下拉列表中选择“渐变”，在梯度类型下拉列表中选择“放射梯度”，并将其设置为白色到黄色的渐变。设置完成后的效果如图 5—1—16 所示。

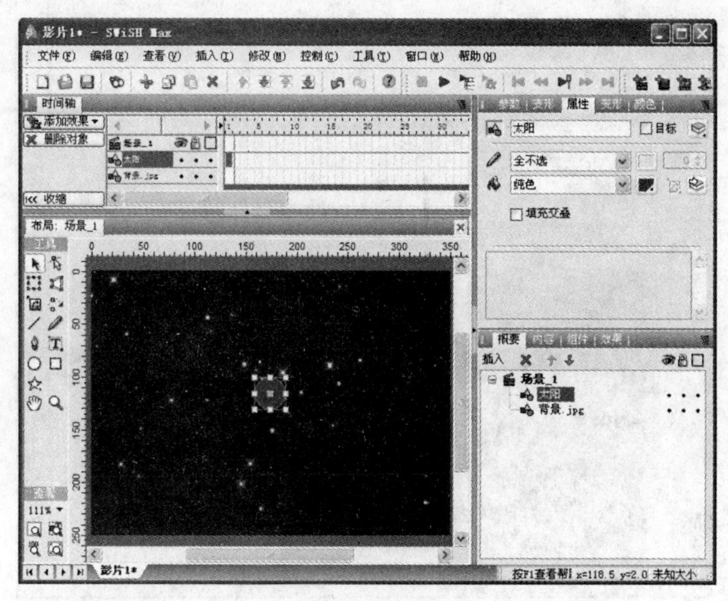

图 5—1—15

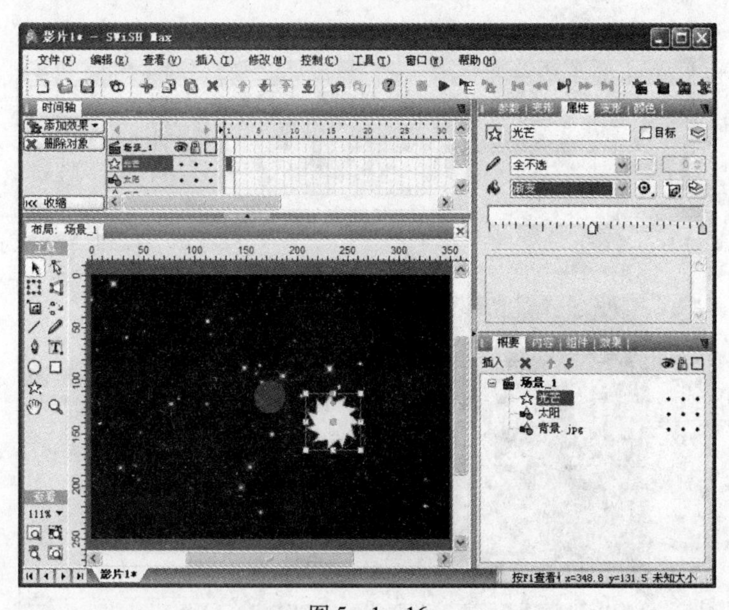

图 5—1—16

(5) 在“概要”面板中，调整“太阳”图层和“光芒”图层的位置，并在场景中将两者叠放在一起，制作成一个光芒四射的太阳，将其调整到如图 5—1—17 所示的位置。

(6) 单击“工具”面板中的“椭圆”工具，围绕太阳画一个大的椭圆作为轨道，在其“属性”面板的名称框中输入“轨道”，线条颜色设置为“深蓝色”，粗细设置为“0.5”，在填充颜色下拉列表中选择“全不选”，如图 5—1—18 所示。

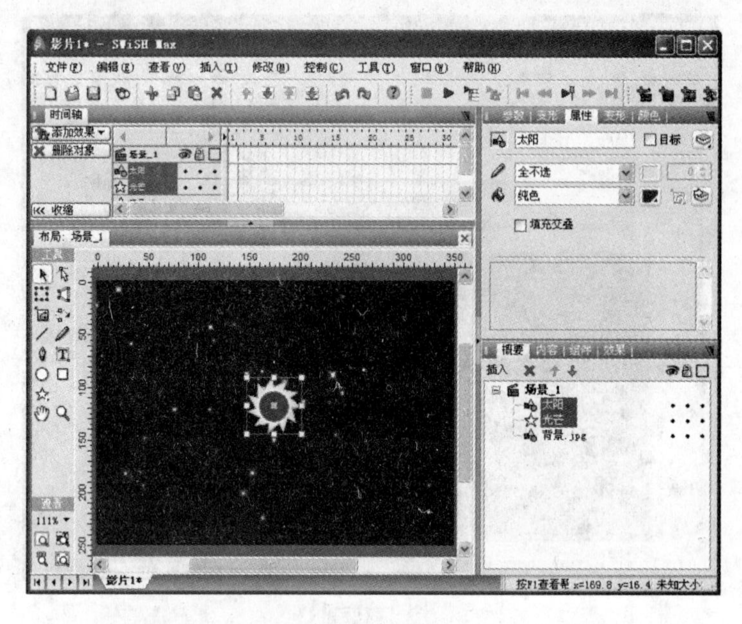

图 5—1—17

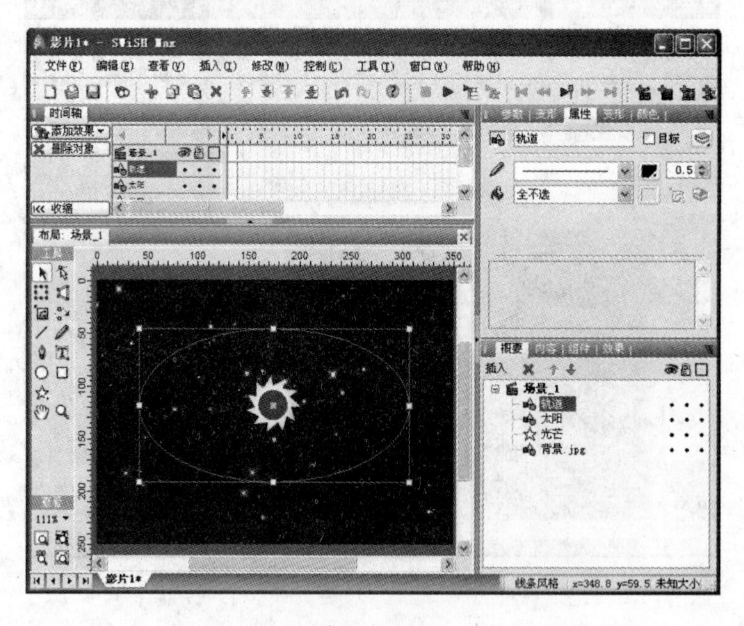

图 5—1—18

（7）单击“工具”面板中的“椭圆”工具，在场景中再绘制一个正圆，在其“属性”面板的名称框中输入“地球”，在线条颜色下拉列表中选择“全不选”，在填充颜色下拉列表中选择“渐变”，在梯度类型下拉列表中选择“放射梯度”，并将其设置为白色到蓝色的渐变。然后单击“填充变形”工具，调整其白色的高光部分，使其偏向内侧，锚点居中。设置完成后的效果如图 5—1—19 所示。

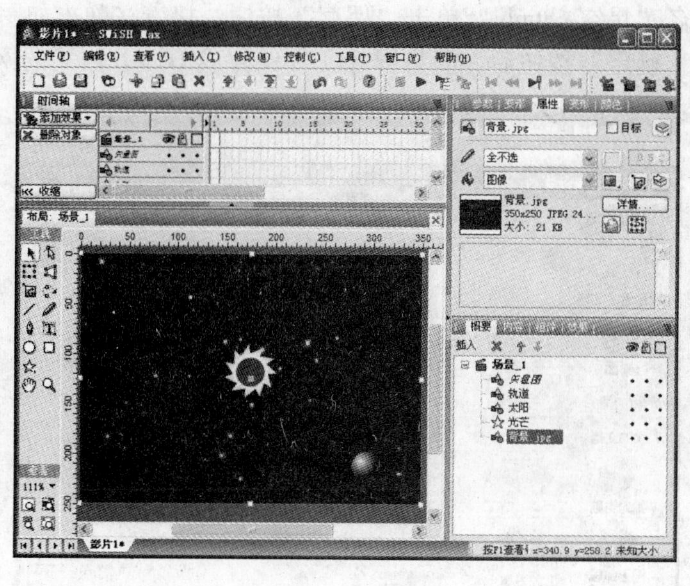

图 5—1—19

（8）选中“地球”，先将其拖动到轨道上，然后单击“工具”面板中的“动作路径”工具，沿轨道线向前，隔一段距离单击一下，直至又回到起点，如图 5—1—20 所示。

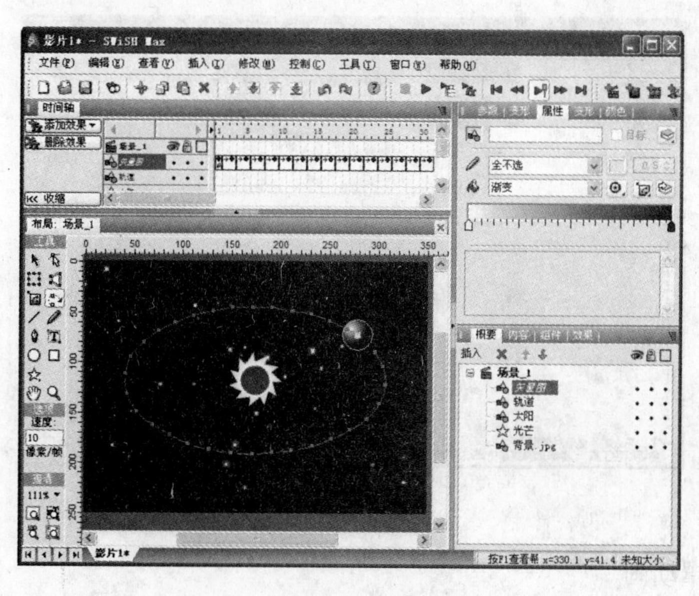

图 5—1—20

（9）单击工具栏上的“播放影片”按钮，即可看到“地球围着太阳转”的动画效果。单击“文件”→“另存为”，弹出“另存为”对话框，选择保存位置，输入文件名“星空 . swi”，单击“保存”按钮即可。

（10）单击“文件”→“输出”→“HTML + SWF”，弹出如图 5—1—21 所示的对

话框，输入文件名“星空.html”，单击“保存”按钮，接着又弹出如图 5—1—22 所示的对话框，单击“确定”按钮后，即将影片文件保存成 HTML 格式的网页文件和 SWF 格式的动画文件。

图 5—1—21

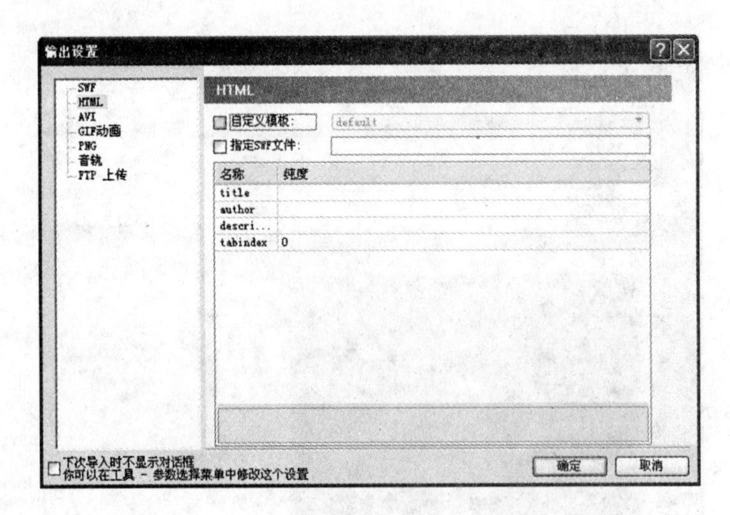

图 5—1—22

4. 制作遮罩动画

（1）在 SWiSH Max2 主界面中，单击“文件”→“新建”，新建一个空白影片文件，并在“影片属性”对话框中将“背景颜色”设置为“黑色”，“宽度”设置为“500”像素，“高度”设置为“200”像素，其他选项按照默认设置。

（2）单击“插入”→“影片剪辑”，场景中出现一个影片剪辑图标，如图 5—1—23 所示。

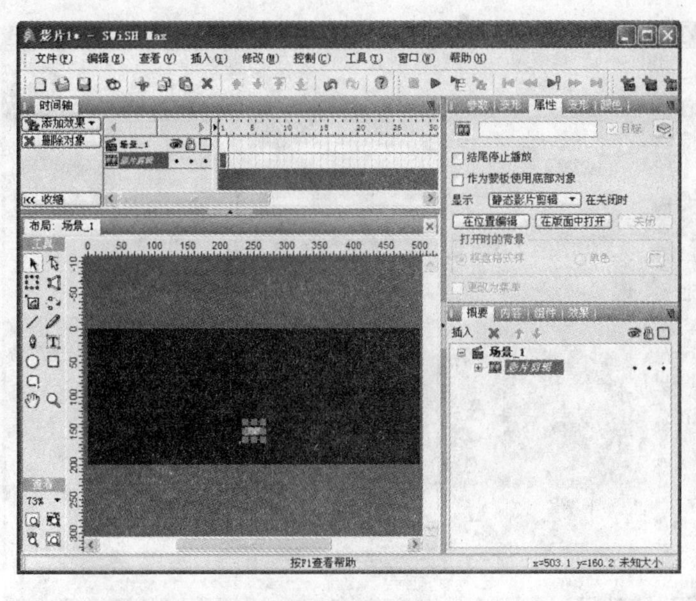

图 5—1—23

（3）在“概要”面板中双击“影片剪辑”，打开“影片剪辑”的时间轴，利用“文字”工具输入“欢迎来到梦幻工作室”，并将其字体设置为“华文隶书”，字号设置为“48”，颜色设置为“橙色”，并加粗。设置完成后的效果如图 5—1—24 所示。

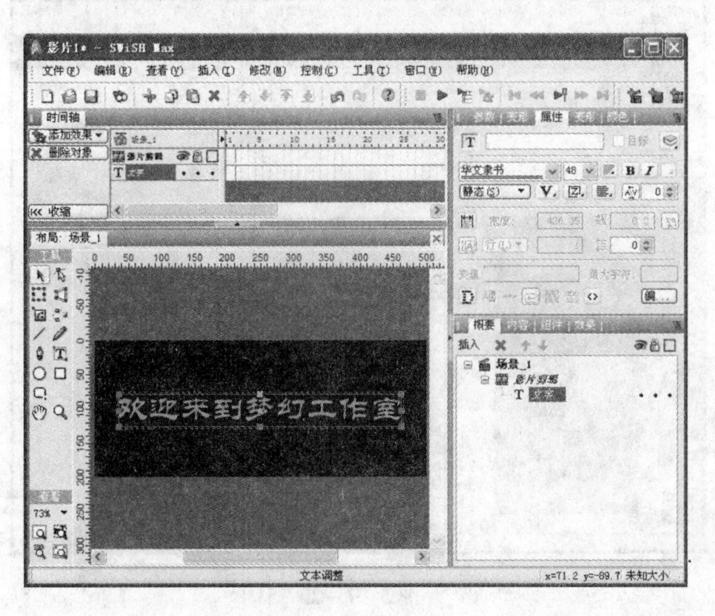

图 5—1—24

（4）单击“工具”面板中的“椭圆”工具，绘制一个正圆，位置大小如图 5—1—25 所示。

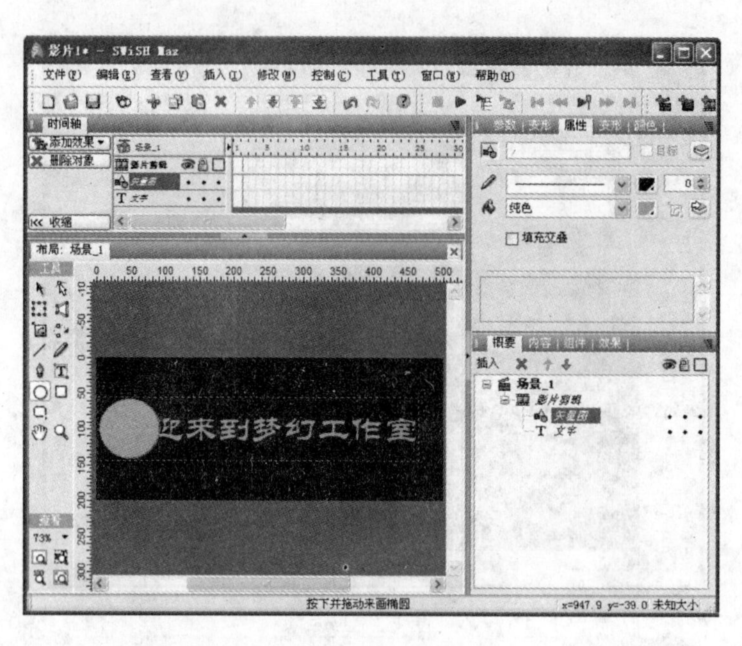

图 5—1—25

（5）在时间轴的“矢量图”图层上右击，在弹出的快捷菜单中选择“移动”命令，为“正圆”添加移动效果，如图 5—1—26 所示。

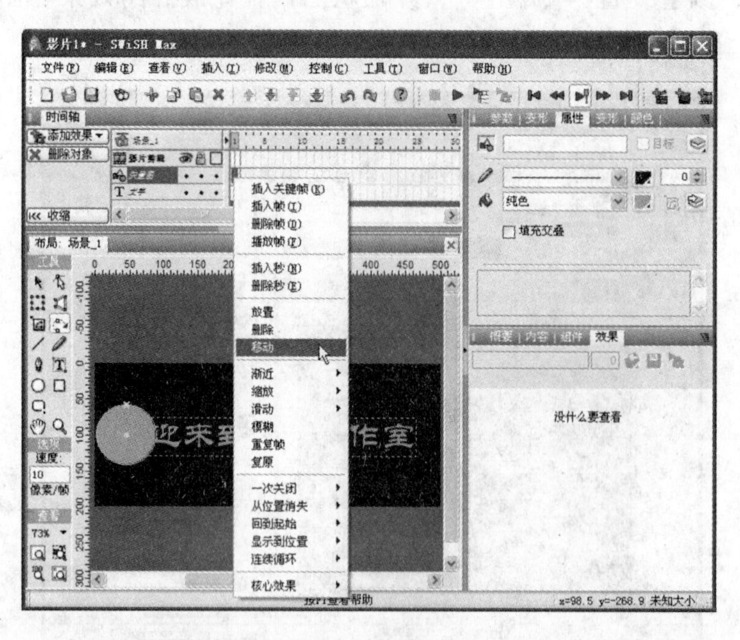

图 5—1—26

（6）时间轴上出现“移动”效果后，在主界面右侧的“效果”面板中，将效果持续的帧数设置为“50”，将“运动动画”选项卡下的“_x”选项设置为“向右移动按”，并在后面的文本框中输入“450”。设置完成后的效果如图 5—1—27 所示。

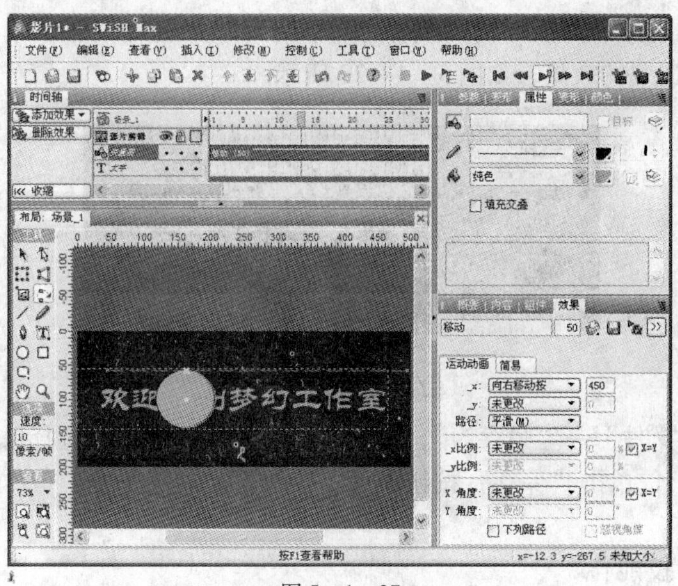

图 5—1—27

（7）在“概要”面板中，首先单击“影片剪辑”，然后勾选“属性”面板中“作为蒙板使用底部对象”复选框，如图 5—1—28 所示。

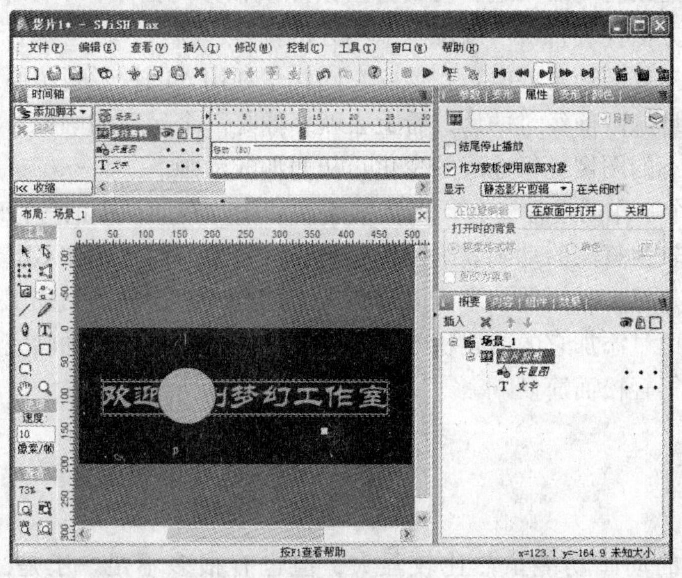

图 5—1—28

提示

在 SWiSH Max2 中添加遮罩的目的是通过某个文字或形状遮去我们不想要的地方，实现特殊效果。SWiSH Max2 的遮罩效果必须在影片剪辑中才能实现，在应用遮罩时要注意两点：一是要把遮罩层放在精灵的最下面，如图 5—1—28 中遮罩层为文字层；二是要在“影片剪辑属性”面板上勾选“作为蒙板使用底部对象”复选框。

（8）单击“概要”面板中的“场景_1”，回到影片的时间轴，单击“播放影片”按钮，即可看到遮罩的效果，如图5—1—29所示。

图5—1—29

（9）单击“文件”→“另存为”，弹出“另存为”对话框，选择保存位置，输入文件名“遮罩.swi”，单击“保存”按钮即可。

▶ 相关知识与技能

在认识帧之前，先得认识时间轴。在SWiSH Max界面中，时间轴位于工作界面的上方。随着影片播放时间的推进，动画将会按照横轴方向播放，所以横轴就是时间线。每一帧用一个小方格代表，也可以说一个小方格就是一帧。

整个动画的播放原理与放电影相似，它同样是利用人的视觉暂留原理。如果图片以一定的速度逐张地从眼前经过的话，看上去就好像是一个运动的画面。制作动画的过程也就是使这些静态的图像进行连续的变化，从而形成动画。

GIF动画整个制作的过程（包括图像的绘制和图片在动画中的等待时间的设定）都是手动完成的，较为复杂的动画效果制作起来非常繁琐，而且制作GIF动画文件的容量也非常大。SWiSH Max采用的技术可以避免人工组合图片这样的繁琐工作，只要定义起始关键帧，然后通过添加它的内建特效来调整图片的变化过程和动画完成的时间，就可以使制作工作变得轻松而简便。

▶ 拓展与提高

SWiSH Max的动画功能虽然比较强大，但也有很多不足。于是，有人试图把在SWiSH Max中生成的SWF文件导入Flash中，希望两个软件能够互相取长补短，制作出更炫目的效果。将SWF文件导入Flash中时，要注意以下几点：

1. 导出时，如果在导出选项/SWF/压缩SWF文件前打钩，可以大大减小导出后的SWF文件的体积。

2. 导入Flash中时，默认左上角坐标为（0，0）。

3. 提倡在Flash中导入影片剪辑，以便控制整个特效在场景中的位置、大小、颜色等。

4. SWiSH Max 中的脚本语句在 Flash 中几乎不起作用，在动作面板中也看不到。

5. SWiSH Max 中的元件在 Flash 中失去其特点，如按钮在 Flash 中表现为图形元件。

6. SWiSH Max 和 Flash 生成的 SWF 文件在互相导入时，均为帧动画。

7. 加载外部 SWF 文件和文本的方法为整合两个软件效果的手法之一。

[思考与练习]

1. 利用 SWiSH Max 软件制作一个以“上海世博会”为主题的二维文字动画，要求添加变形效果。

2. 利用 SWiSH Max 软件制作一个字体颜色变化的遮罩动画。

任务二　制作三维文字动画

▶ 任务描述与分析

张敏发现，随着人们越来越频繁地使用动画效果，二维动画已不能满足人们的视觉需求，越来越逼真的三维动画开始在人们的生活中出现，无论是电视还是电影，三维效果的标题随处可见。看着屏幕上生动逼真的三维动画，他也想自己动手做做看。

Ulead COOL 3D 就是专门为制作三维标题而开发的软件。利用 Ulead COOL 3D 可以制作出很酷的立体字，它不仅能够制作 JPEG 和 GIF 图片，还可以制作 GIF 动画；不仅能用 Ulead COOL 3D 制作网页上的图形，还可以用它制作各种效果的标题、标志等。下面就让我们体验一下用 Ulead COOL 3D 制作的三维标题。

▶ 方法与步骤

1. 制作三维文字标题

（1）启动 Ulead COOL 3D 3.5 软件，打开 Ulead COOL 3D 3.5 主界面，主要由菜单栏、工具栏、工作窗口、动画工具栏四部分组成，如图 5—2—1 所示。

（2）在图 5—2—1 中，单击主界面左侧工具栏中的（插入文字）按钮或者单击“编辑”→“插入文字”，弹出“Ulead COOL 3D 文字”对话框，在其中输入“游戏”二字，将字体设置为“华文隶书”，字号设置为“40”，并加粗，如图 5—2—2 所示。

（3）单击图 5—2—2 中的“确定”按钮，返回主界面。这时在主场景区出现“游

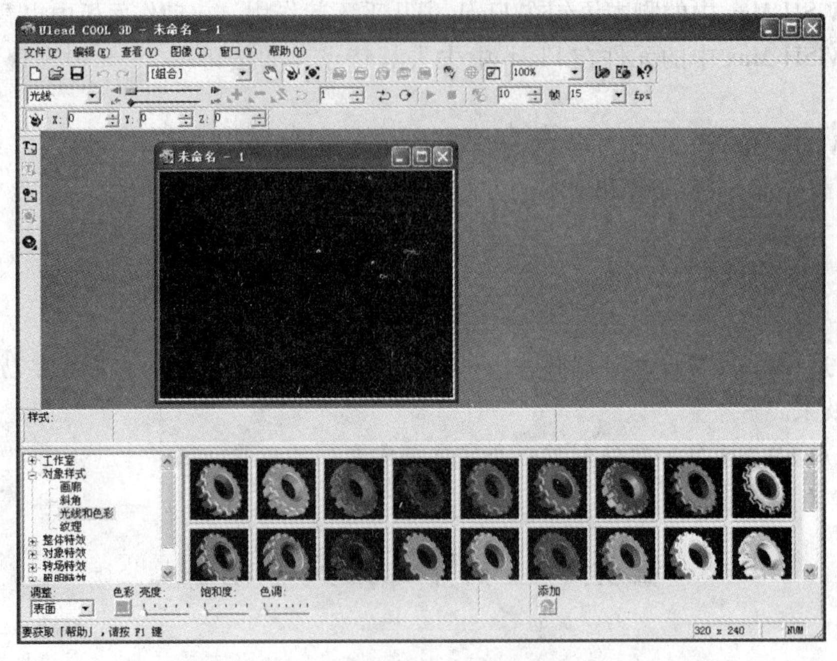

图 5—2—1

戏”三维文字对象，这是由 Ulead COOL 3D 系统生成的三维文字模型，其摄像机视角、光照视角和光线强度都是系统默认值。这时鼠标箭头变成一个由三个箭头组成的环形，在主场景区中按住左键移动鼠标可使三维对象沿 *X*、*Y* 或 *Z* 轴自由旋转，如图 5—2—3 所示。

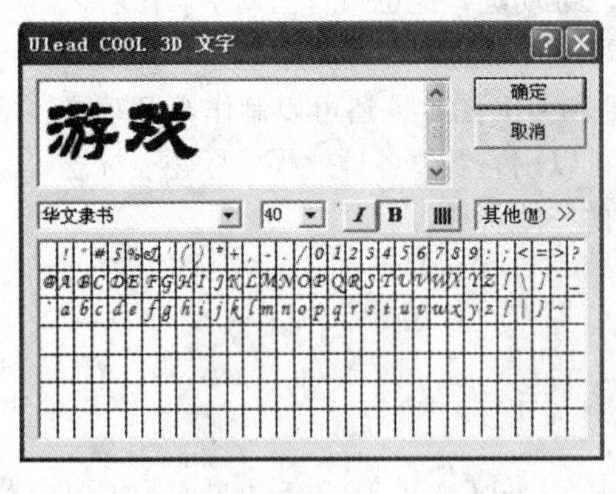

图 5—2—2

图 5—2—3

（4）选择 Ulead COOL 3D 主界面窗口左下角“百宝箱”文件目录中的“工作室”→“背景”，在右侧的缩略图面板中选择一幅图像并双击，将其作为主场景的背景，如图 5—2—4 所示。

（5）选择“百宝箱”文件目录中的“对象样式”→“纹理”，在右侧的缩略图面板中选择一种纹理图案并双击，使三维文字对象具有纹理效果，如图 5—2—5 所示。

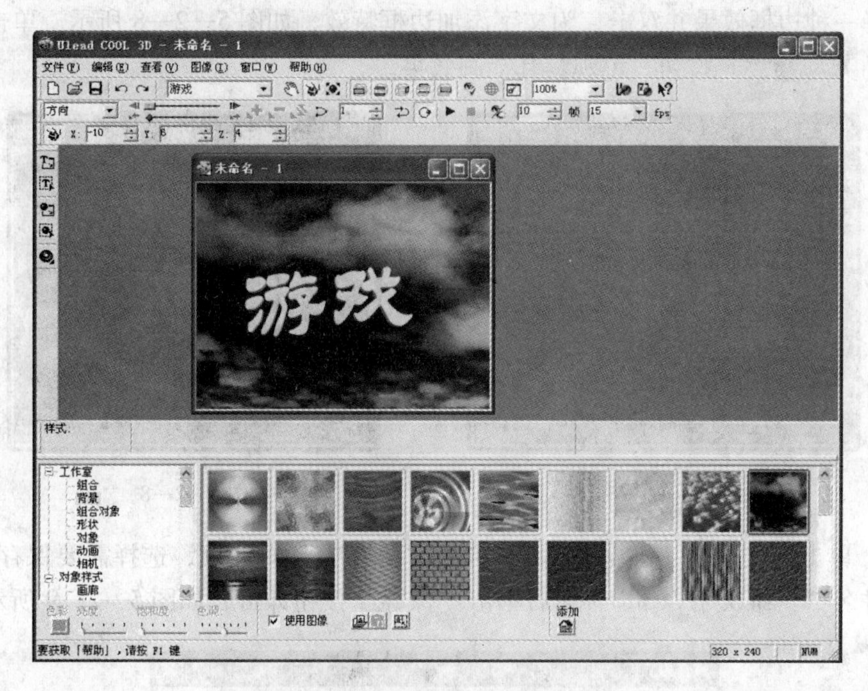

图 5—2—4

图 5—2—5

（6）将动画工具栏上的“帧数目”设置为“30”帧，使整个动画文件长度为 30 帧，其他选项按照默认设置，如图 5—2—6 所示。

图 5—2—6

（7）选择“百宝箱”文件目录中的“整体特效”→“闪电”，在右侧的缩略图面板中选择一种闪电效果并双击，为文字添加闪电特效，如图 5—2—7 所示。

（8）选择“百宝箱”文件目录中的“斜角特效”→“边框”，在右侧的缩略图面板中选择一种边框效果并双击，为文字添加边框特效，如图 5—2—8 所示。单击动画工具栏上的▶（播放）按钮，可观察其动画效果。

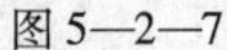
图 5—2—7

图 5—2—8

（9）单击“文件”→“另存为”，弹出“另存为”对话框，选择需要保存的位置，输入文件名“三维文字 . c3d”，然后单击“保存”按钮即可，如图 5—2—9 所示。

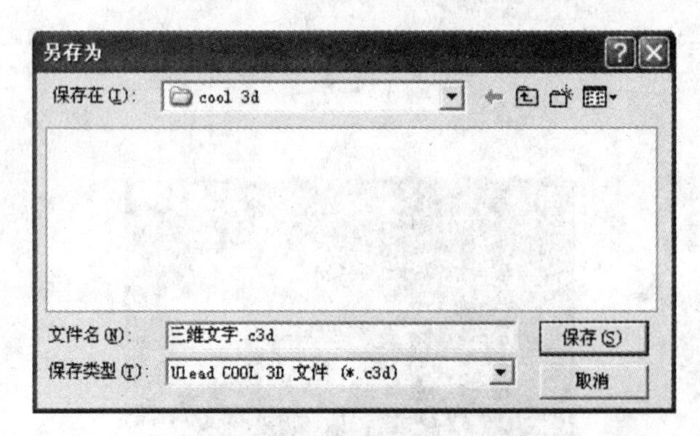

图 5—2—9

提 示

Ulead COOL 3D 3.5 支持多种模式的输出，如要输出静态图片，可先单击“预览”按钮，待变换到想要的图像（帧）时，单击“停止”按钮，然后单击“文件”→“创建图像文件”，选择 BMP、GIF、JPEG 或 TGA 格式中的一种，存盘即可。

要输出 Web 页所用的动态图片，单击“文件”→“创建动画文件”，选择 GIF 格式动画或 AVI 格式视频流，存盘即可。Ulead COOL 3D 3.5 还支持将文件输出成 Macromedia Flash 格式文件（即 SWF 格式），方法是单击“文件”→“导出到 Macromedia Flash（SWF）”，然后选择图片存于 Flash 场景中的格式（BMP 格式或 JPEG 格式），存盘即可，如图 5—2—10 所示。

2. 制作简单动画

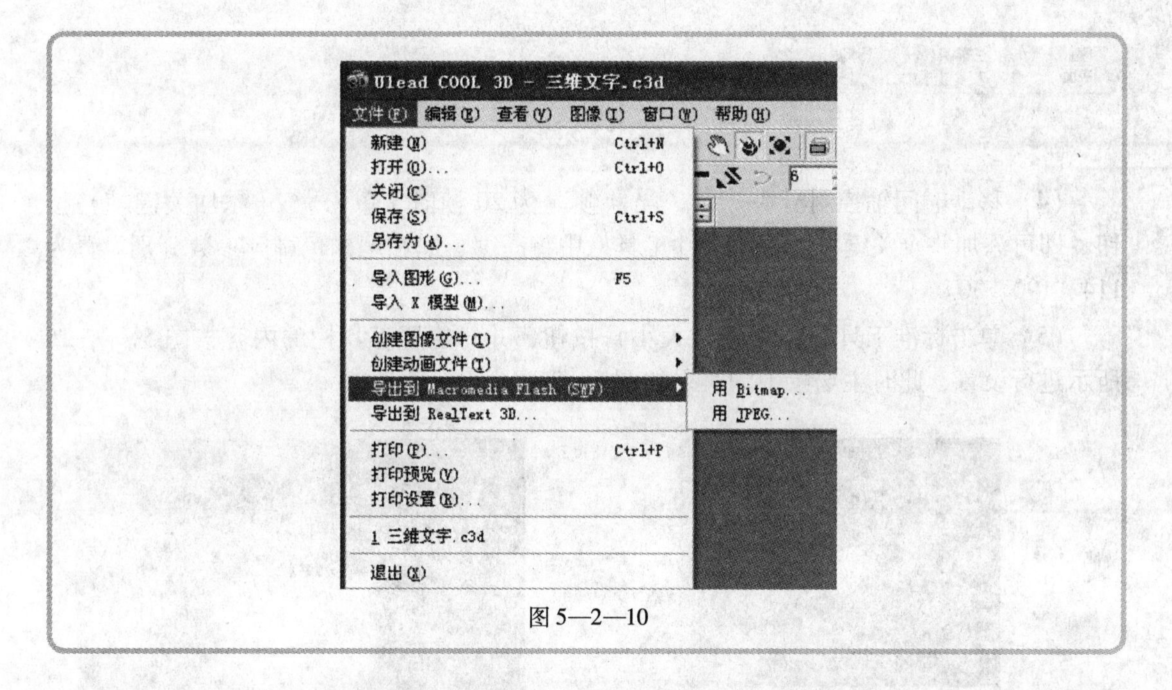

图 5—2—10

(1) 创建新文件，设置动画工具栏上的“帧数目”为“20”。选择“百宝箱”文件目录中的“工作室”→“背景”，在右侧的缩略图面板中选择第 27 幅图像并双击，将其作为主场景的背景，如图 5—2—11 所示。

图 5—2—11

(2) 选择“百宝箱”文件目录中的“工作室”→“对象”，在右侧的缩略图面板中选择“苹果”对象并双击，如图 5—2—12 所示，使“苹果”对象添加到主场景中。

图 5—2—12

(3) 移动动画工具栏上的时间轴控制滑块到第 1 帧的位置，然后选择“百宝箱”文件目录中的“对象样式”→“光线和色彩”，在右侧的缩略图面板中选择第 18 个色彩，并在属性工具栏中通过移动亮度、饱和度和色调滑块来进一步调整色彩参数，即分别为 200、125、60，如图 5—2—13 所示。调整色彩后的苹果如图 5—2—14 所示。

图 5—2—13

（4）移动时间轴控制滑块，当“当前帧”为 20 帧时，单击（添加关键帧）按钮，即可添加一个关键帧，并在属性工具栏中将亮度、饱和度和色调等参数分别设置为 114、190、30。

（5）单击标准工具栏上的（大小）按钮，并对位置工具栏的内容按图 5—2—15 所示进行设置，此时主场景中的苹果如图 5—2—16 所示。

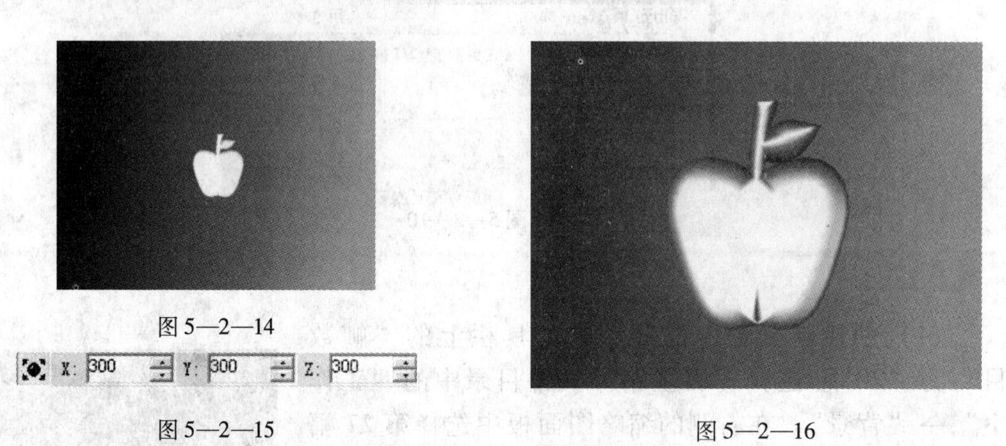

图 5—2—14

图 5—2—15

图 5—2—16

（6）将时间轴控制滑块移动到第 1 帧的位置，然后选择“百宝箱”文件目录中的“照明特效”→“灯泡”，在右侧的缩略图面板中选择第 5 种效果，为主场景加上灯泡的效果，如图 5—2—17 所示。

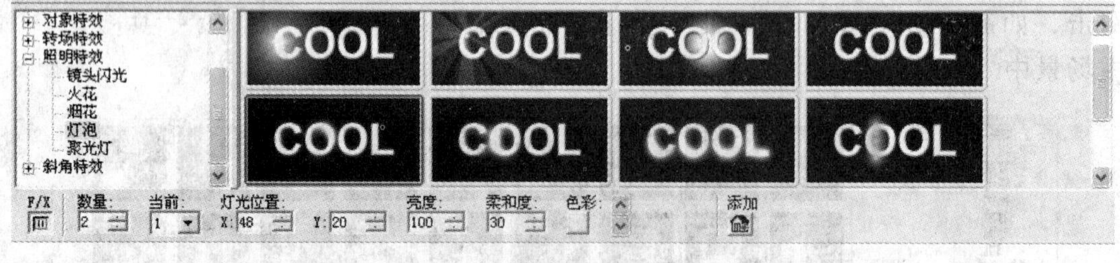

图 5—2—17

提 示

如果对选中的特效不满意，可通过单击属性工具栏上的按钮，添加或删除该种效果。

（7）单击（播放）按钮观察动画效果，如图 5—2—18 所示。

（8）单击“文件”→“另存为”，弹出“另存为”对话框，选择需要保存的位置，

图 5—2—18

输入文件名“金苹果 . c3d”，然后单击“保存”按钮即可。

3. 制作火焰字

（1）创建新文件，将动画工具栏上的“帧数目”设置为“20”，使动画的总长度为 20 帧。选择“百宝箱”文件目录中的“工作室”→“背景”，并在属性工具栏上单击（加载背景图像文件）按钮，在“打开”对话框中找到所需的图形文件，如图 5—2—19 所示。单击“打开”按钮，即可将其加载到主场景中，作为背景图片。

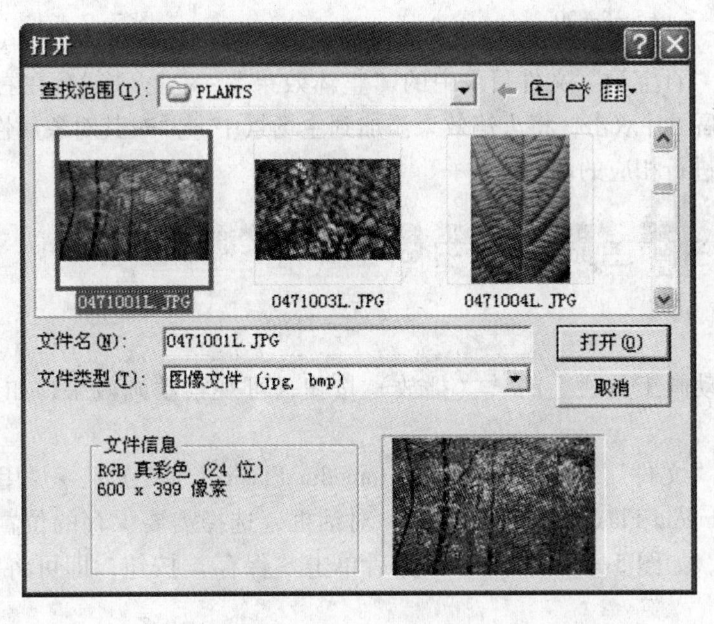

图 5—2—19

Ulead COOL 3D 3.5 安装了很多背景图片，全部放在 C:\Program Files\Ulead Systems\Ulead Cool 3D 3.5\Texture 文件夹中，用户可以通过“百宝箱”文件目录中的“工作室”→“背景”来加载，也可以通过它加载自己喜欢的图片。

（2）单击左侧工具栏中的按钮，在弹出的“Ulead COOL 3D 文字”对话框中输入“燃烧的森林”，并将字体设置为“华文行楷”，字号设置为“24”，效果如图 5—2—20 所示。

（3）选择“百宝箱”文件目录中的“对象样式”→“画廊”，在右侧的缩略图面板中选择第 20 个对象并双击，使这种对象样式添加到主场景的文字上，如图 5—2—21 所示。

图 5—2—20

图 5—2—21

（4）选择“百宝箱”文件目录中的“整体效果”→“火焰”，在右侧的缩略图面板中选择第 1 幅图并双击，将火焰效果添加到主场景中，并对其对象属性栏的内容按图 5—2—22 所示进行相应的调整。

图 5—2—22

（5）单击动画工具栏上的（播放）按钮，可观察动画效果，如图 5—2—23 所示。

（6）单击“文件”→“导出到 Macromedia Flash（SWF）”→“用 JPEG”，弹出“保存为 Macromedia Flash（SWF）文件”对话框，选择需要保存的位置，输入文件名“火焰字 . swf”，如图 5—2—24 所示，然后单击“保存”按钮，即可将其保存为 Flash（SWF）文件。

4. 制作片头动画

图 5—2—23

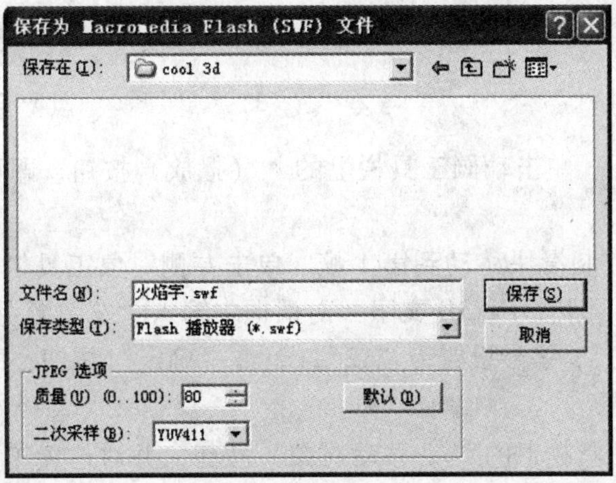

保存为 Macromedia Flash (SWF) 文件

保存在(I): cool 3d

文件名(N): 火焰字.swf

保存类型(T): Flash 播放器 (*.swf)

保存(S)

取消

JPEG 选项

质量(U) (0..100): 80

默认(D)

二次采样(B): YUV411

图 5—2—24

（1）创建新文件，将动画工具栏上的“帧数目”设置为“100”，使动画的总长度为 100 帧。选择“百宝箱”文件目录中的“工作室”→“背景”，并在属性工具栏上单击 （加载背景图像文件）按钮，在“打开”对话框中找到一幅合适的图片作为背景（如“素材”文件夹中的“星空 . jpg”），单击“打开”按钮，即可将其加载到主场景中。

(2) 选择“百宝箱”文件目录中的“工作室”→“形状”，在右侧的缩略图面板中选择“地球”对象并双击，使“地球”对象添加到主场景中，如图 5—2—25 所示。

图 5—2—25

(3) 调整“地球”对象在三维空间中的位置。单击标准工具栏上的 (移动对象) 按钮，并对位置工具栏的内容按图 5—2—26 所示进行设置。

(4) 调整“地球”对象的三维大小。单击标准工具栏上的 (大小) 按钮，并对位置工具栏的内容按图 5—2—27 所示进行设置。

图 5—2—26　　图 5—2—27

(5) 调整“地球”对象的旋转角度。单击标准工具栏上的 (旋转对象) 按钮，然后移动动画工具栏上的时间轴控制滑块。当“当前帧”文本框数值分别为“50”和“100”时，单击 (添加关键帧) 按钮添加两个关键帧，并且分别在第 50 帧和第 100 帧的关键帧位置，对位置工具栏的内容按图 5—2—28 和图 5—2—29 所示进行设置。

图 5—2—28　　图 5—2—29

(6) 设置完成后，单击动画工具栏上的 (播放) 按钮，即可看到一个旋转的地球动画。

(7) 将时间轴控制滑块移动到第 1 帧，单击左侧对象工具栏中的 (插入文字) 按钮，在弹出的“Ulead COOL 3D 文字”对话框中输入“友谊影业有限公司”，并将字体设置为“华文新魏”，字号设置为“12”，单击“确定”按钮，即在主场景中创建了三维文字对象。

(8) 单击标准工具栏上的 (移动对象) 按钮，并对位置工具栏的内容按图 5—2—30 所示进行设置。

(9) 选择“百宝箱”文件目录中的“对象样式”→“纹理”，在右侧的缩略图面板中选择第 13 个对象并双击，如图 5—2—31 所示，使三维文字对象拥有该种属性。

(10) 选择“百宝箱”文件目录中的“对象特效”→“表面动画”，在右侧的缩略图面板中选择第 3 种特效并双击，如图 5—2—32 所示，使三维文字对象拥有该种特效。

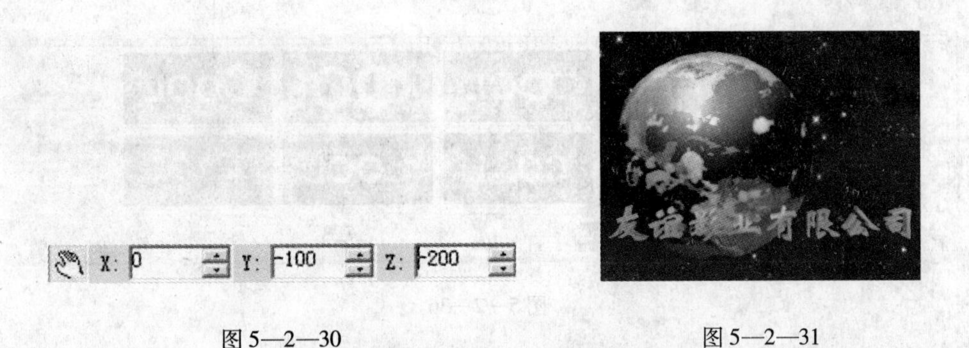

图 5—2—30　　　　图 5—2—31

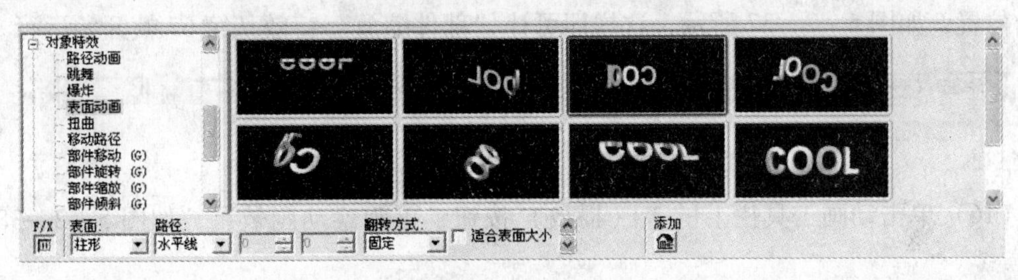

图 5—2—32

（11）在动画工具栏上将时间轴控制滑块移动到第 1 帧的关键帧上，在属性工具栏中拖动滚动条，按图 5—2—33 所示进行设置。

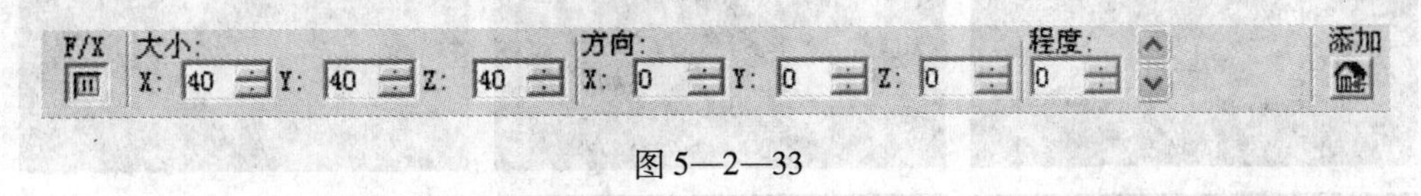

图 5—2—33

（12）在动画工具栏上将时间轴控制滑块移动到第 66 帧的关键帧上，在属性工具栏中拖动滚动条，按图 5—2—34 所示进行设置。

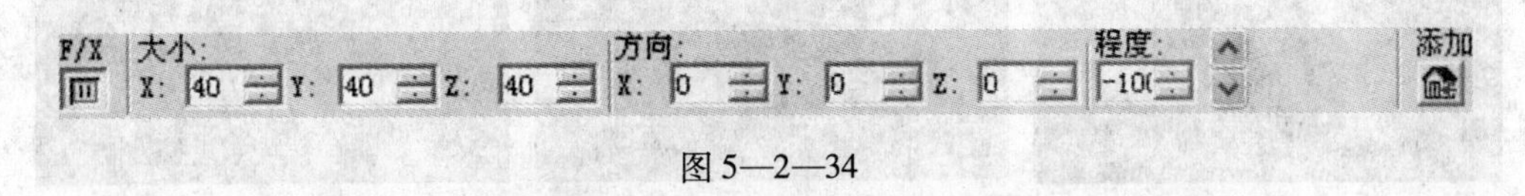

图 5—2—34

（13）在动画工具栏上将时间轴控制滑块移动到第 100 帧的关键帧上，在属性工具栏中拖动滚动条，将“程度”设置为“－100”，其余设置不变，如图 5—2—35 所示。

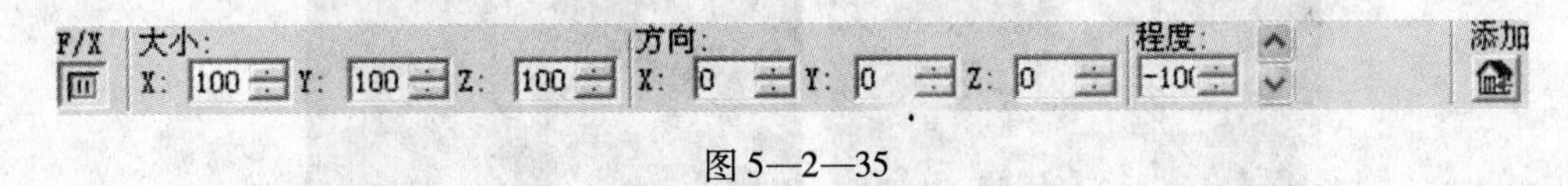

图 5—2—35

（14）选择“百宝箱”文件目录中的“对象特效”→“部件缩放”，在右侧的缩略图面板中选择第 5 种特效并双击，如图 5—2—36 所示，使三维文字对象拥有该种特效。

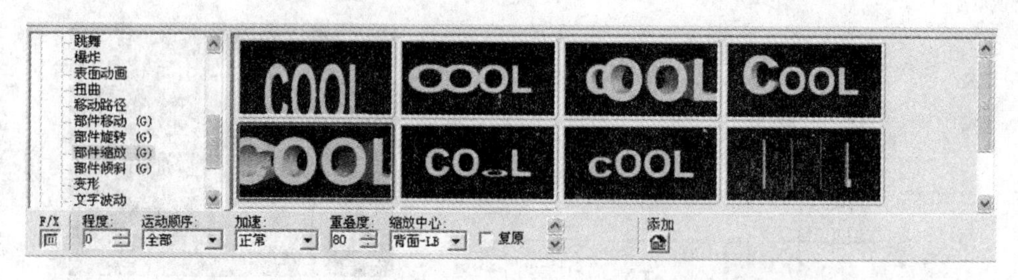

图 5—2—36

（15）将时间轴上“部件缩放”特效的开始帧（即红线的起点）位置拖动到第 67 帧的位置，如图 5—2—37 所示，这样即可让“部件缩放”特效从第 67 帧开始运行。

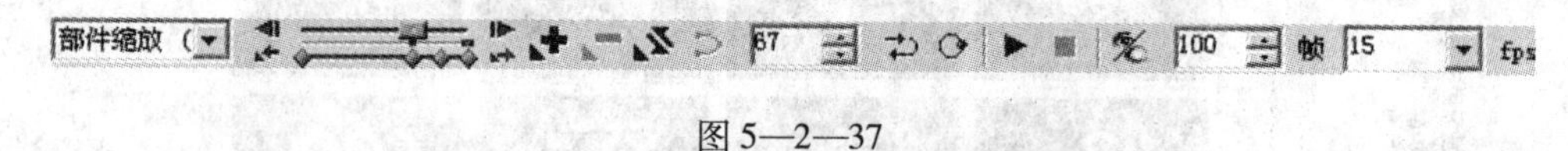

图 5—2—37

（16）单击动画工具栏上的 ▶（播放）按钮，可观察动画效果，如图 5—2—38 所示。

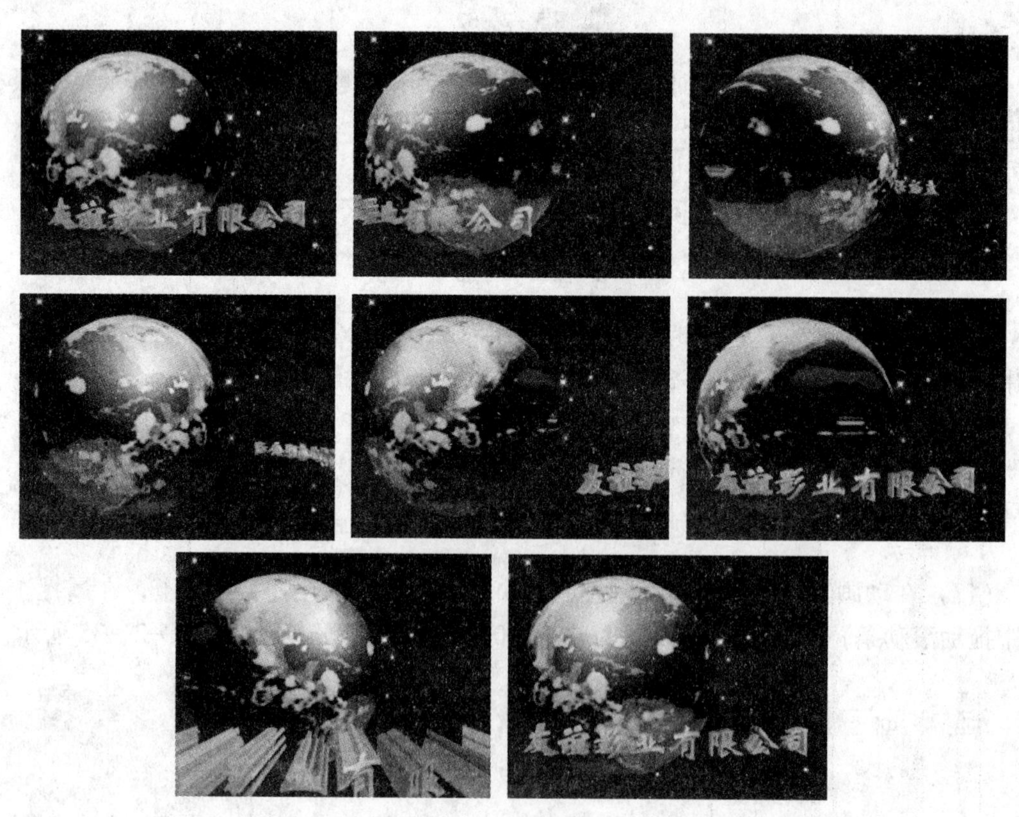

图 5—2—38

（17）单击“文件”→“导出到 Macromedia Flash（SWF）”→“用 JPEG”，弹出“保存为 Macromedia Flash（SWF）文件”对话框，选择需要保存的位置，输入文件名

"友谊影业.swf"，然后单击"保存"按钮，将其保存为Flash（SWF）文件。

▶ 相关知识与技能

1. 三维空间

三维是指在平面中又加入了一个方向向量所构成的空间系。

所谓三维，按大众理论来讲，只是人为规定的互相交错的三个方向，用这个三维坐标可以把空间中任意一点的位置确定下来。

三维是坐标轴的三个轴，即*X*、*Y*、*Z*轴，其中*X*表示左右空间，*Y*表示上下空间，*Z*表示前后空间，这样就形成了人的视觉立体感。

三维具有立体性，但我们通常所讲的前后、左右、上下都只是相对于观察的视点来说的。没有绝对的前后、左右、上下。

2. 三维动画

三维动画又称3D动画，是近年来随着计算机软、硬件技术的发展而产生的一项新兴技术。三维动画软件在计算机中首先建立一个虚拟世界，设计师在这个虚拟的三维世界中按照要表现的对象的形状尺寸建立模型以及场景，再根据要求设定模型的运动轨迹、虚拟摄影机的运动和其他动画参数，最后按要求对模型赋予特定的材质，并打上灯光。在这一切完成后就可以让计算机自动运算，生成最后的画面。

三维动画技术模拟真实物体的方式使其成为一个有用的工具。由于其具有精确性、真实性和无限的可操作性等特点，目前被广泛应用于医学、教育、军事、娱乐等诸多领域。在影视广告制作方面，这项新技术能够给人耳目一新的感觉，因此受到了众多用户的欢迎。三维动画可以用于广告和电影、电视剧的特效制作（如爆炸、烟雾、下雨、光效等），以及特技（如撞车、变形、虚幻场景或角色等）、广告产品展示、片头飞字等。

▶ 拓展与提高

所有的外挂特效都有一条红色控制线显示在时间轴控制区内，此红色控制线为动画控制线，该线的特殊控制功能可让用户指定特效的开始点和结束点，以精确地决定外挂特效何时应用到动画序列。若要调整特效长度，只要将动画控制线的任一端拖动到用户所需位置即可。不管用户应用哪个特效（特别是转场特效、整体特效等这类外挂特效），都可以为它指定动画区间。用户还可以一个接一个地继续增加更多的特效。请按照下面的步骤进行实际演练：

1. 在工作区内创建一个标题（文字对象或图形对象）。
2. 将第一个外挂特效应用于标题。
3. 指定第一个特效的结束帧。只要将动画控制线的右边拖动到动画标题的某个帧上，特效就会在此结束。同一个特效中开始帧和结束帧不能相同。

4. 应用第二个外挂特效。

5. 将动画控制线的左边拖动到第一个特效结束位置点的下一个帧上（例如，若第一个特效结束于第30帧，第二个特效将开始于第31帧）。

6. 若不想再应用其他外挂特效，可将动画的最后一个帧设置成第二个特效的结束帧。

7. 若要回到第一个外挂特效，并改变它的设置，只需在“样式”菜单内选取该特效。此特效的属性工具栏和动画控制线将会再次出现。

8. 为多重特效项目加入更多的帧，可以获取较流畅的效果（帧的总数最好不要少于30，所应用的外挂特效越多，所需的帧就越多）。

[思考与练习]

1. 使用 Ulead COOL 3D 创建一个三维文字动画标题。

2. 使用 Ulead COOL 3D 百宝箱中的对象和特效制作一幅三维动画。

任务三　制作 GIF 动画

▶ 任务描述与分析

小赵是论坛的常客，他在论坛上发帖、跟帖时，经常看到论坛上网友的个性头像和上传的动态图片，它让原本单调的网站变得活泼起来。在这个追求特立独行、标新立异的年代，动态的网络世界给人们更多的遐想空间，“网上冲浪”的朋友经常会为那些变幻莫测、五颜六色、个性实足的图片所吸引。小赵也想用动态图片来吸引网友的注意，并为自己制作一个个性头像。

他请教了计算机老师，老师告诉他 Ulead GIF Animator 是一款不错的制作 GIF 动画的软件。

▶ 方法与步骤

1. 让图片动起来

（1）第一次启动 Ulead GIF Animator 5 软件时，在主界面窗口中会弹出一个“启动向导”对话框，如图5—3—1所示。如果勾选“下一次不显示这个对话框”前的复选框，下次启动软件时将不再出现“启动向导”对话框。

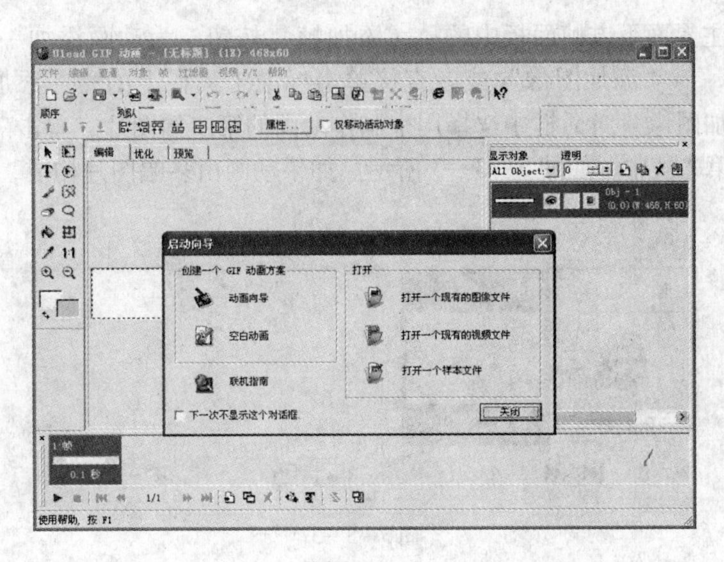

图 5—3—1

（2）在“启动向导”对话框中，单击“打开一个现有的图像文件”选项图标，将弹出一个“打开图像文件”对话框，在该对话框中选择用来制作动画的第一幅图片，然后单击“打开”按钮，即可将图片在 Ulead GIF Animator 5 软件中打开，如图 5—3—2 所示。

图 5—3—2

制作 GIF 动画时，选择的图片尽量小一点，太大的图片做成 GIF 动画后，由于文件太大而不便于在网络上上传。

（3）单击主界面下方帧面板中的（添加帧）按钮，为动画添加一个空白帧，然后单击“文件”→“添加图像”或者直接单击标准工具栏上的（添加图像）按钮，在弹出的“添加图像”对话框中选择用来制作动画的第二幅图片，单击“打开”按钮，将图片添加到第2帧中，如图5—3—3所示。如果动画由多幅图片构成，那么可按此方法继续添加。

图5—3—3

（4）在帧面板中的第1帧上右击，在弹出的快捷菜单中选择“画面帧属性”，弹出“画面帧属性”对话框，如图5—3—4所示，将其中的延迟时间设置为“75”，其他选项按照默认设置。采用同样的方法，将第2帧的延迟时间设置为“50”。

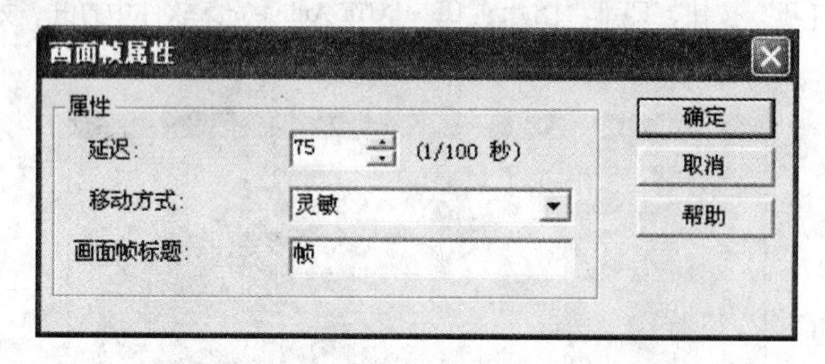

图5—3—4

（5）单击帧面板上的（播放动画）按钮，即可看到动画效果。如果觉得效果不好，可对帧的延迟时间进行调整。

（6）选择“文件”→“另存为”→“GIF文件”，弹出“另存为”对话框，输入文件名“表情动画”，保存类型默认为“GIF”，单击“保存”按钮，即可将文件保存为GIF动画文件，如图5—3—5所示。

2. 制作屏幕移动效果

（1）选择“文件”→“新建”，弹出“新建”对话框，将画布尺寸大小改为宽度200像素、高度140像素，画布外观选择“完全透明”，如图5—3—6所示。单击“确定”按钮，即可在主界面中看到新建的文件。

（2）单击标准工具栏上的（添加图像）按钮，在弹出的“添加图像”对话框中选择一幅图片，单击“打开”按钮，将图片添加到第1帧中，如图5—3—7所示。

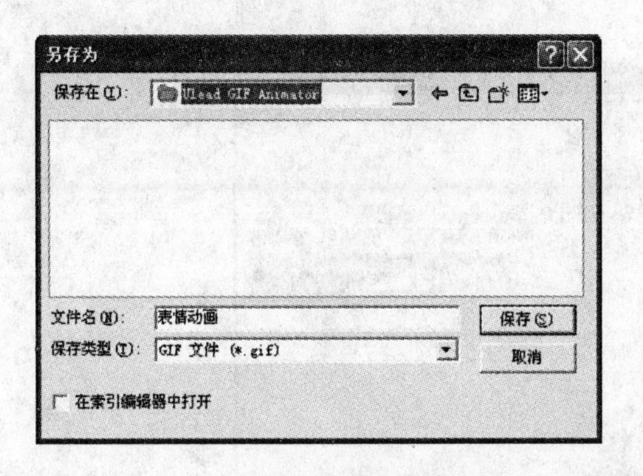

图 5—3—5

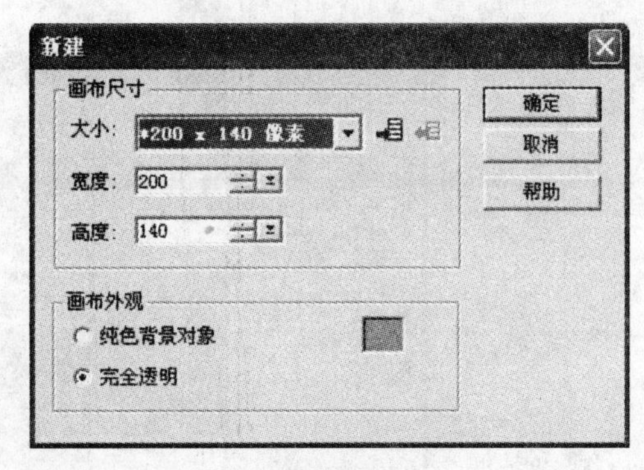

图 5—3—6

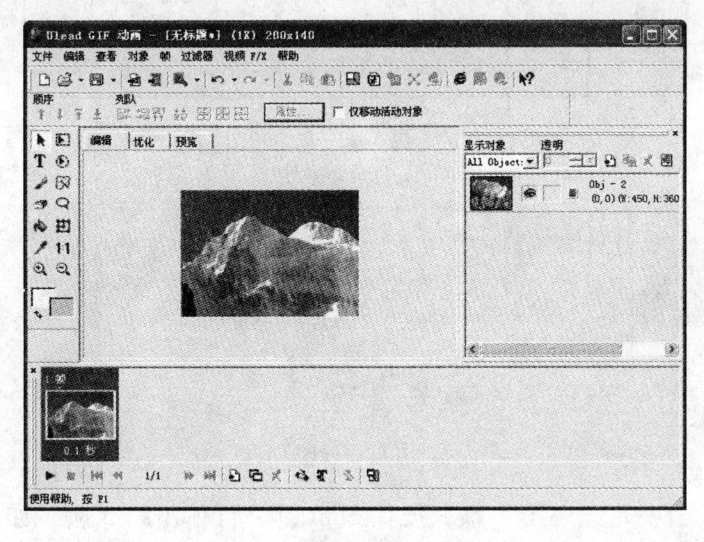

图 5—3—7

（3）选中第 1 帧，单击帧面板中的 （相同帧）按钮，复制该帧，如图 5—3—8 所示。

图 5—3—8

（4）单击工具面板中的 （选取工具）按钮，然后在工作区中移动图片，使工作区中显示的图片内容与第 1 帧有所不同，如图 5—3—9 所示。

（5）选中第 2 帧，重复步骤（3）和步骤（4），为其添加第 3 帧，如图 5—3—10 所示。

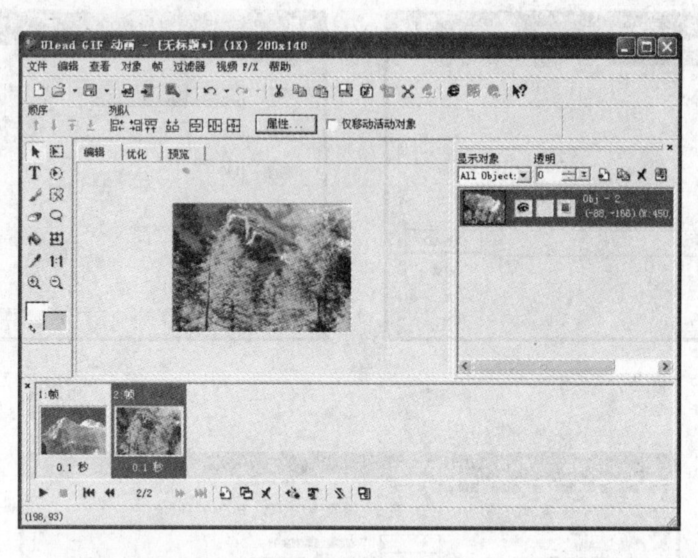

图 5—3—9

图 5—3—10

（6）在帧面板中先选中第 1 帧，按住 Shift 键，再单击第 3 帧，如图 5—3—11 所示，当 3 个帧同时被选中时右击，在快捷菜单中选择“画面帧属性”，在弹出的“画面帧属性”对话框中，将延迟时间设置为“30”，单击“确定”按钮，即可返回主界面。

图 5—3—11

（7）选中第 1 帧，单击帧面板中的（之间）按钮，弹出“Tween”对话框，对其按图 5—3—12 所示进行设置。

（8）在图 5—3—12 中单击“确定”按钮，即可返回主界面。这时可以看见帧面板中第 1 帧和第 7 帧（即原第 2 帧）之间多出了 5 个帧，总帧数变为 8 个帧，如图 5—3—13 所示。

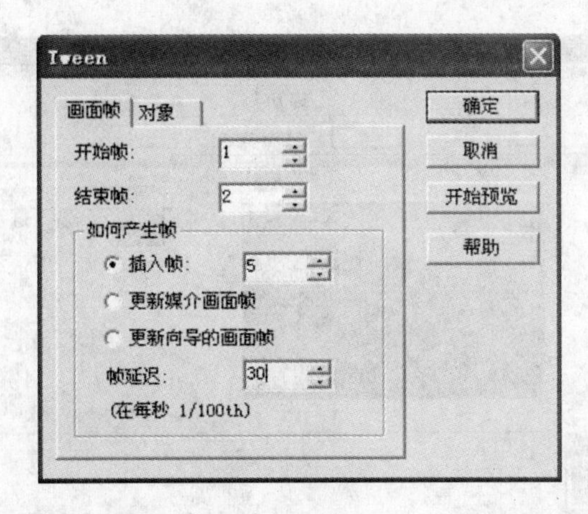

图 5—3—12

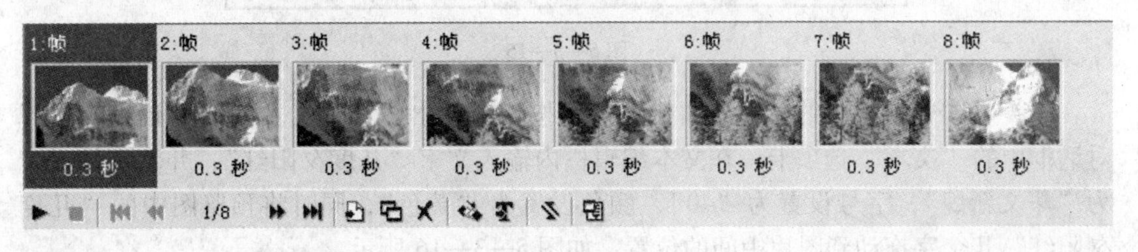

图 5—3—13

(9) 同理，在帧面板中选中第 7 帧，单击帧面板中的（之间）按钮，在弹出的“Tween”对话框中，将开始帧设置为“7”，结束帧设置为“8”，其他设置不变，单击“确定”按钮，在第 7 帧和第 8 帧之间添加 5 个帧。

(10) 将第 1 ~ 13 帧全部选中，单击（相同帧）按钮或右击选择“相同的帧”，添加出 13 个新的帧。选中新添加的第 14 ~ 26 帧，单击（相反帧顺序）按钮或右击选择“反向帧顺序”，在弹出的“相反帧顺序”对话框中选择“选定帧相反顺序”，如图 5—3—14 所示，最后单击“确定”按钮。

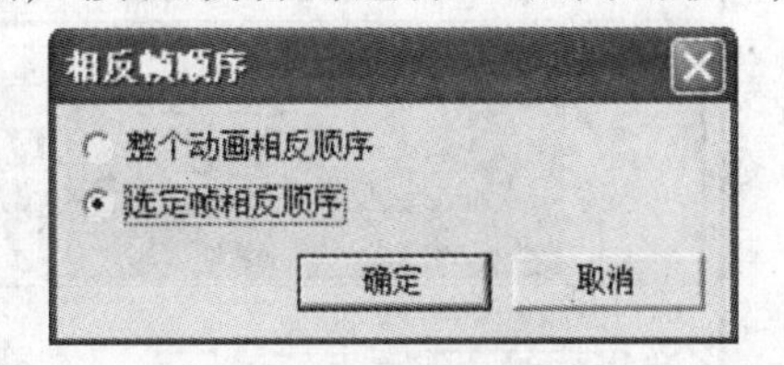

图 5—3—14

(11) 单击工作区中的“预览”选项卡，即可看到动画的预览效果。

(12) 单击工作区中的“编辑”选项卡，返回动画的编辑状态。单击“文件”→“另存为”→“GIF 文件”，在弹出的“另存为”对话框中选择要保存的位置，输入文件名“屏幕移动”，单击“保存”按钮，即可将文件保存为 GIF 动画文件。

3. 添加文字效果

(1) 选择“文件”→“打开图像”，在弹出的“打开图像文件”对话框中选择一幅图片，单击“打开”按钮，即在 Ulead GIF Animator 5 软件中打开了一幅图片，如图 5—3—15 所示。

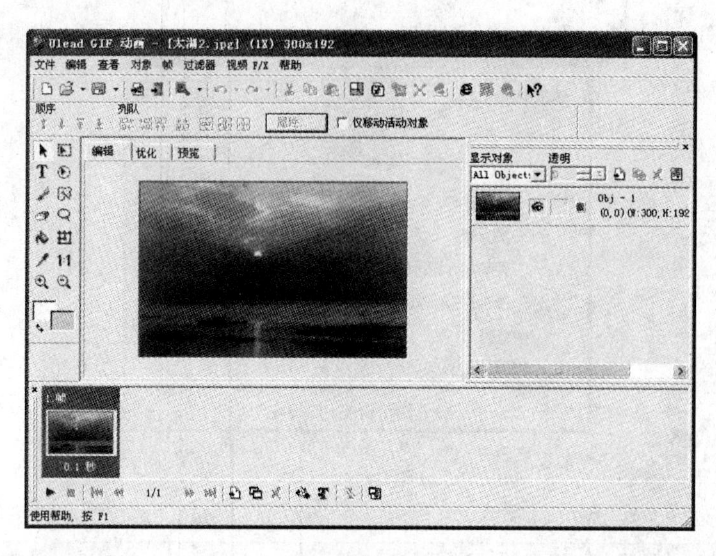

图 5—3—15

（2）单击帧面板中的（添加文本条）按钮，弹出“添加文本条”对话框。选择对话框中的“文本”选项卡，在文本编辑栏内输入文字“几度夕阳红”，并将字体设置为“华文新魏”，字号设置为“40”，颜色设置为“黄色”，同时将预览图中的“几度夕阳红”几个字拖动到图片中间的位置，如图 5—3—16 所示。

（3）选择对话框中的“效果”选项卡，在“进入场景”列表框中选择“减弱”，画面帧设置为“15”；在“退出场景”列表框中选择“放大（旋转）”，画面帧设置为“10”，如图 5—3—17 所示。

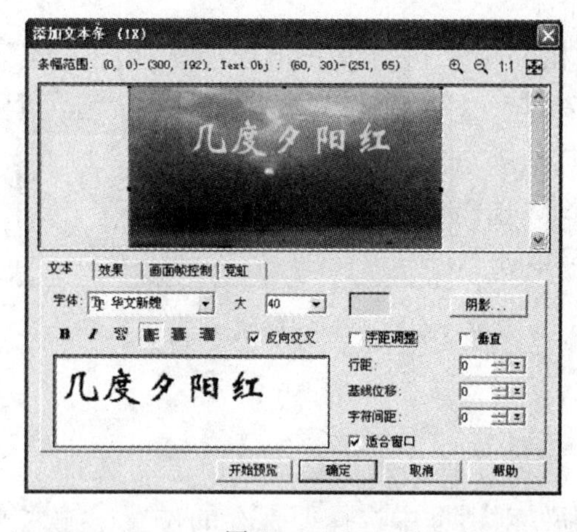

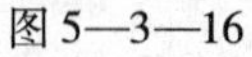

图 5—3—16

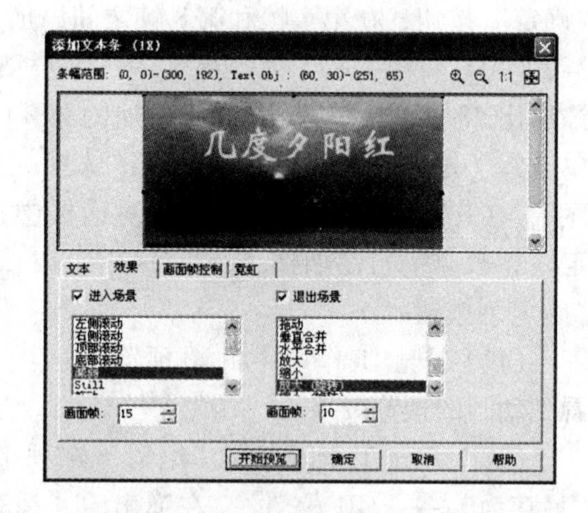

图 5—3—17

（4）选择对话框中的“画面帧控制”选项卡，将延迟时间设置为“15”，并选中“分配到画面帧”复选框，如图 5—3—18 所示。

（5）选择对话框中的“霓虹”选项卡，并按图 5—3—19 所示进行设置。

（6）单击“添加文本条”对话框下方的“开始预览”按钮，即可在预览框中看到

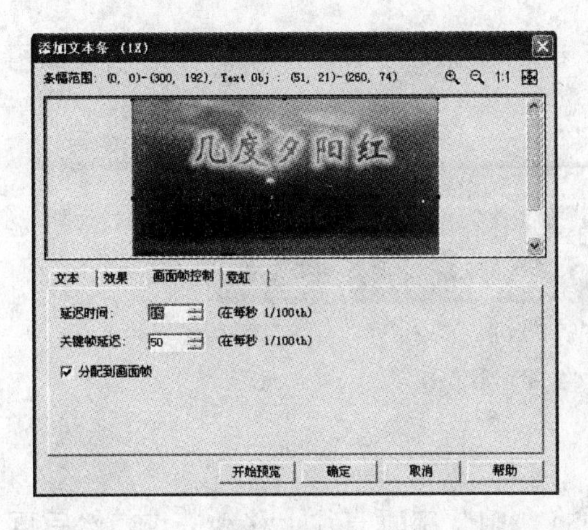

图 5—3—18

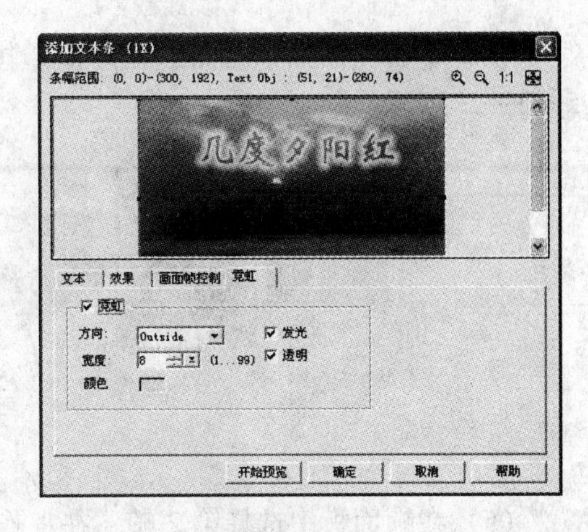

图 5—3—19

动画效果，如果对效果不满意可继续调整。然后单击“确定”按钮，在弹出的下拉菜单中选择“创建为文本条”，即为图像文件创建了文字效果。

（7）单击工作区中的“编辑”选项卡，返回动画的编辑状态。单击“文件”→“另存为”→“GIF 文件”，在弹出的“另存为”对话框中选择要保存的位置，输入文件名“文字效果”，单击“保存”按钮即可。

4. 跳动的文字

（1）选择“文件”→“打开图像”，在弹出的“打开图像文件”对话框中选择一幅图片，单击“打开”按钮，将其加载到软件中。

（2）先单击工具面板中的 **T**（文本工具）按钮，然后在工作区的合适位置单击，弹出“文本条目框”对话框，在文本编辑栏内输入“咱”，设置字体为“华文行楷”，字号为“30”，颜色为“橙色”，其他选项按照默认设置，如图 5—3—20 所示。单击“确定”按钮，即可看到“对象管理器”面板中多了一个文字层，如图 5—3—21 所示。

（3）按步骤（2）的方法，在工作区中再单击 4 次，分别输入文本“们”“哥”“俩”“好”，其余内容按图 5—3—20 所示进行设置。全部添加好后，在“对象管理器”面板中一共可以看到 6 个文字层，如图 5—3—22 所示。

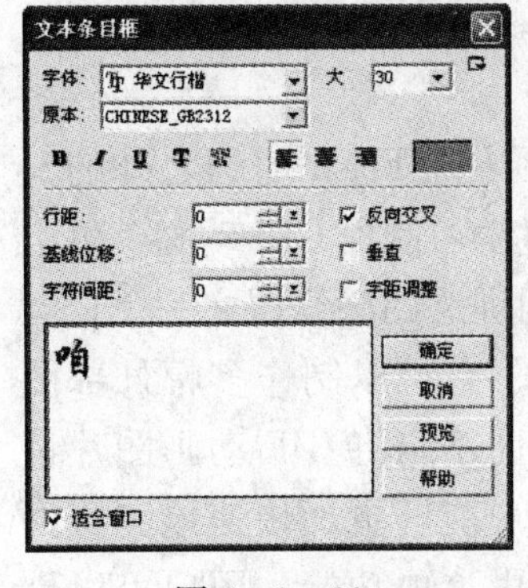

图 5—3—20

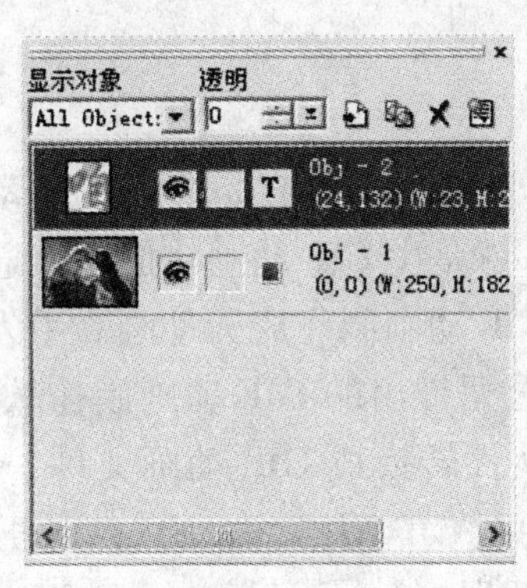

图 5—3—21

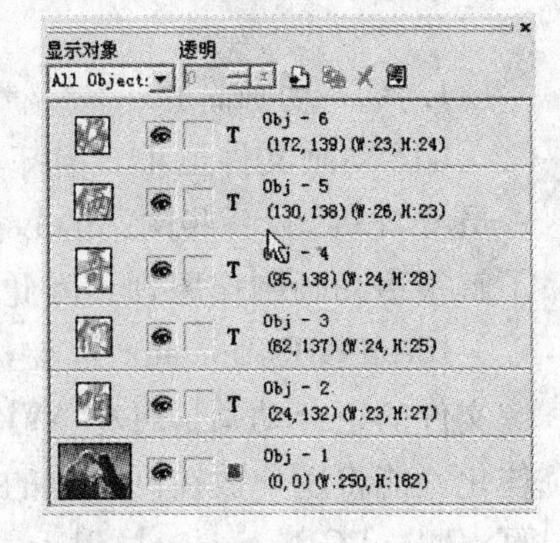

图 5—3—22

(4) 单击帧面板中的 (相同帧) 按钮 5 次，添加 5 个和第 1 帧一样的帧，如图 5—3—23 所示。

图 5—3—23

(5) 在帧面板中选择第 2 帧，在工作区中将“咱”字垂直往上移动一点。然后再选择第 3 帧，在工作区中将“们”字垂直往上移动一点。同理，再分别选中第 4 帧、第 5 帧和第 6 帧，分别将“哥”“俩”“好”3 个字垂直往上移动一点。最后生成的效果如图 5—3—24 所示。

图 5—3—24

(6) 将第 1 ~6 帧全部选中，右击选择“画面帧属性”命令，在弹出的“画面帧属性”对话框中，将延迟时间设置为“30”，单击“确定”按钮返回主界面。

(7) 单击“预览”选项卡，观看动画效果。最后单击“文件”→“另存为”→“GIF 文件”，输入文件名后保存文件。

▶ 相关知识与技能

1. GIF 动画简介

GIF 动画文件虽小，但却具备表现力，它是当前网页动画中除 Flash 动画之外的又一员“虎将”，一些网站的 Logo 就是由 GIF 动画构成的。通过学习制作 GIF 动画，可以了解很多动画制作原理，因此 GIF 动画制作成为动画高手入门训练的必修课之一。

Ulead GIF Animator 是友立公司推出的 GIF 动画制作软件，它可以制作多幅外部图像文件的组合动画，可将 AVI 文件转换成 GIF 动画文件，而且还能将 GIF 动画图片最佳化，能将用户放在网页上的动画 GIF 图档“减肥”，以便用户能够更加快速地浏览网页。Ulead GIF Animator 引入了图层（Image Layer）概念，使用这项功能，用户可以创建出效果更加丰富的图形，甚至是多个图形之间的叠加，使画面效果更好。同时，软件提供了近乎专业的层合并、重定义尺寸、Layer Pane 多层内容的同步色彩编辑等功能。此外，它还带有很多插件和现成特效，可供用户套用。在 Ulead GIF Animator 5.05 版本中，文字编辑、选色等功能都得到了完善，而且由于转换器也得到了增强，因此可以随意调整对象的大小和角度。

2. GIF 格式简介

GIF 是为跨平台消费市场而开发的，因为当时的计算机图形卡最高只支持 256 色，有的只是单色。GIF 格式应用了减色抖动（dithering）技术，将每个点的位数减少至 1~8 位，通过减少每个点的存储位数来达到缩小图像文件大小的目的。由于 GIF 格式的图像文件较小且生动形象，因此 GIF 成为 Internet 上应用最为广泛的图像格式之一。

GIF89a 格式是将多幅 GIF 图像组合在一起，并按一定的时间间隔顺序显示出来，从而实现动态效果。为了减小图像动画大小，一般制作 GIF 动画是在一幅背景图像的基础上做一些变化，可以将后几幅图像的背景设置为“透明”。

▶ 拓展与提高

在 Ulead GIF Animator 中，除了可以制作动画外，还可以直接对文字素材使用滤镜，从而创建特殊的动画效果。

例如，希望制作出文字色彩变化的效果。在选中文字后，单击“视频 F/X”→“Camera Lens（摄像机镜头）”→“Color Replace（颜色替换）”，在弹出的对话框中设置当前滤镜使用的帧数，单击“确定”按钮后，在出现的对话框（见图 5—3—25）中，通过在播放进度条上单击加号按钮可以增加变化锚点，在每个锚点上可以设置不同的颜色（目标颜色和替换颜色），添加的锚点越多，则文字色彩变化越丰富。

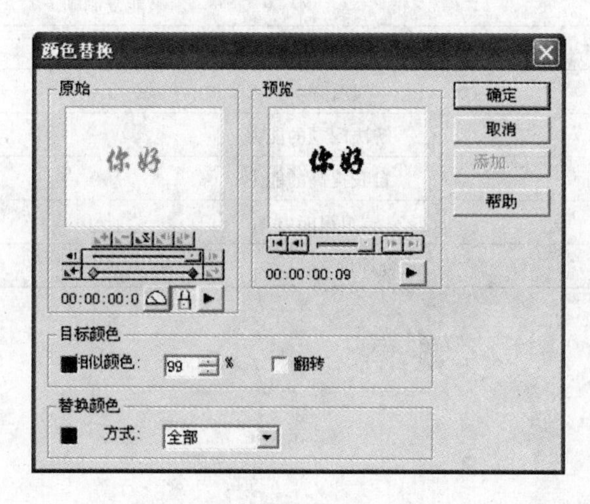

图 5—3—25

设置完成后，单击“确定”按钮进入编辑窗口，单击窗口最下方的“播放”按钮便可看到文字色彩变化的效果。

使用滤镜可以节省很多时间，用户不必在每一帧上都耗费时间去设置文字的不同状态。因此，对于带有滤镜的多媒体制作软件，建议多揣摩各个滤镜的特点和用法。

[思考与练习]

使用 Ulead GIF Animator 软件将自己的照片做成动态的个性头像。

▶ 单元评价

单元实训评价表

	内容		评价等级		
	能力目标	评价项目	A	B	C
职业能力	能使用 SWiSH Max 制作二维文字动画和简单图形动画	能制作文字动画			
		能制作图形动画			
		能制作遮罩动画			
	能使用 Ulead COOL 3D 制作三维文字动画和简单三维动画	能制作三维文字标题			
		能运用特效			
		能操作时间轴			
		能制作简单三维动画			
	能使用 Ulead GIF Animator 制作 GIF 动画	能创建动画文件			
		能设置帧属性			
		能添加文字效果			
		能复制帧			
通用能力	欣赏能力				
	创作能力				
	解决问题的能力				
	自我提高的能力				
	组织能力				
综合评价					

单元六
使用计算机安全软件

随着计算机网络在人们生活领域中的广泛应用，针对计算机网络的攻击事件也随之增加。计算机病毒不断地通过网络产生和传播，计算机网络被不断地非法入侵，重要情报、资料被窃取，甚至造成网络系统的瘫痪，诸如此类事件已给政府和企业造成了巨大的损失，甚至危及国家安全。因此，计算机安全的重要性不言而喻。

本单元主要介绍瑞星杀毒软件和360安全卫士的使用。

［能力目标］

- 能安装杀毒软件
- 能使用瑞星杀毒软件查杀计算机病毒
- 能使用360安全卫士防止病毒入侵

任务一　查杀计算机病毒

▶ 任务描述与分析

一天，刘老师在开机时发现计算机反复重新启动，始终进入不了操作系统。他急忙叫来了学校网络管理员，并对网络管理员说："坏了，坏了，我用的这台计算机不能正常工作了！"网络管理员一看，说："哦，可能是中毒了！没关系，我来帮你处理。"

网络管理员选择使用瑞星杀毒软件。使用前要安装该软件，具体的安装路径可根据需要而定。杀毒软件在升级病毒库后才更有可能杀掉病毒，所以安装后还要进行病毒库的升级工作。一般杀毒软件都会自带升级程序，瑞星杀毒软件也不例外，要升级的计算机需能连上网络。这里要安装杀毒软件的计算机本来就可以上网，所以只需启动升级程序。升级程序启动后，会自动引导杀毒软件进行病毒库升级。

此外，安全模式下杀毒会比正常模式下杀毒效果好，所以尽可能选择安全模式下杀毒。要想进入计算机的安全模式，只需在开机启动时一直按住 F8 键即可。

▶ 方法与步骤

1. 安装瑞星杀毒软件

（1）双击安装文件，进入杀毒软件安装界面。选择语言"中文简体"，单击"确定"按钮，如图 6—1—1 所示。

（2）阅读用户许可协议，选择"我接受"，单击"下一步"按钮，如图 6—1—2 所示。

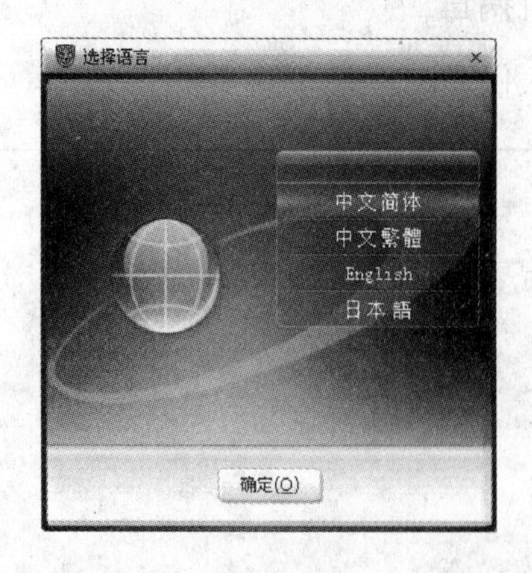

图 6—1—1

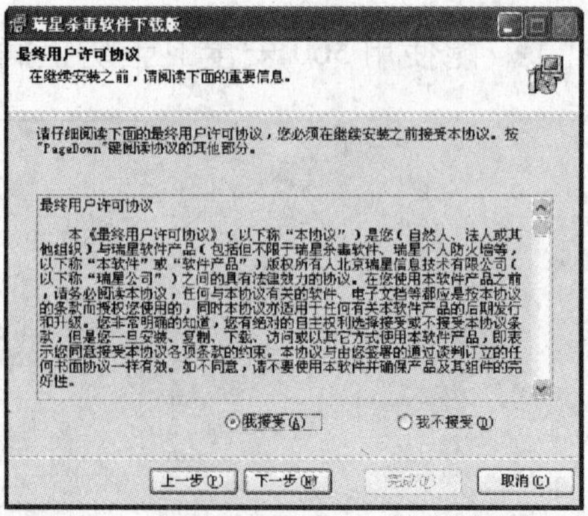

瑞星杀毒软件下载版
最终用户许可协议
在继续安装之前，请阅读下面的重要信息。
请仔细阅读下面的最终用户许可协议，您必须在继续安装之前接受本协议。按"PageDown"键阅读协议的其他部分。
最终用户许可协议
本《最终用户许可协议》（以下称"本协议"）是您（自然人、法人或其他组织）与瑞星软件产品（包括但不限于瑞星杀毒软件、瑞星个人防火墙等，以下称"本软件"或"软件产品"）版权所有人北京瑞星信息技术有限公司（以下称"瑞星公司"）之间的具有法律效力的协议。在您使用本软件产品之前，请务必阅读本协议，任何与本协议有关的软件、电子文档等都应是按本协议的条款而授权您使用的，同时本协议亦适用于任何有关本软件产品的后期发行和升级。您非常明确的知道，您有绝对的自主权利选择接受或不接受本协议条款，但是您一旦安装、复制、下载、访问或以其它方式使用本软件产品，即表示您同意接受本协议各项条款的约束。本协议与由您签署的通过谈判订立的任何书面协议一样有效。如不同意，请不要使用本软件并确保产品及其组件的完好性。
我接受(A)　我不接受(D)
上一步(P)　下一步(N)　完成(F)　取消(C)

图 6—1—2

（3）选择需要安装的组件，默认全部安装，单击“下一步”按钮，如图6—1—3所示。

（4）选择安装瑞星软件目录，默认路径为C:\Program Files\Rising\Rav，如图6—1—4所示，单击“浏览”按钮改变目录，单击“下一步”按钮。

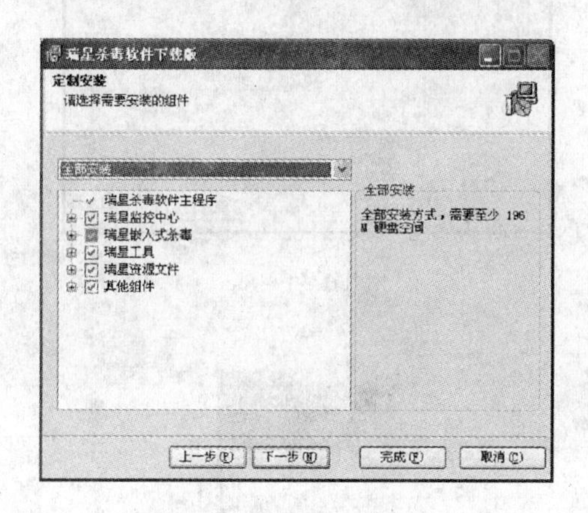

图6—1—3

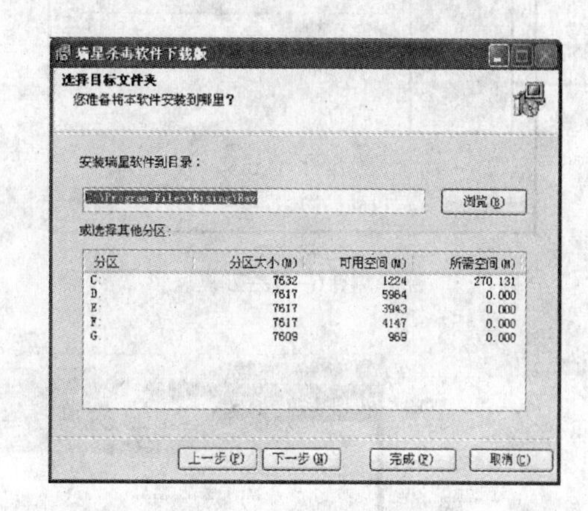

图6—1—4

（5）选择开始菜单文件夹及是否将瑞星图标放至桌面或快速启动工具条中，如图6—1—5所示，单击“下一步”按钮。

（6）阅读“安装程序准备完成”，勾选“安装之前执行内存病毒扫描”复选框，如图6—1—6所示，单击“下一步”按钮。

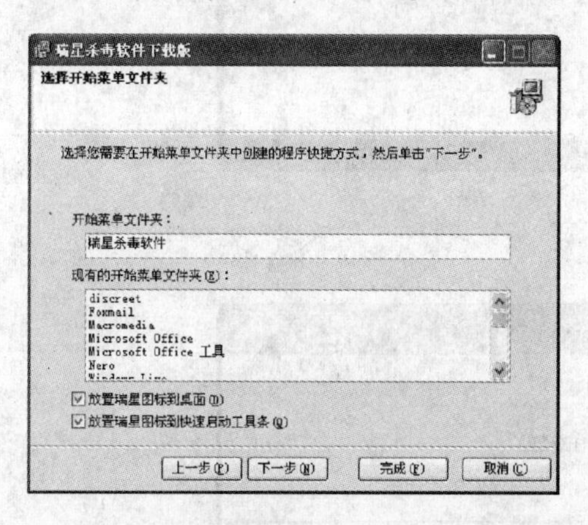

图6—1—5

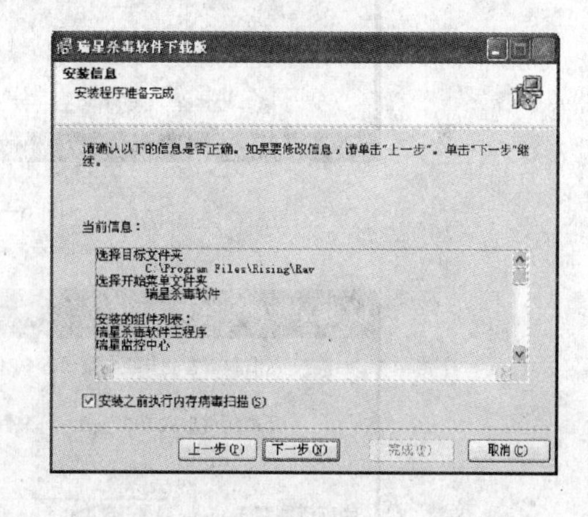

图6—1—6

（7）进入安装过程，如图6—1—7所示。

（8）安装完成，需要重新启动计算机，单击“完成”按钮，如图6—1—8所示，计算机将重新启动。

2. 开始杀毒

（1）安装完瑞星杀毒软件后，需要升级病毒库。单击“软件升级”按钮，如图6—1—9所示，弹出“瑞星软件智能升级程序”窗口，如图6—1—10所示。

图 6—1—7

图 6—1—8

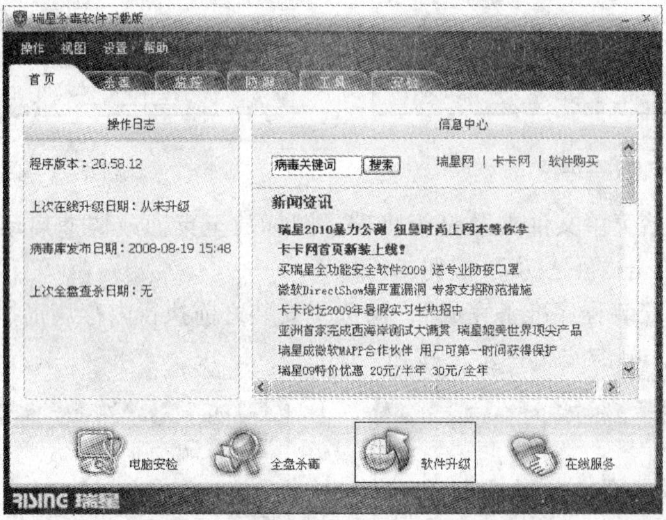

图 6—1—9

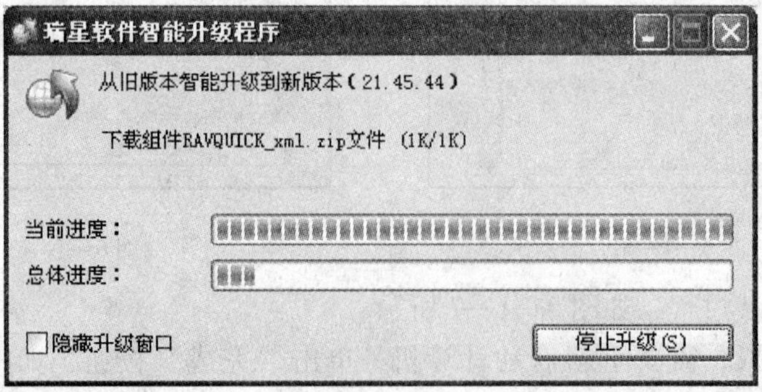

图 6—1—10

（2）升级完毕单击“杀毒”选项卡，选中“我的电脑”或某个磁盘，如图 6—1—11 所示。单击“开始查杀”按钮，即可开始对选中的对象进行杀毒。

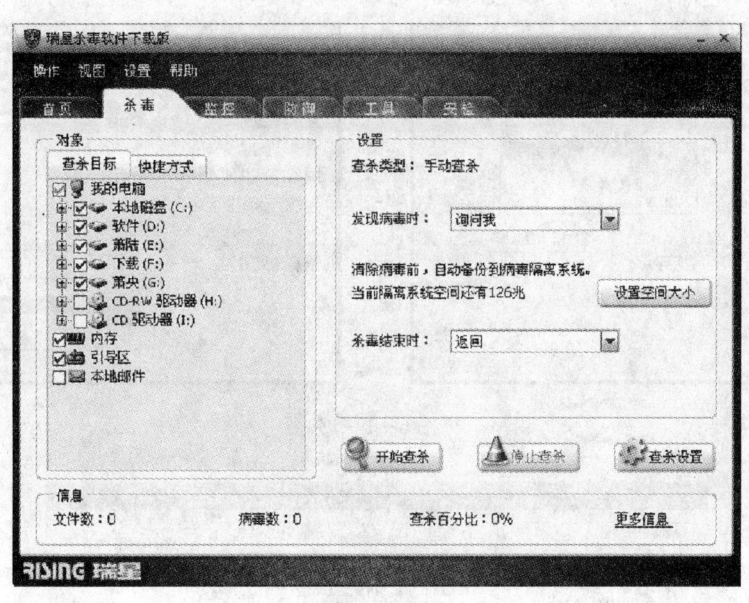

图 6—1—11

（3）阅读杀毒报告。杀毒结束自动显示杀毒报告，内容包括查杀文件数、查杀用时、发现病毒数和发现可疑文件数等详细信息，如图 6—1—12 所示。

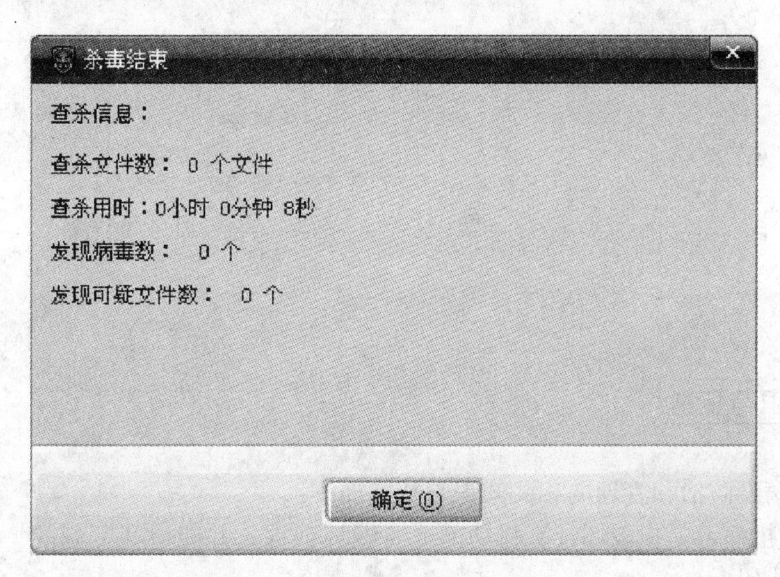

图 6—1—12

3. 杀毒设置

（1）打开瑞星杀毒软件，单击“杀毒”选项卡。在“设置”区域中可以设置发现病毒时的处理方法和杀毒结束时的处理方法，如图 6—1—13 所示。

（2）单击“查杀设置”按钮，弹出“设置”对话框，可以进行查杀设置、监控设置、防御设置、升级设置和其他设置，如图 6—1—14 所示。

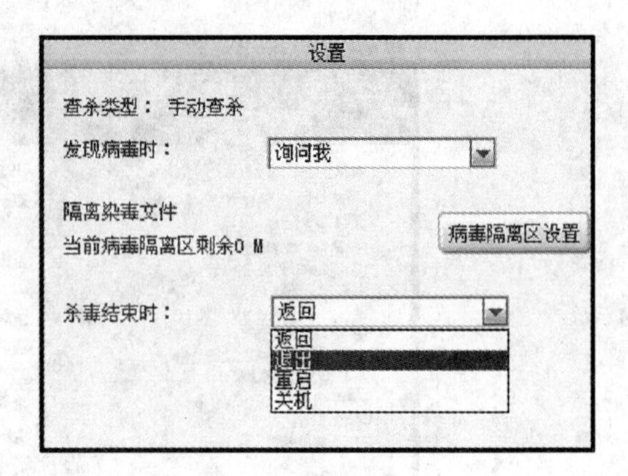

图 6—1—13

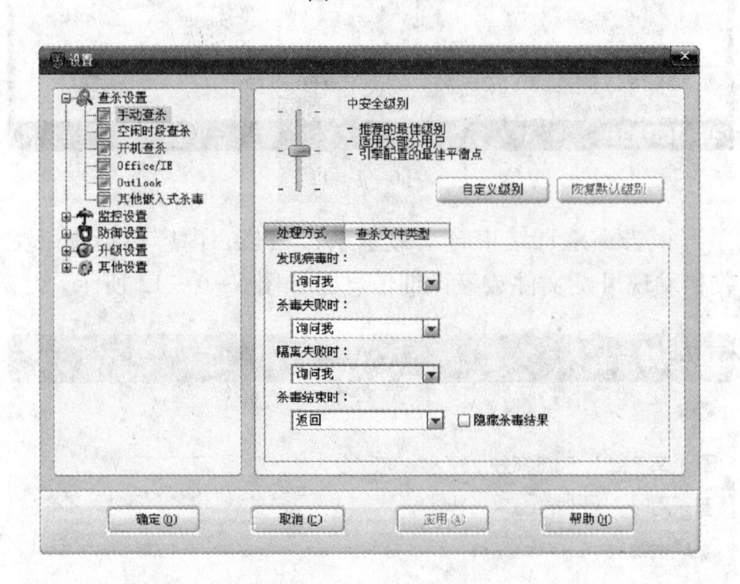

图 6—1—14

▶ 相关知识与技能

计算机病毒防治和管理的相关知识与技能如下：

1. 计算机病毒是指破坏计算机功能或者毁坏数据，并能自我复制的一组计算机指令或者程序代码。

2. 计算机病毒从一个程序体传输到另一个程序体，依靠的是病毒本身的传染功能机制。计算机病毒将有预期目的的程序、代码或指令夹杂嵌套在正常的程序、文件中，不让其被发现，以自我复制的方式进行入侵与传播。

3. 目前全世界每月都会出现新的计算机病毒，它具有广泛传播性、潜伏性、破坏性、可触发性、针对性、衍生性及传染速度快等特点，能够导致计算机信息系统和网络系统瘫痪，给人们造成各种损失。然而，对于广大的计算机用户而言，绝对不能一味地片面认为，自己没有制造计算机病毒，仅仅是病毒的受害者而置身事外。应当注意，如果没有对病毒及时予以清除或者有效隔离，而“听其自然”的话，以危害的客观效果判断，这将是新一轮病毒泛滥的传播源，是“一传十、十传百”的更大危害者。

4．防治计算机病毒要借鉴国外病毒源收集、研究确认、疫情发布和事故处置的经验，提高计算机用户对预防计算机病毒的重要性和紧迫性的认识，增强计算机用户的法律意识和自我防护能力。用户购买计算机后，要及时安装相应的有针对性的防病毒软件，这是最基本的防病毒手段。

▶ 拓展与提高

计算机感染病毒后，虽然可以采取一些技术措施进行检测和清除，但都是一些事后补救工作，会增添不必要的麻烦，还可能造成不可挽回的损失。所以，病毒防治重在防范，尤其要注意以下几点：

1．要经常进行数据备份，特别是一些非常重要的数据及文件。

2．对邮件的附件尽可能做到小心处理，在打开邮件之前要对附件进行预扫描；收到陌生人寄来的邮件，最好直接删除。

3．从正规网站下载软件，下载过程中要利用杀毒软件时刻扫描。

4．一般情况下，不要将磁盘上的目录设置为“共享”，如果必须共享，尽可能将权限设置为“只读”。

5．安装杀毒软件，及时更新病毒库，定期执行自动病毒扫描。

[思考与练习]

1．安装瑞星杀毒软件。

2．对您的计算机进行全盘杀毒。

任务二　维护计算机安全

▶ 任务描述与分析

王明同学是个网迷，经常在网上“冲浪”。近期他发现自己的游戏账号被盗，对此他很恼火。于是他向计算机小专家李强同学咨询，李强同学推荐他下载360安全卫士。什么是360安全卫士？可以免费使用吗？一连串的问题在王明同学的脑子里浮现出来。

360安全卫士拥有木马查杀、恶意软件清理、漏洞补丁修复、计算机全面体检、垃圾和痕迹清理等多种功能。目前木马威胁之大已远超病毒，360 安全卫士在杀木马、防盗号、保护网银游戏等各种账号和隐私安全等方面表现出色，被誉为“防范木马的第一选择”。此外，360 安全卫士自身非常轻巧，还可以优化系统，大大加快了计算机运行速度，同时具备下载、升级和管理各种应用软件的独特功能。

▶ 方法与步骤

1．查杀流行木马

定期进行木马查杀，可以有效保护各种系统账户的安全。用户可以进行系统区域位置快速扫描、全盘扫描、自定义扫描，如图 6—2—1 所示。

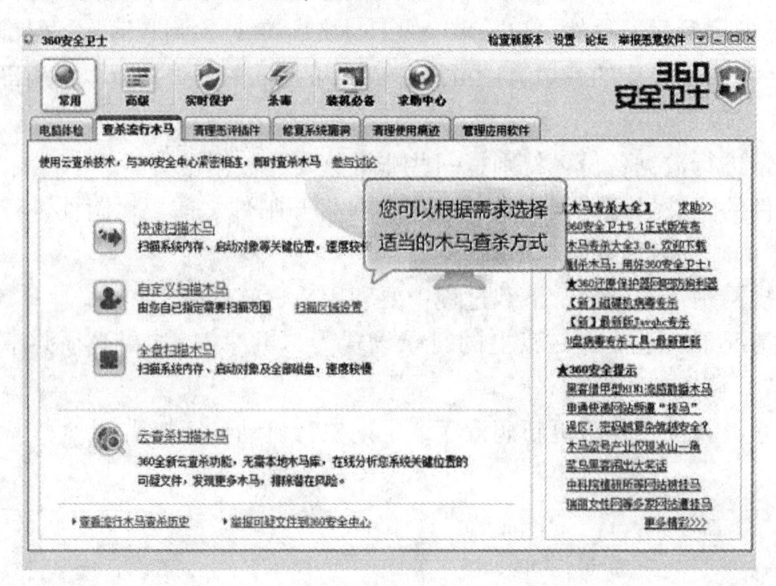

图 6—2—1

快速扫描和全盘扫描无须设置，单击后自动开始；选择自定义扫描后，可根据需要添加扫描区域。

2．清理恶评及系统插件

可卸载千余款插件，提升系统速度。用户可以根据评分、好评率和恶评率来进行管理。该界面如图 6—2—2 所示。

选中要清理的插件，单击“立即清理”按钮，执行立即清理。

选中信任的插件，单击“信任选中插件”按钮，添加到“信任插件”中。

单击“重新扫描”按钮，将重新扫描计算机，检查软件情况。

3．360 软件管家

可卸载计算机中不常用的软件，节省磁盘空间，提高系统运行速度。该界面如图 6—2—3 所示。

选中要卸载的不常用的软件，单击“卸载”按钮，软件立即被卸载。

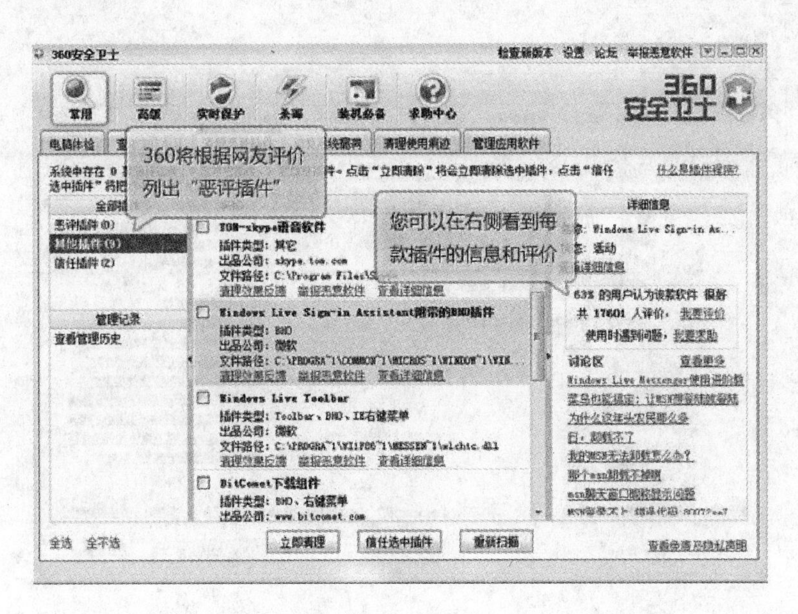

图 6—2—2

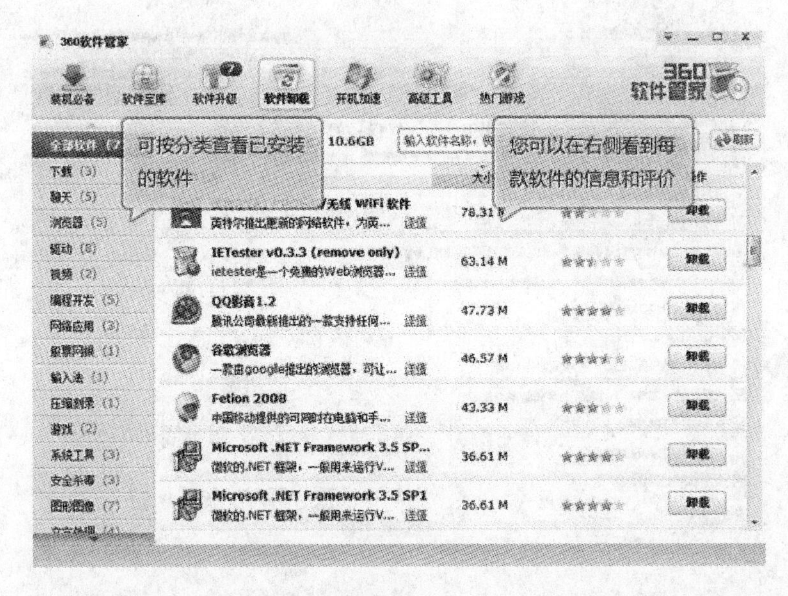

图 6—2—3

4. 修复系统漏洞

360 安全卫士为用户提供的漏洞补丁均由微软官方获取，及时修复漏洞，保护系统安全。360 漏洞修复界面如图 6—2—4 所示。

单击"重新扫描"按钮，将重新扫描系统，检查漏洞情况。

5. 修复 IE

可一键修复 IE 的诸多问题，使 IE 迅速恢复到"健康状态"。修复 IE 界面如图 6—2—5 所示。

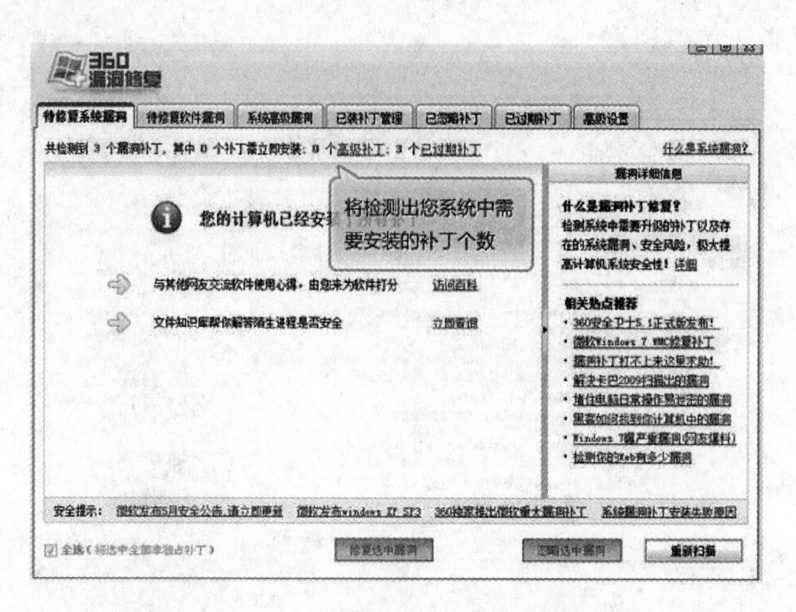

图 6—2—4

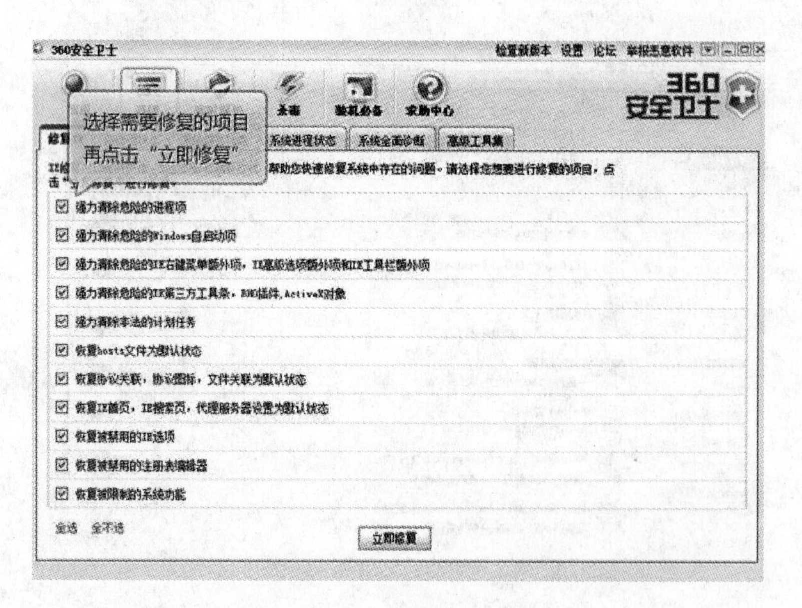

图 6—2—5

选中要修复的项目，单击“立即修复”按钮，执行立即修复。

6. 开启 360 实时保护

开启 360 实时保护后，将在第一时间保护用户的系统安全，及时阻击恶评插件和木马的入侵。360 实时保护界面如图 6—2—6 所示。

选择需要开启的实时保护，单击“开启”按钮后将即刻开始保护。用户可以根据系统资源情况，选择是否开启本功能。

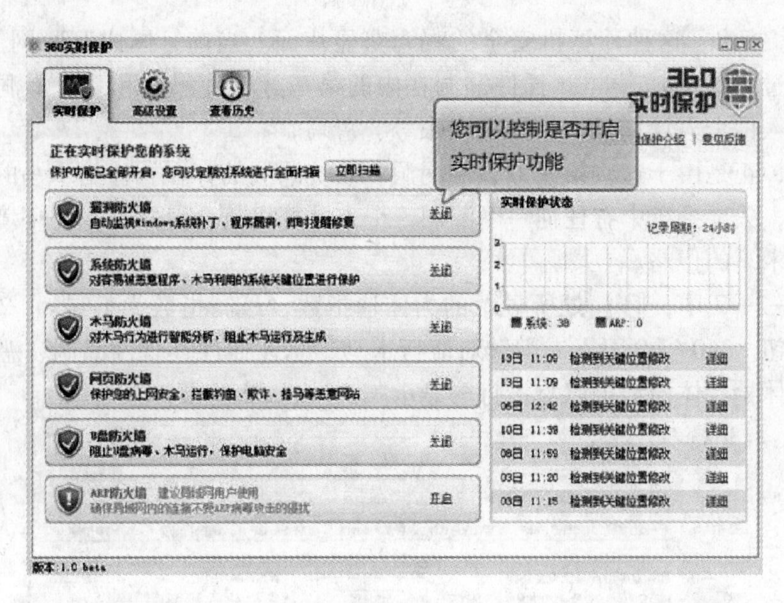

图 6—2—6

▶ 相关知识与技能

1．什么是木马？如何防治？

木马（trojan）这个名字源自于古希腊传说，它是指通过一段特定的程序（木马程序）来控制计算机。木马通常有两个可执行程序：一个是客户端，即控制端；另一个是服务端，即被控制端。木马设计者为防止木马被发现，而采取多种手段隐藏木马。木马服务一旦运行并被控制端连接，其控制端将享有服务端的大部分操作权限，例如给计算机增加口令，浏览、移动、复制、删除文件，修改注册表，更改计算机配置等。

随着病毒编写技术的发展，木马程序对用户的威胁越来越大，尤其是一些木马程序采取极其狡猾的手段来隐蔽自己，使普通用户很难在中毒后发觉。

2．防治木马的危害，应该采取哪些措施？

第一，安装杀毒软件和个人防火墙，并及时升级。

第二，设置个人防火墙安全等级，防止未知程序向外传送数据。

第三，可以考虑使用安全性比较好的浏览器和电子邮件客户端工具。

第四，如果使用 IE 浏览器，应该安装安全助手，防止恶意网站在自己的计算机上安装不明软件和浏览器插件，以免木马趁机入侵。

▶ 拓展与提高

一直以来，同学们在使用计算机的过程中，往往无法确定自己的计算机到底安不安全。同学们普遍认为，只要系统中没有病毒、没有木马，即可认定计算机是安全的。

360 安全专家指出，这种计算机安全的观念略显片面。当前，国内互联网上木马泛滥，这些木马通过包括 Flash Player 插件漏洞在内的第三方软件漏洞和系统漏洞进行扩散和传播，大肆入侵个人计算机，伺机窃取账号、密码。

事实上，正是由于这些第三方软件漏洞和系统漏洞的存在，才给木马的入侵打开了大门。因此，只要系统中有任何一个漏洞，个人计算机就会暴露在木马环境当中，随时有可能遭到木马的侵略。

在图 6—2—7 中，[1] 处所显示的为体检指数，最高指数为五星。[2] 处所显示的为体检按钮。360 安全卫士专门针对流行木马、恶评插件、软件漏洞、恶意网站拦截等项目进行体检，体检结果以直接打分显示。

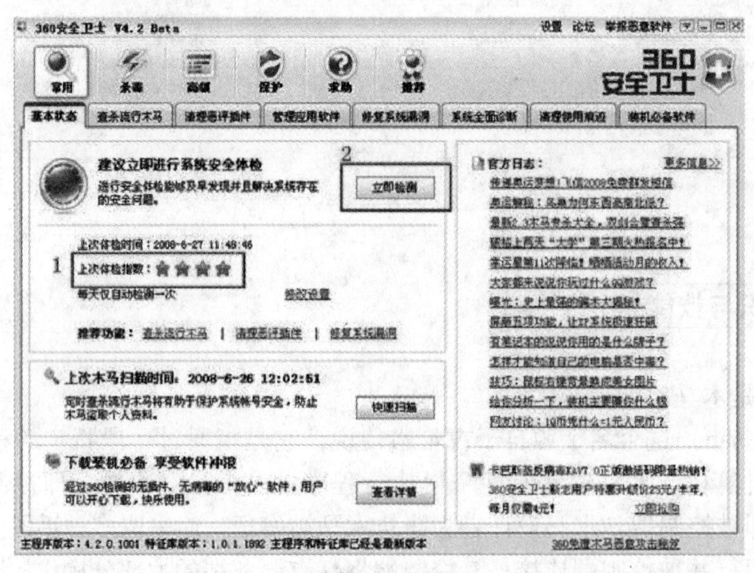

图 6—2—7

不少同学已经养成每天对计算机进行一次体检的良好习惯，只要体检指数的星级变少，便自行进行木马查杀和漏洞修复，显著提高了计算机的安全性，使木马入侵的概率减小。因此建议：

1. 养成良好的上网习惯，不打开不良网站，不随意下载安装可疑插件。

2. 开启 Windows 安全中心、防火墙和自动更新，及时安装最新系统补丁，避免病毒通过系统漏洞入侵计算机。

3. 安装 360 安全卫士并升级到最新版本，定期对计算机进行安全体检。

4. 定时设置系统还原点和备份重要文件，并把网银、网游、QQ 等重要软件加入到 360 保险箱中，这样就可防止病毒窃取游戏账号、密码等私人资料。

[思考与练习]

1. 安装 360 安全卫士。

2. 修复您系统中的IE浏览器。

▶ 单元评价

单元实训评价表

	内容		评价等级		
	能力目标	评价项目	A	B	C
职业能力	能使用瑞星杀毒软件查杀计算机病毒	安装瑞星杀毒软件			
		使用瑞星杀毒软件进行病毒查杀			
		杀毒的设置			
	能使用360 安全卫士防止病毒入侵	查杀流行木马			
		清理恶评及系统插件			
		使用360 软件管家			
		修复系统漏洞			
		修复 IE			
		开启360 实时保护			
通用能力	分析问题的能力				
	解决问题的能力				
	自我提高的能力				
	沟通能力				
综合评价					

单 元 七

使用磁盘工具和系统维护软件

随着科技的飞速发展，计算机已逐渐在日常生活中得到普及，它给人们的生活、学习、娱乐带来巨大的便利。但计算机使用一段时间后就会产生大量的冗余信息和数据，当这些信息和数据占用一定的磁盘空间时，就会给计算机造成负担，使计算机的运行速度变慢，工作效率降低，甚至有可能导致不能使用。因此，有必要对计算机进行实时维护和整理。

本单元主要讲述如何完成磁盘整理和系统维护任务。

[**能力目标**]

- 能对磁盘进行分区管理
- 能对硬盘进行备份
- 能对系统进行优化
- 能安装虚拟机

任务一　管理磁盘分区

▶ 任务描述与分析

张亮家里的计算机已经买了好几年了，某一天他突然想装一个自己非常喜欢的优秀软件，但却发现自己的系统盘分区空间已满，容纳不下所要安装的新软件。这可怎么办呢？难道要放弃自己向往已久的软件？或是对硬盘进行重新分区？可是，如果对硬盘进行重新分区的话，原来的数据是否会全部丢失呢？

他将自己的烦恼告诉了好友小林，小林告诉他，其实对硬盘进行重新分区没什么可怕的，目前很多专业分区软件都可实现在不损失硬盘中原有数据的前提下，完成对硬盘的重新分区。Norton PartitionMagic 8.0 就是一款不错的分区软件。

Norton PartitionMagic 8.0 可实现在不损失硬盘中原有数据的前提下，对硬盘进行重新分区、格式化分区、复制分区、移动分区、隐藏/重现分区，以及具备从任意分区引导系统、转换分区结构属性等功能，可以说是目前在分区方面表现最出色的工具之一。

▶ 方法与步骤

1. 创建新分区

（1）在“开始”菜单中启动 Norton PartitionMagic 8.0 软件，主界面如图 7—1—1 所示。

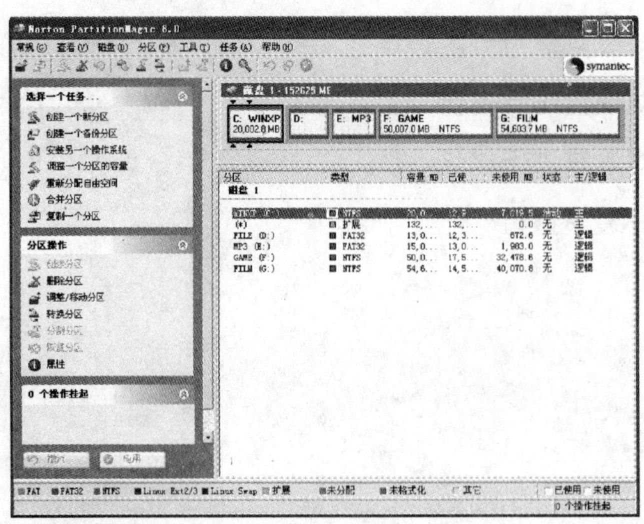

图 7—1—1

(2) 单击主界面中的“创建一个新分区”，弹出“创建新的分区”对话框，如图 7—1—2 所示。

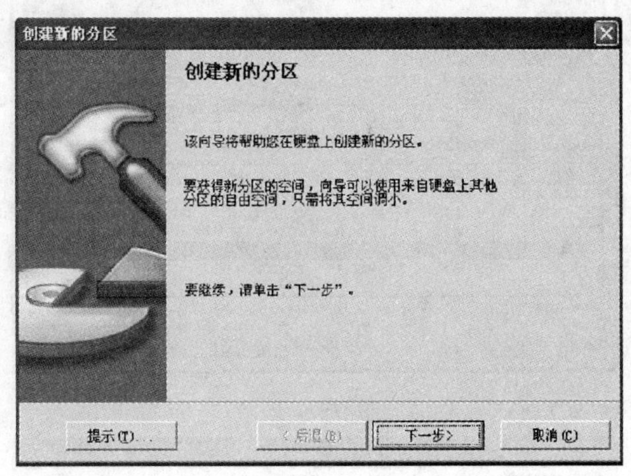

图 7—1—2

(3) 在图 7—1—2 中单击“下一步”按钮，弹出“创建位置”对话框。在该对话框中选择要创建的新分区的位置，程序推荐在最后一个分区的后面创建新分区，一般使用程序默认设置即可。例如，这里选择“在 G：FILM 之后（推荐）”，如图 7—1—3 所示。

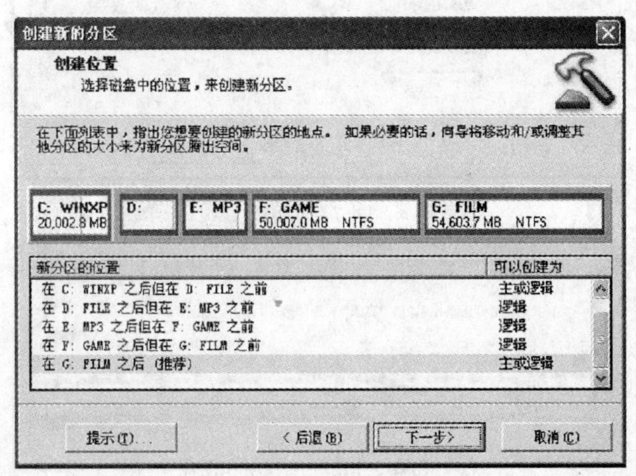

图 7—1—3

(4) 在图 7—1—3 中单击“下一步”按钮，弹出“减少哪一个分区的空间?”对话框。在该对话框中列出了硬盘上现有分区的大小以及剩余的空间，如果需要某个分区为新的分区提供空间，可以勾选其前面的复选框，如图 7—1—4 所示。

(5) 在图 7—1—4 中单击“下一步”按钮，弹出“分区属性”对话框。在该对话框中设置新分区的属性，如空间大小、卷标、分区类型、文件系统类型、驱动器盘符等，如图 7—1—5 所示。

(6) 在图 7—1—5 中单击“下一步”按钮，弹出如图 7—1—6 所示的“确认选择”

创建新的分区
减少哪一个分区的空间?
硬盘上的其他分区可以被调小空间用于新的分区。
在下面列表中，选中可以为创建新分区提供空间的分区。(在其他分区将大小调小之前，如果磁盘中有未分配空间，将首先使用。)
C:
D:
E: MP3
F: GAME
50,007.0 MB NTFS
G: FILM
54,603.7 MB NTFS
分区
类型
容量 MB
可用 MB
C: WINXP NTFS 20002.8 4408.5
D: FILE FAT32 13005.7 0.0
E: MP3 FAT32 15006.0 0.0
F: GAME NTFS 50007.0 28960.9
G: FILM NTFS 54603.7 37150.3
提示(I)...
< 后退(B)
下一步>
取消(C)

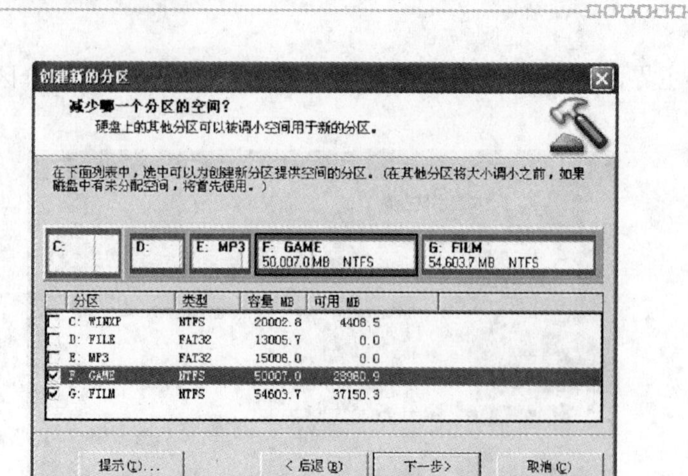

图 7—1—4

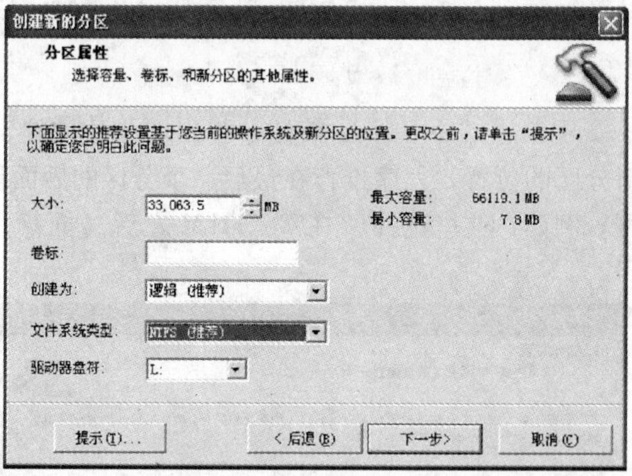

创建新的分区
分区属性
选择容量、卷标、和新分区的其他属性。
下面显示的推荐设置基于您当前的操作系统及新分区的位置。更改之前，请单击“提示”，以确定您已明白此问题。
大小:
33,063.5
MB
最大容量:
66119.1 MB
最小容量:
7.8 MB
卷标:
创建为:
逻辑 (推荐)
文件系统类型:
NTFS (推荐)
驱动器盘符:
L:
提示(I)...
< 后退(B)
下一步>
取消(C)

图 7—1—5

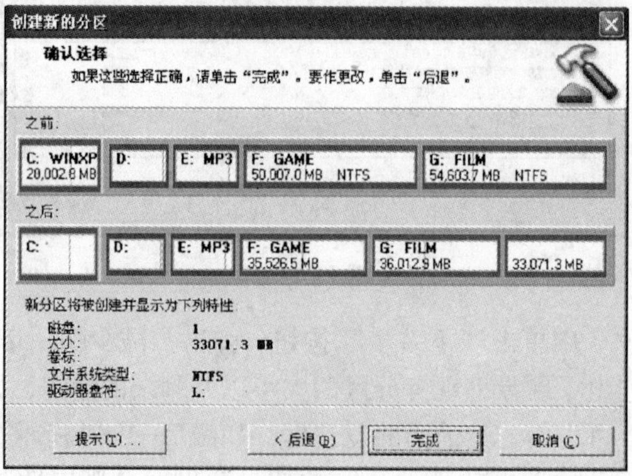

创建新的分区
确认选择
如果这些选择正确，请单击“完成”。要作更改，单击“后退”。
之前:
C: WINXP
20,002.8 MB
D:
E: MP3
F: GAME
50,007.0 MB NTFS
G: FILM
54,603.7 MB NTFS
之后:
C:
D:
E: MP3
F: GAME
35,526.5 MB
G: FILM
36,012.9 MB
33,071.3 MB
新分区将被创建并显示为下列特性
磁盘: 1
大小: 33071.3 MB
卷标:
文件系统类型: NTFS
驱动器盘符: L:
提示(I)...
< 后退(B)
完成
取消(C)

图 7—1—6

对话框。在该对话框中列出了新分区的特性，无须进一步设置。如果要进行调整，可以单击“后退”按钮。确认设置，单击“完成”按钮，回到如图 7—1—7 所示的主界面。

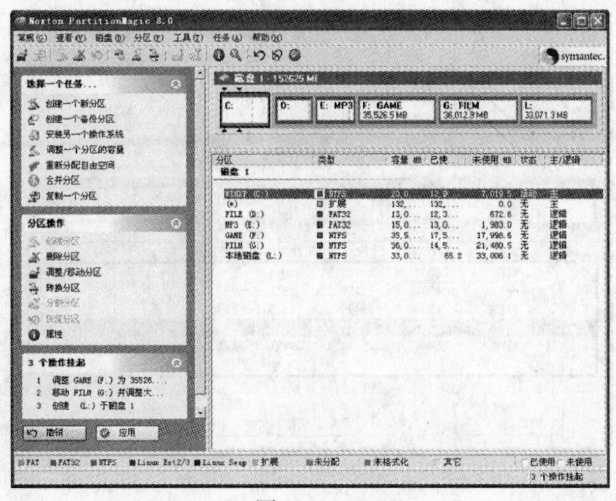

图 7—1—7

（7）主界面已经在磁盘分区列表栏内显示新分区的情况，但要注意此时新分区并没有建立，在主界面的左下方显示当前有三项操作任务被挂起。单击“撤销”按钮则撤销新分区的创建操作；单击“应用”按钮则弹出一个确认对话框，提示要进行分区操作；单击“是”按钮开始进行分区操作，同时弹出分区操作进程对话框。

2．调整分区大小

（1）单击图 7—1—1 中的“调整一个分区的容量”，弹出“调整分区的容量”对话框，如图 7—1—8 所示。

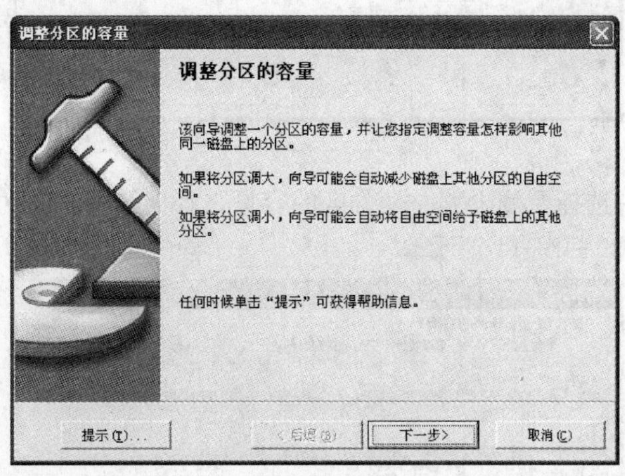

图 7—1—8

（2）在图 7—1—8 中单击“下一步”按钮，弹出“选择分区”对话框，在该对话框中选择需要调整的分区。例如，这里选择 F：分区，如图 7—1—9 所示。

（3）在图 7—1—9 中单击“下一步”按钮，弹出“指定新建分区的容量”对话框，在该对话框中选择分区的新容量。例如，这里选择 F：分区容量放大，如图 7—1—10 所示。

（4）在图 7—1—10 中单击“下一步”按钮，弹出“减少哪一个分区的空间?”对

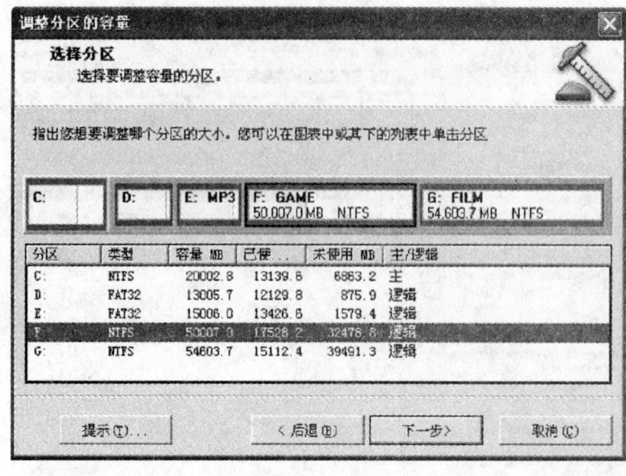

图 7—1—9

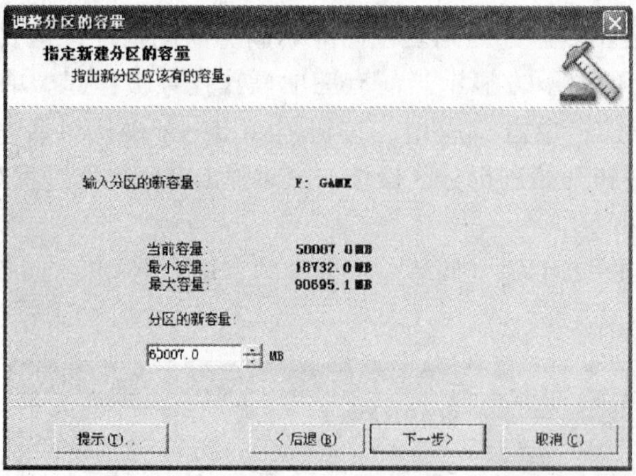

图 7—1—10

话框，在该对话框中选择要减少哪一个分区的容量来补充给所调整的分区。例如，这里选择 G：分区，如图 7—1—11 所示。

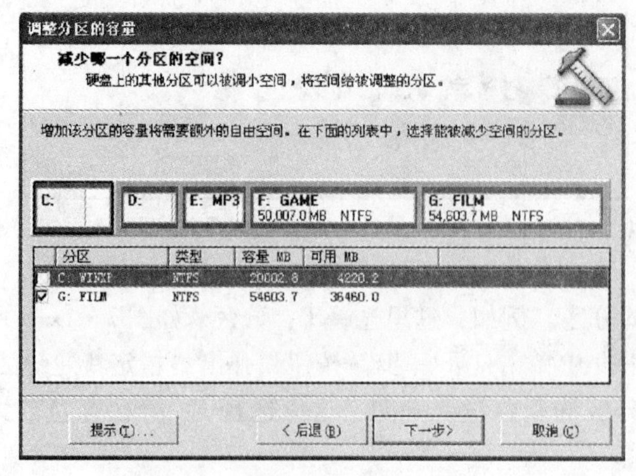

图 7—1—11

提 示

此处分区 F 的格式为 NTFS，分区 D 和分区 E 的格式为 FAT32，两者格式不一样，而格式不一样的分区是不能互相调整容量大小的。因此，在提供可用来调整容量的分区时没有出现分区 D 和分区 E，只出现了与分区 F 格式相同的分区 C 和分区 G。

（5）在图 7—1—11 中单击“下一步”按钮，弹出“确认分区调整容量”对话框。在该对话框中显示了调整分区前与调整分区后硬盘上分区的情况，如图 7—1—12 所示。单击“完成”按钮，回到如图 7—1—7 所示的主界面。

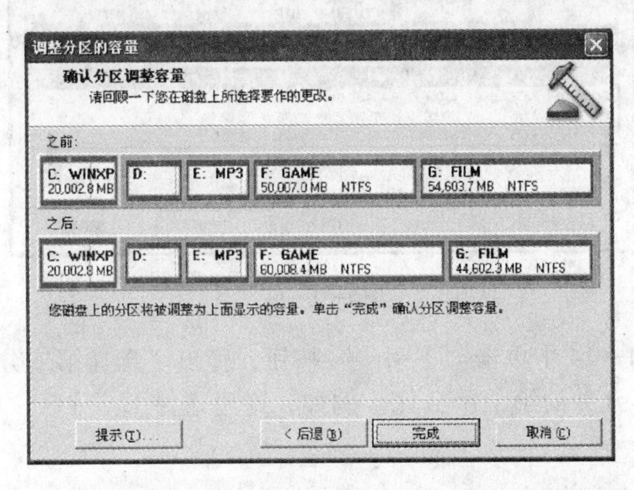

图 7—1—12

（6）主界面显示有两项操作任务被挂起，其后的操作与创建新的分区类似。

3. 合并硬盘分区

（1）单击图 7—1—1 中的“合并分区”，弹出“合并分区”对话框，如图 7—1—13 所示。

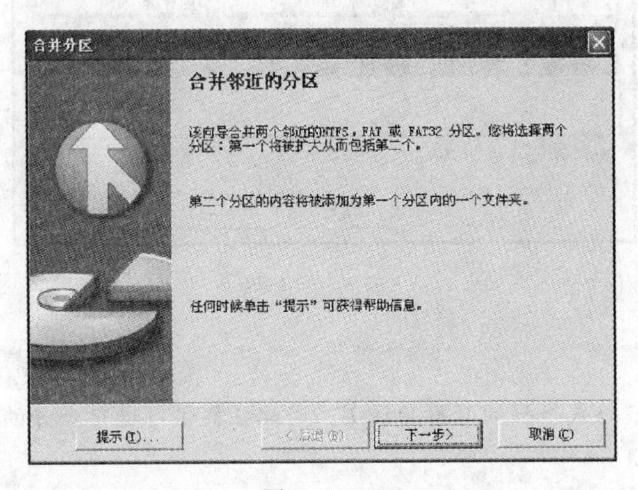

图 7—1—13

（2）在图 7—1—13 中单击“下一步”按钮，弹出“选择第一分区”对话框，在该对话框中选择要合并的第一个分区。例如，这里选择 D：分区，如图 7—1—14 所示。

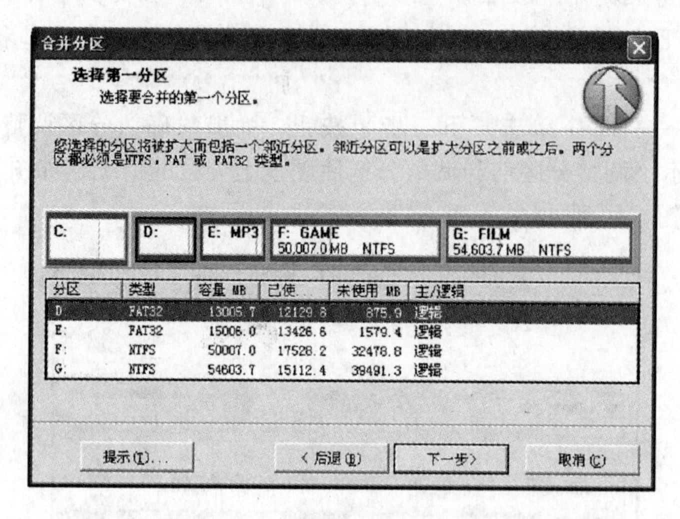

图 7—1—14

（3）在图 7—1—14 中单击“下一步”按钮，弹出“选择第二分区”对话框，在该对话框中选择要合并的第二个分区。例如，这里选择 E：分区，如图 7—1—15 所示。

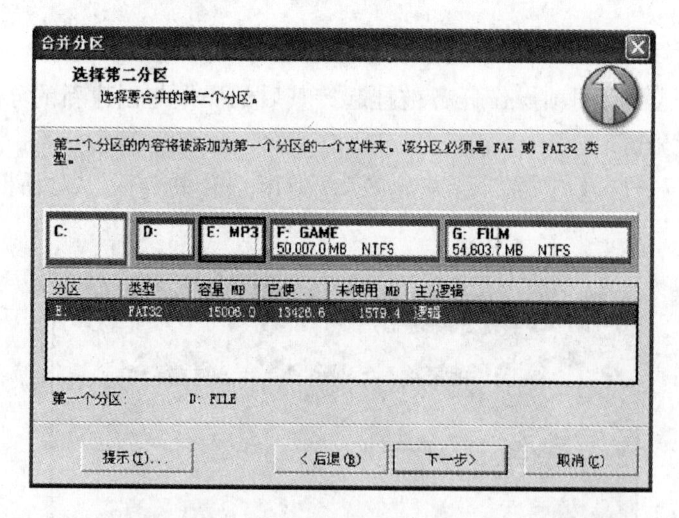

图 7—1—15

此处与分区 D 格式一样的只有分区 E，因此在提供可进行合并的分区时没有出现分区 F 和分区 G。

（4）在图7—1—15中单击“下一步”按钮，弹出“选择文件夹名称”对话框。第二个分区在第一个分区中将显示为一个文件夹，在该对话框中输入该文件夹的名称。例如，这里名为“原E盘”，如图7—1—16所示。

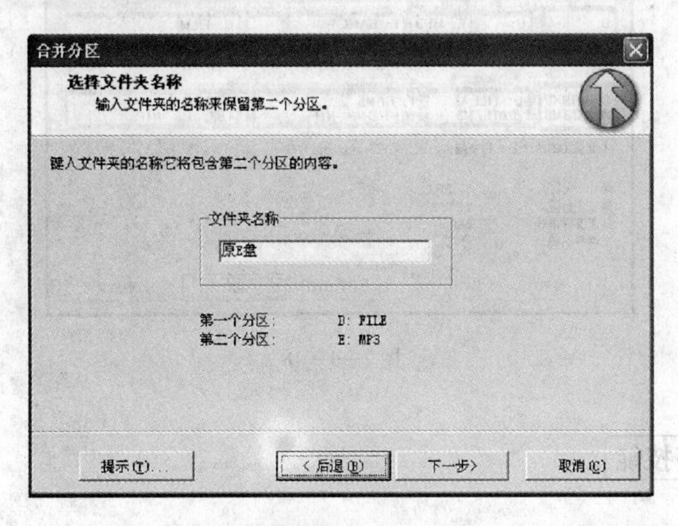

图7—1—16

（5）在图7—1—16中单击“下一步”按钮，弹出“驱动器盘符更改”对话框。在该对话框中显示了合并分区后的一些重要情况，特别是合并的分区包含操作系统时应该注意的事项，如图7—1—17所示。

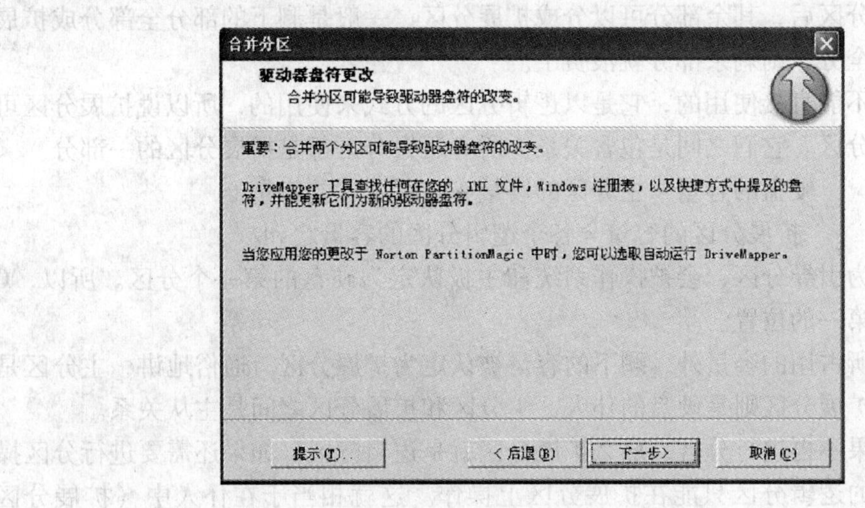

图7—1—17

（6）在图7—1—17中单击“下一步”按钮，弹出如图7—1—18所示的“确认分区合并”对话框，在该对话框中显示了分区合并后的基本信息。单击“完成”按钮，回到如图7—1—7所示的主界面。

（7）主界面显示有一项操作任务被挂起，其后的操作与创建新的分区类似。

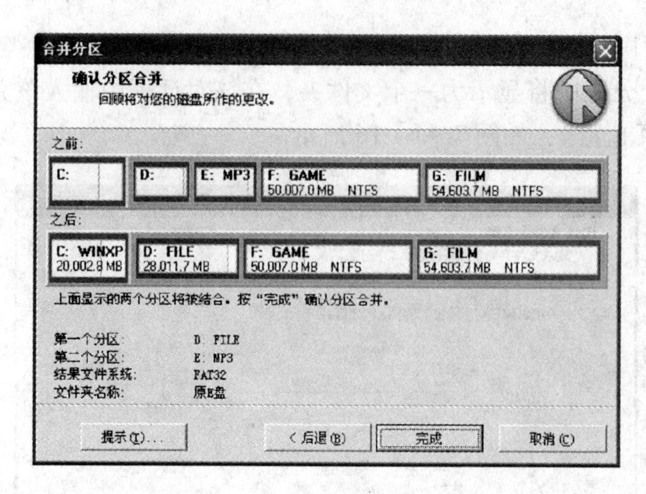

图 7—1—18

▶ 相关知识与技能

硬盘分区有三种，分别为主分区、扩展分区和逻辑分区。

一个硬盘可以有一个主分区和一个扩展分区，也可以只有一个主分区而没有扩展分区。逻辑分区可以有若干个。

主分区是硬盘的启动分区，它是独立的，也是硬盘的第一个分区，一般来说就是C驱动器。分出主分区后，其余部分可以分成扩展分区，一般是剩下的部分全部分成扩展分区，也可以不全分，则剩余部分就浪费了。

扩展分区是不能直接使用的，它是以逻辑分区的方式来使用的，所以说扩展分区可分成若干个逻辑分区。它们之间是包含关系，所有逻辑分区都是扩展分区的一部分。

硬盘的容量 = 主分区的容量 + 扩展分区的容量

扩展分区的容量 = 各个逻辑分区的容量之和

主分区也称为引导分区，会被操作系统和主板认定为硬盘的第一个分区。所以，C盘永远都是排在第一的位置。

除去主分区所占用的容量外，剩下的容量被认定为扩展分区。通俗地讲，主分区是硬盘的主人，而扩展分区则是硬盘的仆人，主分区和扩展分区之间是主从关系。

扩展分区如果不再进行分区，那么扩展分区就是逻辑分区。如果还需要进行分区操作的话，则所谓的逻辑分区只能在扩展分区上操作。这就相当于在仆人中（扩展分区上）进行细分类，分成接电话的（D 盘）、扫地的（E 盘）、做饭的（F 盘）等。

所以，扩展分区和逻辑分区之间是再分类的关系。

▶ 拓展与提高

1. FAT32 文件系统

FAT是一种供MS-DOS及其他Windows操作系统对文件进行组织与管理的文件系统。FAT是使用FAT16或FAT32文件系统对特定卷进行格式化时，由Windows所创建的一种数据结构。Windows将与文件相关的信息存储在FAT中，以供日后获取文件时使用。

FAT32是从文件分配表（FAT）文件系统派生出来的文件系统。与FAT16相比，FAT32能够支持更小的簇以及更大的容量，从而能够在FAT32卷上更为高效地分配磁盘空间。

在推出FAT32文件系统之前，通常PC机使用的文件系统是FAT16，例如MS-DOS、Windows 95等系统都采用了FAT16文件系统。在Windows 9X中，FAT16支持的分区最大容量为2 GB。计算机将信息保存在硬盘上称为“簇”的区域内，使用的簇越小，保存信息的效率就越高。在FAT16文件系统下，分区越大，簇就相应要增大，存储效率就越低，势必造成存储空间的浪费。并且随着计算机硬件水平的提高和应用范围的不断扩大，FAT16文件系统已不能很好地适应系统的要求。在这种情况下，推出了增强版的FAT32文件系统。与FAT16相比，FAT32主要具有以下特点：

第一，FAT32最大的优点是可以支持的磁盘容量达到2 TB（2 047 GB），但是不能支持小于512 MB的分区。基于FAT32的Windows 2000可以支持的分区最大容量为32 GB，而基于FAT16的Windows 2000可以支持的分区最大容量为4 GB。

第二，由于采用了更小的簇，FAT32文件系统可以更有效地保存信息。如两个分区大小都为2 GB，一个分区采用了FAT16文件系统，另一个分区采用了FAT32文件系统，则采用FAT16的分区的簇大小为32 KB，而采用FAT32的分区的簇大小只有4 KB。这样FAT32就比FAT16的存储效率高很多，通常情况下可以提高15%。

第三，FAT32文件系统可以重新定位根目录和使用FAT的备份副本。另外，FAT32分区的启动记录被包含在一个含有关键数据的结构中，降低了计算机系统崩溃的可能性。

2. NTFS文件系统

NTFS是一种能够提供各种FAT版本所不具备的安全性、可靠性与先进性的高级文件系统。举例来说，NTFS通过标准事务日志功能与恢复技术确保卷的一致性。如果系统出现故障，NTFS能够使用日志文件与检查点信息来恢复文件系统的一致性。在Windows 2000和Windows XP中，NTFS还能提供诸如文件与文件夹权限、加密、磁盘配额以及压缩之类的高级特性。

NTFS文件系统是一个基于安全性的文件系统，它建立在保护文件和目录数据的基础上，同时具有节省存储资源、减少磁盘占用量等优点，使用非常广泛的Windows NT 4.0采用的就是NTFS 4.0文件系统。Windows 2000采用了更新版本的NTFS文件系统——NTFS 5.0，它的推出使得用户不但可以像Windows 9X那样方便快捷地操作和管理计算机，同时也可享受到NTFS所带来的系统安全性。

3. 在NTFS、FAT16和FAT32之间进行选择

FAT32 长于 Windows 9X 的兼容性，NTFS 长于系统安全性。在运行 Windows XP 的计算机上，用户可以在三种面向磁盘分区的不同文件系统——NTFS、FAT16 和 FAT32 中进行选择。其中，NTFS 是强力推荐使用的文件系统，与 FAT16 或 FAT32 相比，它具有更为强大的功能，并且包含 Active Directory 及其他重要安全特性所需的各项功能。只有选择 NTFS 作为文件系统，才可以使用诸如 Active Directory 和基于域的安全性等特性。

[思考与练习]

1. 常见的磁盘分区工具有哪些？FAT 格式和 NTFS 格式有什么不同？
2. 对硬盘进行分区操作。

任务二 备份硬盘

▶ 任务描述与分析

王小姐最近新买了一台计算机，由于是新手，她找来对计算机比较熟悉的同事小张帮忙安装。小张帮助王小姐装好操作系统和一些常用软件后，对王小姐说：“硬盘是计算机的数据存储中心，所有系统、程序、用户等数据都保存在硬盘上，它是计算机中一个很重要的部分。使用计算机时，如果出现硬盘方面的问题，轻则影响系统的运行速度，重则会出现丢失数据等情况，甚至导致系统瘫痪。所以，一般在装好系统后，要为整个硬盘做个备份，这样以防计算机在使用过程中出现问题，可以通过备份来还原系统。”

那么，怎样对硬盘进行备份呢？小张告诉王小姐，Norton Ghost 8.0 就可以帮她完成对硬盘进行备份的操作。

使用 Norton Ghost 8.0 对硬盘进行备份、维护，可以有效避免出现硬盘问题，从而保持系统的稳定性。它可以把整个硬盘系统克隆到其他硬盘上，以节约重新安装系统和软件的时间；也可以将一个分区备份成映像文件，当整个系统瘫痪时，使用 Norton Ghost 8.0 将备份的映像文件重新恢复到原来的硬盘上，几分钟就可以使系统恢复到正常运行状态。

▶ 方法与步骤

1. 映像整个硬盘

（1）启动计算机并进入 DOS 模式，在“C：>\”提示符下进入 Ghost 所在目录并运行 Ghost. exe 程序，单击“OK”按钮，进入如图 7—2—1 所示的程序主界面。

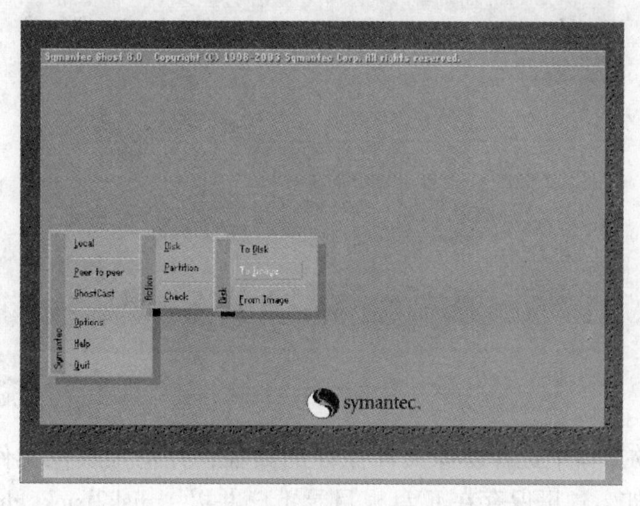

图 7—2—1

提示

本步骤中，Ghost 是一个 DOS 程序，在运行之前，必须先进入 DOS 模式。

（2）执行主菜单中的“Local”→“Disk”→“To Image”，进入如图 7—2—2 所示的界面。

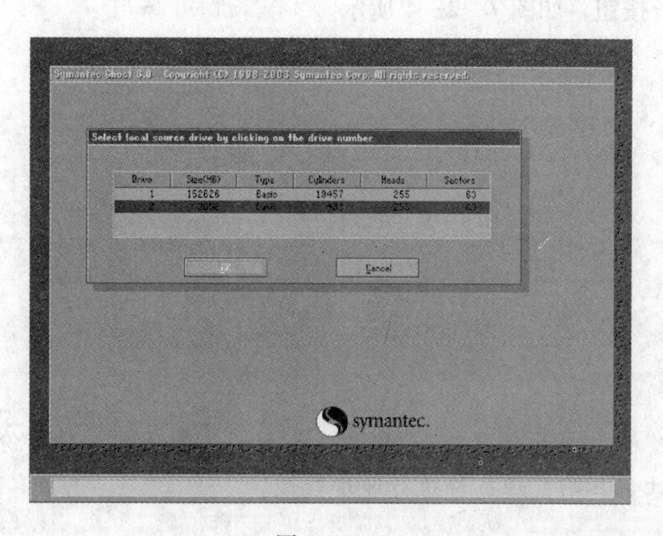

图 7—2—2

（3）选择硬盘进行映像。例如，假设这台个人计算机有两个物理硬盘，这里选择图 7—2—2 中的第二个硬盘。单击“OK”按钮，进入如图 7—2—3 所示的界面。

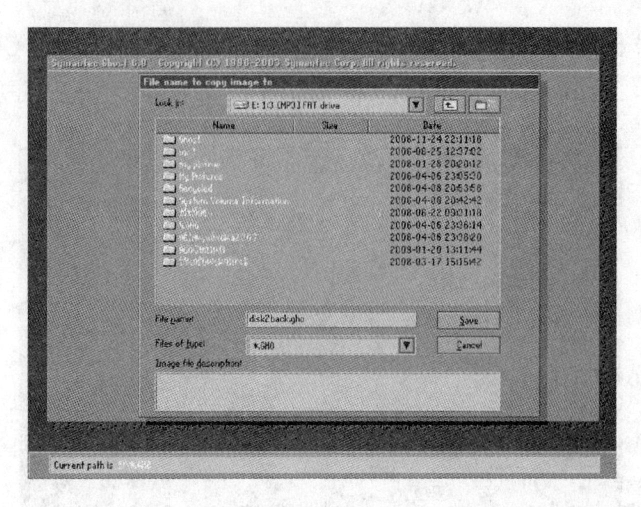

图 7—2—3

（4）在弹出的窗口中选择映像文件保存的路径，并输入映像文件名称，然后单击“Save”按钮。例如，这里保存在 E 盘根目录下，并以“disk2back. gho”为文件名进行保存。

提示

所有的映像文件扩展名均为“gho”。

（5）接下来，程序会弹出一个询问以何种方式压缩文件的对话框，并给出三种选择。单击“Fast”按钮，如图 7—2—4 所示。

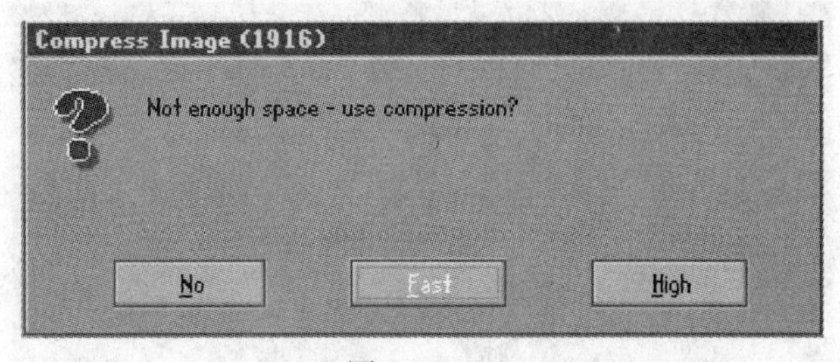

图 7—2—4

提示

本步骤中，“No”表示不压缩；“Fast”表示小比例压缩，且备份执行速度较快；“High”表示大比例压缩，但备份执行速度较慢。

（6）此时会出现是否对此分区进行备份的提示，单击“Yes”按钮后程序开始进行映像操作，如图 7—2—5 所示。映像操作完毕会出现一个提示框，单击“Continue”按钮回到主界面即可。

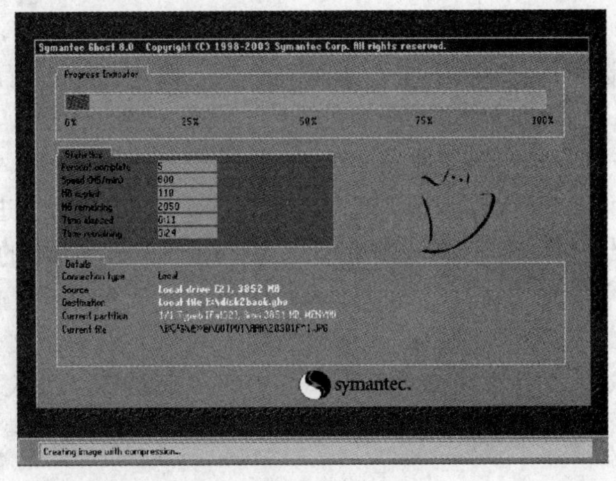

图 7—2—5

2. 映像硬盘分区

（1）执行主菜单中的“Local”→“Partition”→“To Image”，进入如图 7—2—2 所示的界面。选中图中的第一个硬盘后，进入如图 7—2—6 所示的界面。

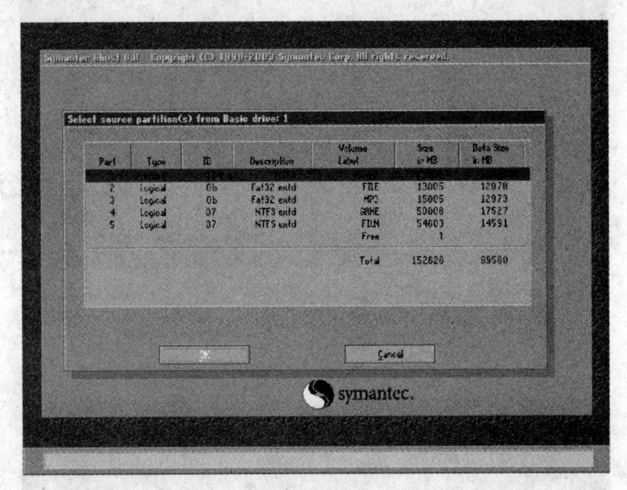

图 7—2—6

（2）选择第一个分区，单击“OK”按钮后进入如图 7—2—3 所示的界面。按照提示在弹出的窗口中选择分区映像文件保存的路径，并输入映像文件名称，然后单击“Save”按钮。例如，这里保存在 E 盘根目录下，并以“winxp. gho”为文件名进行保存。

提示

Ghost 8.0 以下的版本是不支持 NTFS 格式的，当使用 Ghost 8.0 以下的版本进行分区映像时，NTFS 格式的分区将不能识别。

（3）同样，Ghost 会询问以何种方式来压缩映像文件，单击“Fast”按钮后会出现一个是否对此分区进行映像的提示框，单击“Yes”按钮开始进行映像操作。操作完毕，单击“Continue”按钮回到主界面即可。

3．恢复硬盘映像

（1）重新启动计算机并进入 DOS 模式，在“C：>\”提示符下进入 Ghost 所在目录并运行 Ghost. exe 程序，单击“OK”按钮，进入如图 7—2—1 所示的程序主界面。

（2）执行主菜单中的“Local”→“Partition”→“To Image”，使用系统映像文件恢复系统。进入如图 7—2—7 所示的界面，选择需要恢复的映像文件，例如这里选择“winxp. gho”映像文件来恢复系统。然后单击“Open”按钮，进入如图 7—2—8 所示的界面。

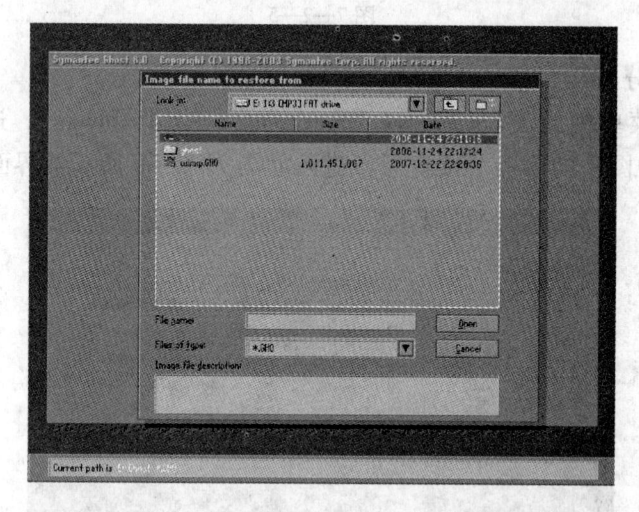

图 7—2—7

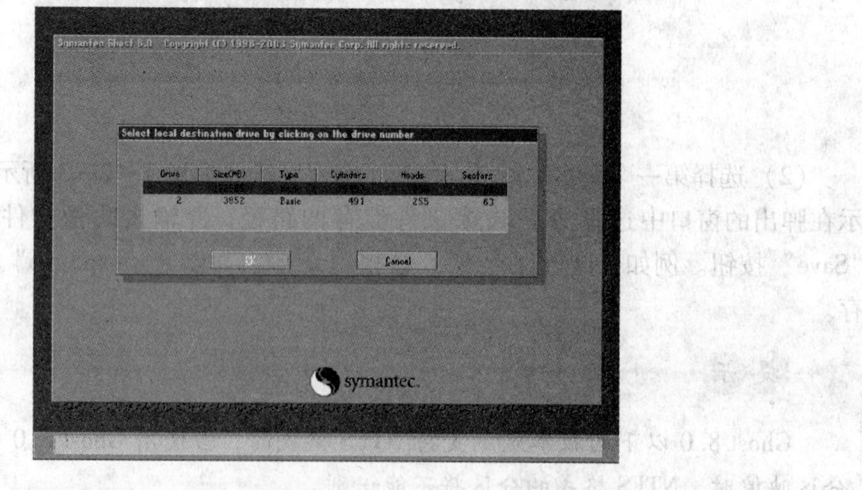

图 7—2—8

（3）选择要使用映像文件恢复的硬盘，例如这里选择第一个硬盘。单击“OK”按钮，进入如图7—2—9所示的界面。

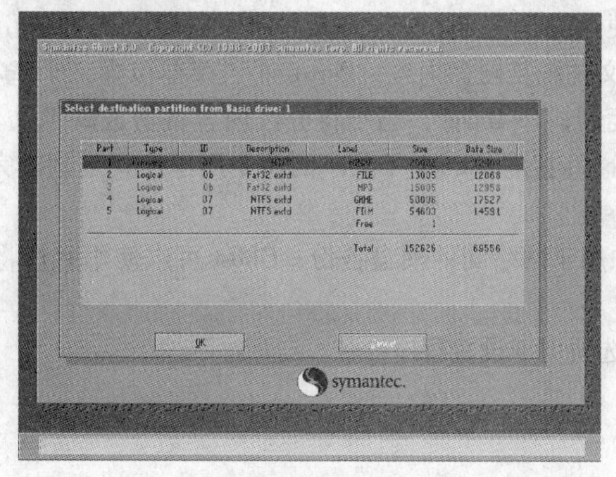

图7—2—9

（4）选择要使用映像文件恢复的源分区，例如这里选择第一个分区。单击“OK”按钮，进入如图7—2—10所示的界面。

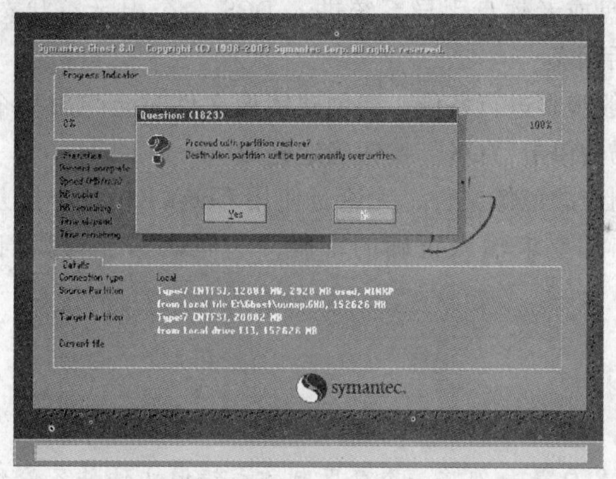

图7—2—10

（5）确认恢复操作。在图7—2—10所示的对话框中，选择“Yes”按钮，程序即可将映像文件恢复到指定的分区或硬盘上。

恢复完成后，程序提示重新启动计算机，单击“Reset”按钮。重新启动计算机后，系统已恢复到备份前的状态。

▶ 相关知识与技能

Ghost软件的主界面基于DOS模式，简单的界面中仅有一个功能菜单，通过菜单命令可以执行各种功能。

Local 菜单是最常用的菜单，用于在本地计算机上对硬盘进行操作，包括 Disk（硬盘）、Partition（分区）、Check（检查）三个子菜单。Disk 子菜单包含三个选项：To Disk，用于硬盘对硬盘完全复制；To Image，用于将硬盘内容备份成映像文件；From Image，用于从映像文件恢复硬盘内容。Partition 子菜单包含三个选项：To Partition，用于分区对分区完全复制；To Image，用于将分区内容备份成映像文件；From Image，用于从映像文件恢复分区内容。Check 子菜单的命令用于检查复制的完整性，包括两个选项：Image File 和 Disk。

LPT 菜单的选项用于网络间的硬盘备份，Ghost 可以使用并口将备份文件传送到其他硬盘上。

Options 菜单的选项用于设置程序参数。

▶ 拓展与提高

Ghost 是一款大家都很熟悉的硬盘备份和恢复工具，运行带命令参数的 Ghost 命令就可以制作出带密码的镜像文件。

1. 利用引导光盘或者软盘引导系统进入 DOS 命令提示符状态，进入 Ghost 目录，键入“ghost-pwd”后回车。

2. 接着按照一般步骤进行备份，当创建镜像文件时会弹出一个要求设置密码的对话框，输入一个密码后单击“OK”按钮确定完成。

经过这个设置制作的镜像文件，无论是使用 Ghost Explorer 打开浏览该文件，还是用它恢复硬盘分区，都要求输入正确的密码，这样就等于为我们的镜像文件加了把“锁”。

[思考与练习]

1. Norton Ghost 8.0 是如何将一个分区制作成镜像文件并备份到另外分区的？
2. 请对计算机中的系统数据进行备份。

任务三　优 化 系 统

▶ 任务描述与分析

小李的计算机已经用了一年多了，他发现计算机的运行速度比以前慢了许多，有时打开一个软件要用时 1 min。起先他以为是中了病毒，可是查杀下来没有发现什么，因此他去请教王老师。

王老师告诉他，计算机的运行速度比以前慢，不一定都是由病毒造成的，还有很多其他因素。计算机用户都有这样的体会，当计算机刚刚经过格式化并安装上系统时，速度会很快，但使用一段时间后，性能就会有明显的下降，这其实与系统中软件的添加删除而导致负荷变大有着很大的关系。当然，添加删除软件并不是造成系统负荷变大的唯一原因，硬盘碎片的增加以及软件删除留下的无用注册文件，都有可能导致系统性能的下降。所以，计算机用户要随时对计算机系统进行合理的维护优化，这样可使计算机保持最佳的运行状态。在众多优化系统的软件中，超级兔子就是一款不错的软件。

超级兔子是一个完整的系统维护工具，它可以清理用户大部分的无用文件和注册表里的垃圾，同时还具有超强的软件卸载功能，专业卸载可以清理一个软件在计算机内的所有记录。

▶ 方法与步骤

1．系统优化

（1）启动“超级兔子 2011”，打开“超级兔子”主界面，单击主界面上方的“系统体检”按钮，如图 7—3—1 所示。此时，在主界面中显示的是“超级兔子”对当前系统的使用情况所做出的一份体检报告，用户可以由此发现系统中存在的一些问题，且可对其进行查看并修复。

图 7—3—1

（2）在图 7—3—1 所示的“系统体检”窗口中，单击左侧窗格中的“开机优化”选项卡，如图 7—3—2 所示。在右侧的“启动项”列表框中罗列出了系统检测到的各种开机启动项，用户可根据实际需要“禁用”某些启动项，以此来提高开机速度。采用同样的方法，还可对“服务项”列表框中的内容进行设置。

图 7—3—2

（3）单击左侧的“魔法设置”选项卡，如图 7—3—3 所示。在右侧窗格的“系统设置”和“个性化设置”选项卡中可以进一步对计算机的关机速度、系统错误的等待时间、鼠标右键菜单弹出速度等进行优化，这将取决于用户计算机的配置情况。所有的优化设置完成后，单击“应用”按钮即可执行优化。

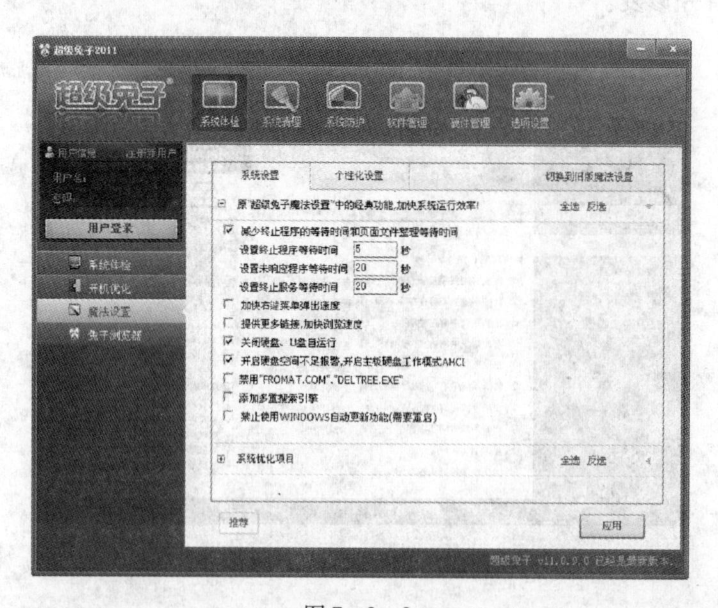

图 7—3—3

2. 系统清理维护

（1）在图 7—3—1 所示的主界面中，单击其上方的“系统清理”按钮，弹出如图 7—3—4 所示的界面。在该界面的左侧列表框中选择“清理痕迹”选项卡，然后在右侧窗格中勾选“清理 IE 使用痕迹”“清理系统使用痕迹”和“清理软件使用痕迹”前的复选框，单击“开始扫描”按钮。

图 7—3—4

（2）扫描完成后，在“清理痕迹”右侧窗格中将显示出扫描结果，用户可对扫描结果中的各项内容进行选择（具体选择内容可由用户视自己的实际需求而定），如图 7—3—5 所示，最后单击“立即清理”按钮。清理完成后，在窗口的下方会出现“清理完成”的提示。

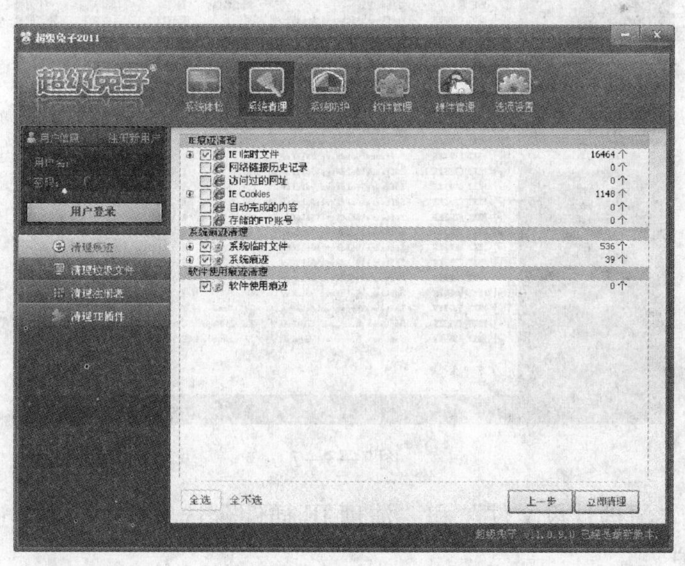

图 7—3—5

（3）在“系统清理”窗口中，单击左侧窗格中的“清理注册表”选项卡，如图 7—3—6 所示，软件正在对“Windows 注册表”内的垃圾信息进行扫描。

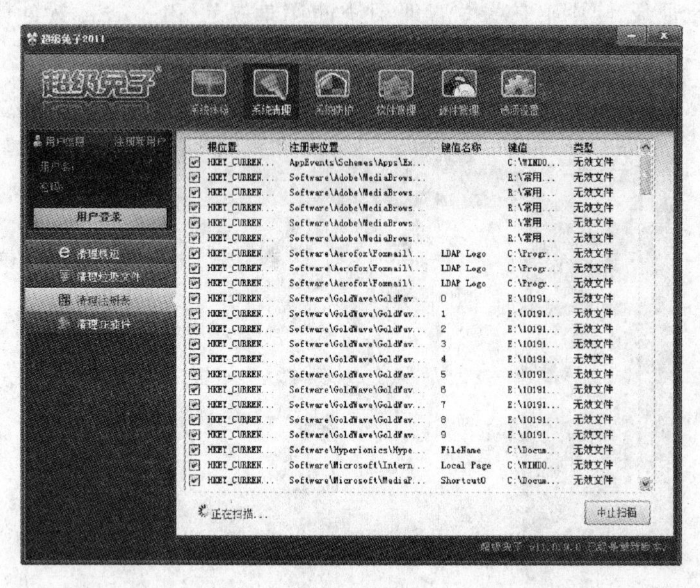

图 7—3—6

（4）注册表信息扫描完成后，在右侧窗格中选择要清理的注册表信息选项，如图 7—3—7 所示，然后单击“立即清理”按钮即可。

图 7—3—7

用户还可对“清理垃圾文件”和“清理 IE 插件”选项卡中的内容进行清理。

3．系统防护

（1）在图 7—3—1 所示的主界面中，单击其上方的“系统防护”按钮，弹出如图 7—3—8 所示的界面。在该界面中显示的是由“超级兔子”推荐的杀毒软件和系统中已安装好的杀毒软件信息。

图 7—3—8

（2）单击左侧窗格中的“IE 修复”选项卡，这时右侧窗格中将显示出关于 IE 的相关设置项，如图 7—3—9 所示。其中对某些出现异常情况的项目，将以醒目的红色标出，用户只需单击“立即修复”按钮即可。

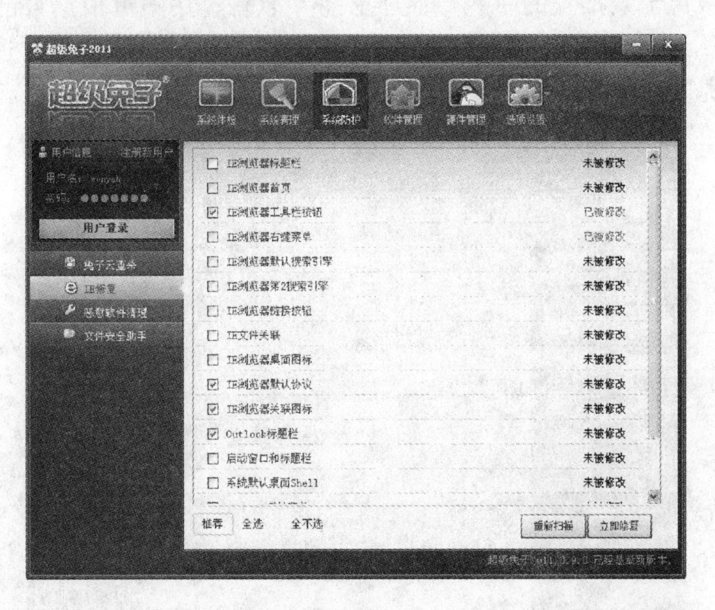

图 7—3—9

（3）单击左侧窗格中的“恶意软件清理”选项卡，这时右侧窗格中将通过“恶意网址修复”“恶意程序卸载”“流氓快捷方式”三个选项卡把这些恶意软件罗列出来，如图 7—3—10 所示。用户若要修复其中的一些项目，只需选中后单击“立即修复”按钮即可。

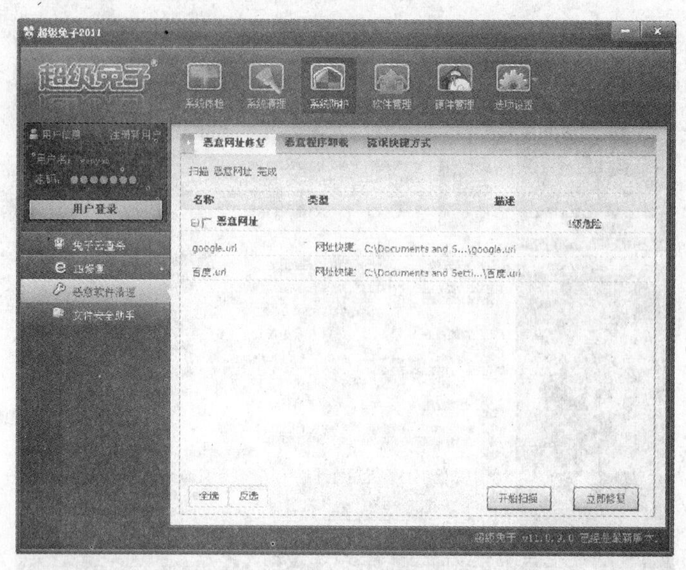

图 7—3—10

4. 软件管理

（1）在图 7—3—1 所示的主界面中，先单击其上方的“软件管理”按钮，再单击左侧窗格中的“装机必备”选项卡，将看到如图 7—3—11 所示的内容。在该窗口中显示的是由“超级兔子”推荐的一些“装机必备”软件，用户可根据自己的需求选择安装。“超级兔子”还根据不同的计算机用户群，对各个群体需求的软件进行了罗列，给用户安装软件提供了便利。

图 7—3—11

（2）单击左侧窗格中的“升级卸载”选项卡，在其下拉菜单中可以看到“软件升级”和“软件卸载”两个内容选项。当选择“软件升级”时，右侧窗格中罗列出了系统中可以升级的各种软件，如图 7—3—12 所示，用户若有升级需要，单击各软件名称后的“升级”按钮即可。

图 7—3—12

（3）在图 7—3—12 中选择“软件卸载”，则右侧窗格中将罗列出系统中安装的所有软件，如图 7—3—13 所示。如果用户想卸载软件，只需单击相应软件名称后的“卸载”按钮即可。

图 7—3—13

▶ 相关知识与技能

注册表是 Windows 系统存储关于计算机配置信息的数据库，几乎包含了所有的硬件信息、系统配置、桌面等个性化环境设置以及系统运行时需要调用的运行方式的设置。Windows 注册表中包括的项目有：每个用户的配置文件、计算机上安装的程序和每个程序可以创建的文档类型、文件夹和程序图标的属性设置、系统中的硬件、正在使用的端口等。

对于注册表的修改，需要使用专门的编辑器，Windows 为用户提供了注册表编辑器工具“Regedit. exe”来对其进行修改。

注册表编辑器是用来查看和更改系统注册表设置的高级工具。Windows 将它的配置信息存储在以树状格式组织的数据库（注册表）中。尽管可以用注册表编辑器查看和修改注册表，但是通常不必这样做，因为更改不正确可能会损坏系统。如果需要对注册表进行编辑，务必事先进行注册表项目备份。能够编辑和还原注册表的高级用户可以安全地使用注册表编辑器执行的任务有：清除重复项和删除已被卸载的程序项。

文件夹表示注册表中的项，并显示在注册表编辑器窗口左侧的定位区域中。在右侧的主题区域中，则显示项中的值项。双击值项时，将打开编辑对话框。

除非绝对必要，否则请不要编辑注册表。如果注册表有错误，可能会导致计算机无法正常运行。如果发生这种情况，可将注册表还原到上次成功启动计算机时的状态。

▶ 拓展与提高

1. 提高开机启动速度

进入超级兔子魔法设置后，单击“切换到旧版魔法设置”选项卡，在弹出的“魔法设置”窗口中选择“启动程序”，在列表中可以看到所有开机时运行的程序，选中某个程序后便会显示其所在目录和启动参数。将一些不必要的启动程序前面的“✓”去掉，就可以禁止其开机时的自动运行。另外，系统服务也会影响计算机的启动速度。单击“系统服务”选项卡，然后在优化方案下拉列表中选择“标准个人电脑优化方案”，“超级兔子”软件就会帮助用户设置，重新启动系统后，启动速度明显提高。

2. 清理快速启动栏快捷方式

许多软件为了便于用户使用，在安装程序后都会在任务栏的快速启动栏中加入其快捷方式，但时间一长，快捷方式会越来越多，调用起来反而更加不方便，并且系统没有提供批量删除的功能，只能逐一将它们删除。这时，用户可以打开超级兔子魔法设置，在“切换到旧版魔法设置”选项卡中选择“桌面和图标”选项，然后切换到“快速启动栏”选项卡，最后在列表中将快捷方式前面的“✓”取消。如果用户想将它们彻底删除，选中后单击“删除”按钮即可。

3. 自定义收藏夹位置

在超级兔子魔法设置的“系统”选项中，切换到“系统文件夹”选项卡，接着右击“收藏夹”项目，选择“更改”菜单，选择收藏夹新的保存目录。完成后，打开“C:\Documents and Settings\用户账号\Favorites”文件夹，将原来收藏夹的链接全部复制到该目录中即可。

对于“应用程序数据”“Windows 文件夹”等项目，不建议修改其默认目录，如果修改后出现问题，可以右击它，然后选择“复原”即可恢复原来的设置。

[思考与练习]

1. 如何使用超级兔子清理注册表?
2. 如何使用超级兔子取消一些开机时不必要的启动程序?

任务四　安装和使用虚拟机

▶ 任务描述与分析

小张对微软 Windows 7 操作系统很感兴趣，想在自己的计算机上安装，可是他又不想重装系统，想要保留计算机中原来安装的 Windows XP 操作系统，这可怎么办呢？同事小王向他介绍了一款软件——VMware Workstation。

VMware Workstation 是一种虚拟机软件，可以利用软件技术在计算机（母机）中虚拟出另外一台或者几台计算机（子机），并且允许在安全的、可移植的虚拟机（子机）中运行多种高性能的、标准的操作系统以及它们的应用程序。每台虚拟机都相当于一台包括网络地址以及所有可选硬件在内的计算机。这样，小张就可以在虚拟机中安装 Windows 7 操作系统了。

▶ 方法与步骤

1. 新建虚拟机

（1）在“开始”菜单中启动 VMware Workstation 7.0 软件，打开的主界面如图 7—4—1 所示。

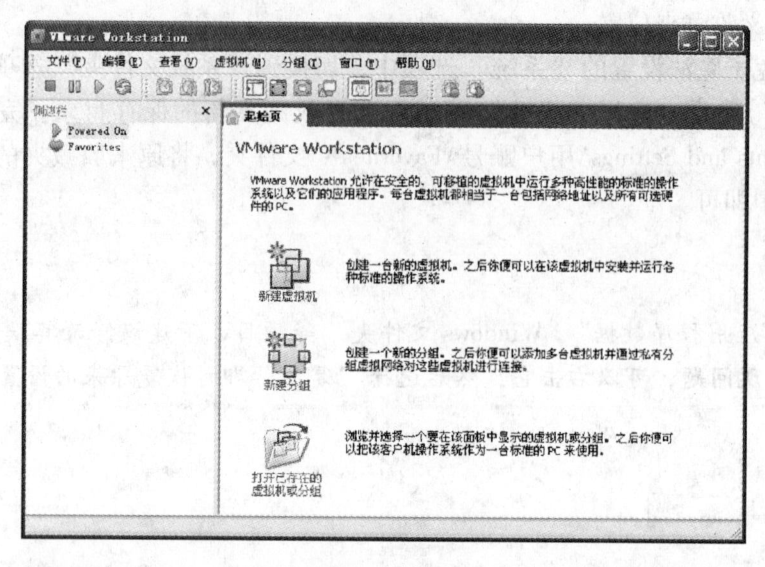

图 7—4—1

（2）关闭左侧的“侧边栏”，调整 VMware Workstation 的主界面窗口大小。单击主界面“起始页”选项卡中的“新建虚拟机”，弹出“新建虚拟机向导”对话框，如图 7—4—2 所示。

（3）在图 7—4—2 中单击“标准（推荐）”单选按钮，再单击“Next”按钮，弹出对话框，选择如何安装操作系统。这里可以单击“我将在以后安装操作系统。创建一个虚拟空白硬盘”单选按钮，如图 7—4—3 所示，这样可以先配置要创建的虚拟机。

图 7—4—2

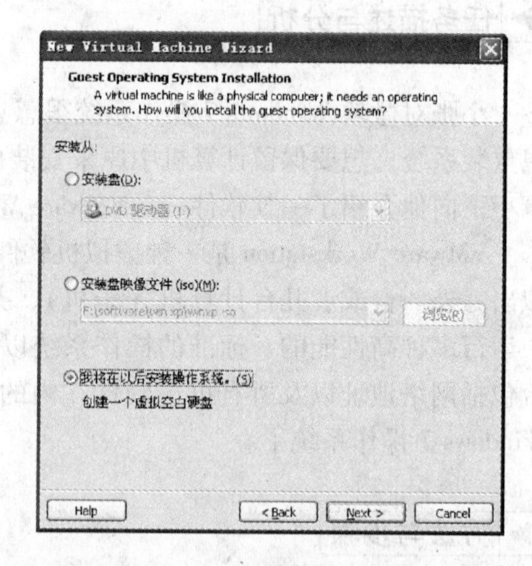

图 7—4—3

（4）单击图 7—4—3 中的“Next”按钮，弹出对话框，选择准备在虚拟机上安装的客户操作系统。在该对话框的“客户机操作系统”单选按钮中选择“Windows”，在“版本”下拉列表中选择“Windows 7”，如图 7—4—4 所示。

（5）单击图 7—4—4 中的“Next”按钮，弹出对话框，在该对话框的“虚拟机名称”文本框中输入用户为创建的虚拟机所起的名称，在“位置”文本框中输入创建的虚拟机所保存的位置，如图 7—4—5 所示。

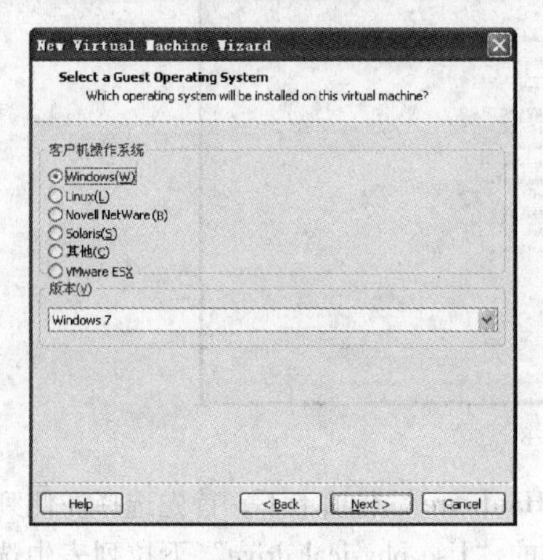

图 7—4—4

图 7—4—5

（6）单击图 7—4—5 中的“Next”按钮，弹出对话框，设置硬盘空间的大小。在该对话框的“最大磁盘大小”列表框中键入“40”，其他选项按照默认设置，如图 7—4—6 所示。

（7）单击图 7—4—6 中的“Next”按钮，弹出如图 7—4—7 所示的对话框，显示用户设定的虚拟机的硬件配置信息。

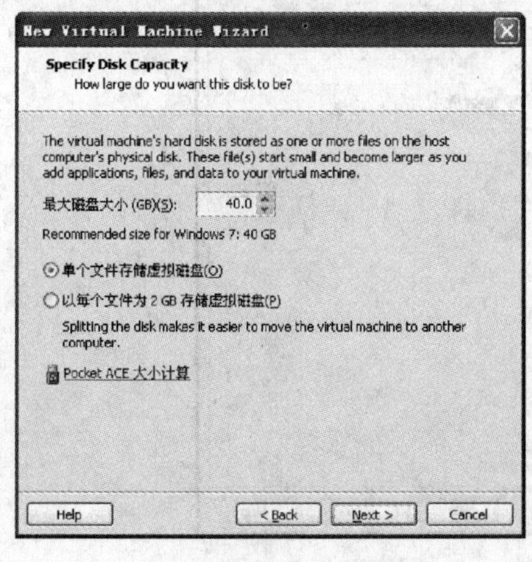

图 7—4—6

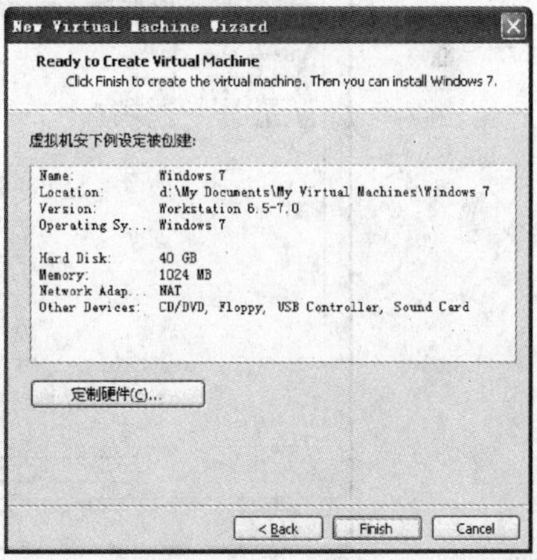

图 7—4—7

（8）单击图 7—4—7 中的“Finish”按钮，完成虚拟机的创建，返回如图 7—4—8 所示的主界面。在 VMware Workstation 主界面中，出现了已装好的虚拟机“Windows 7”的选项卡窗口。

2. 在虚拟机中安装操作系统

（1）在图 7—4—8 所示“Windows 7”的选项卡窗口中，单击“编辑虚拟机设置”，

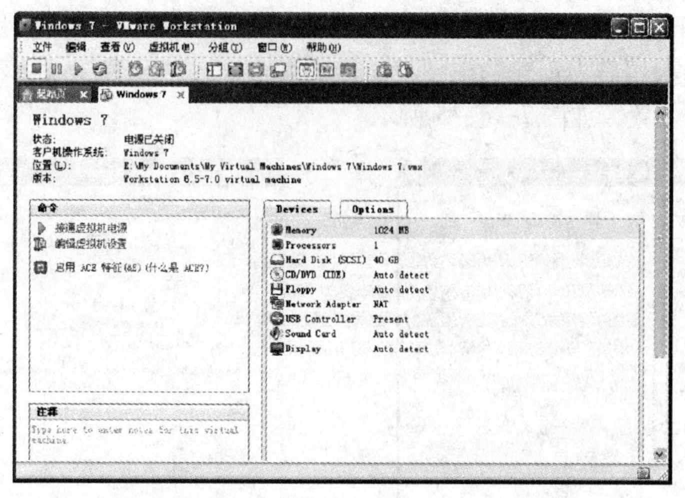

图 7—4—8

弹出“虚拟机设置”对话框。在该对话框的“Hardware”选项卡下，首先选择左侧列表框中的“CD/DVD（IDE）”选项，然后在右侧的“Use physical drive”下拉列表中选择一个给虚拟机使用的光驱驱动器盘符，如图 7—4—9 所示。单击“OK”按钮，完成对光驱驱动器的设置，返回如图 7—4—8 所示的主界面。

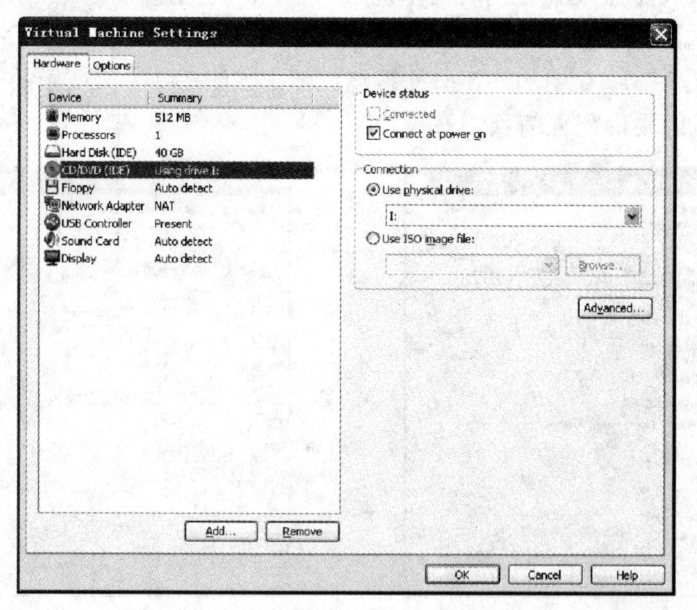

图 7—4—9

提示

一般情况下，虚拟机会自动检测用户计算机上的光驱驱动器。但是，如果用户计算机上有多个光驱驱动器的话，需要指定一个给虚拟机使用的光驱驱动器盘符，否则虚拟机将搜索不到光驱驱动器。

（2）将 Windows 7 操作系统的安装盘放入虚拟机的光驱驱动器，然后在主界面中单击“接通虚拟机电源”，启动已创建的虚拟机。这时，“Windows 7”的选项卡窗口如图 7—4—10 所示。

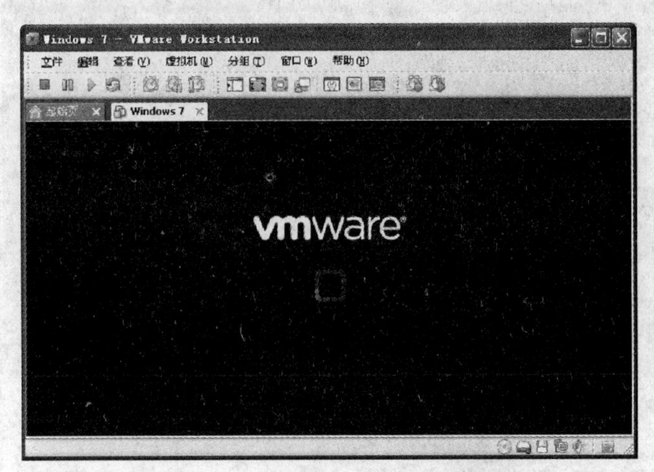

图 7—4—10

（3）虚拟机读取光驱驱动器中的光盘后，即进入操作系统的安装程序，如图 7—4—11 所示。

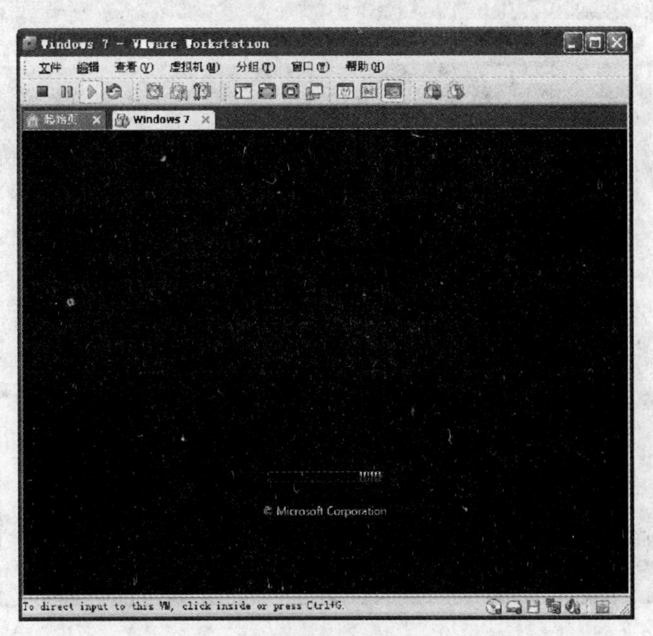

图 7—4—11

（4）根据安装程序的提示，先设置要安装的语言，如图 7—4—12 所示。然后单击“下一步”按钮，弹出如图 7—4—13 所示的窗口。

（5）单击图 7—4—13 所示窗口中的“现在安装”按钮，即可开始 Windows 7 操作系统的安装。根据安装提示，一步步进行操作，即可完成整个操作系统的安装。

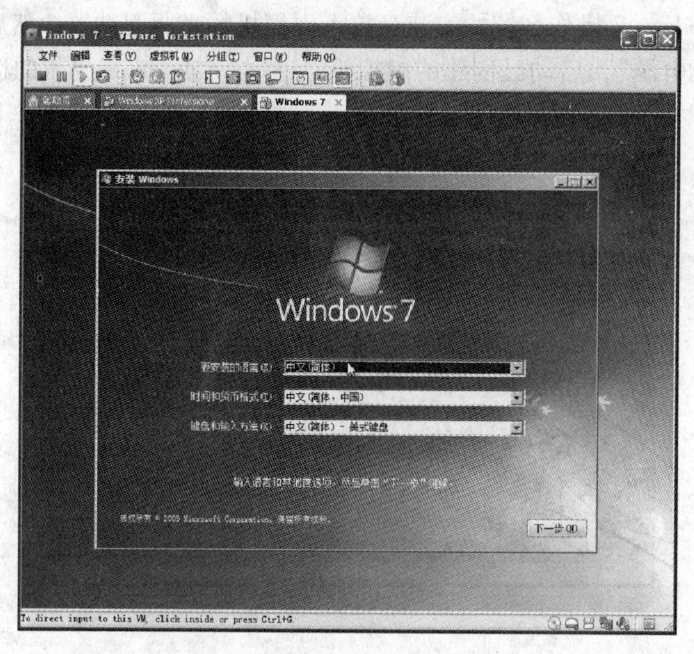

图 7—4—12

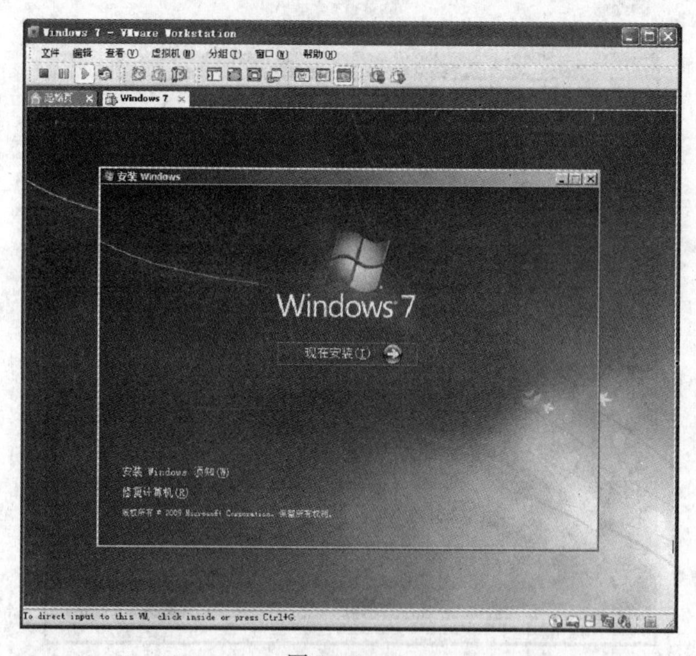

图 7—4—13

3. 安装 VMware Tools

（1）在虚拟机中安装好操作系统后，还需要安装 VMware Tools。在图 7—4—8 所示的主界面中，单击“Windows 7”选项卡窗口中的“编辑虚拟机设置”，在弹出的“虚拟机设置”对话框的“Hardware”选项卡下，选择左侧列表框中的“CD/DVD（IDE）”

选项，然后单击右侧的“Use ISO image file”单选按钮，并在其下端的文本框内输入VMware Tools 安装文件的位置，如“C：\Program Files\VMware\VMware Workstation\windows. iso”，如图 7—4—14 所示。设置完成后，单击“OK”按钮，返回如图 7—4—8 所示的主界面。

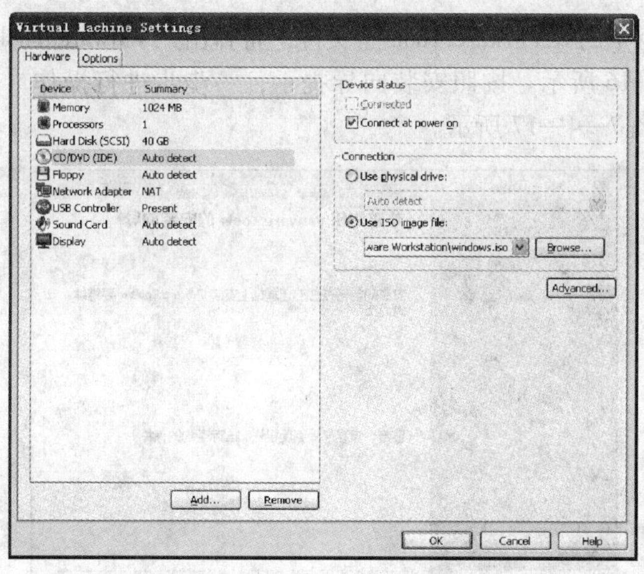

图 7—4—14

（2）单击“Windows 7”选项卡窗口中的“接通虚拟机电源”，启动虚拟机中的 Windows 7 操作系统。启动成功后，在虚拟机中打开“我的电脑”窗口，找到光驱中的“VMware Tools”，如图 7—4—15 所示。

图 7—4—15

虚拟机系统启动成功后，通过执行 VMware Workstation 主窗口中的“虚拟机”→“Install VMware Tools...”，同样可以在光驱中载入 VMware Tools 文件。

（3）双击光驱中的“VMware Tools”文件，将弹出“VMware Tools”的安装向导对话框，如图 7—4—16 所示。按照安装向导提示，一步步进行操作，即可完成 VMware Tools 的安装，如图 7—4—17 所示。

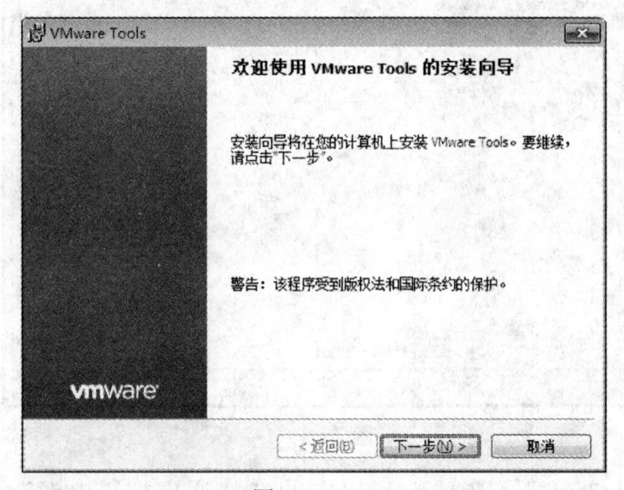

图 7—4—16

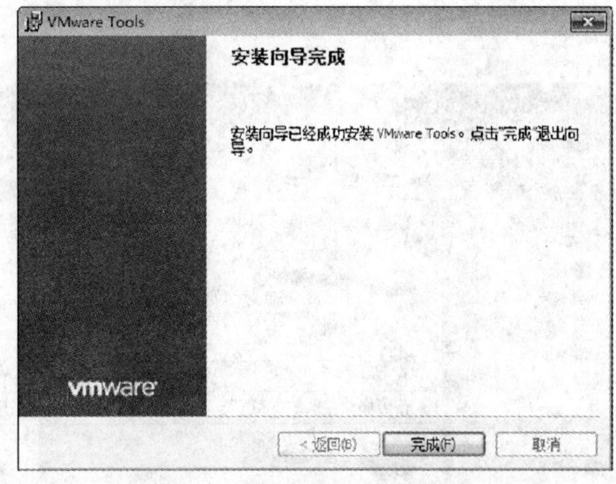

图 7—4—17

（4）在图 7—4—17 中单击“完成”按钮，系统会提示用户重启虚拟机，以使 VMware Tools 的配置更改生效，如图 7—4—18 所示，单击“确定”按钮。

（5）系统重启成功后，用户即可调整虚拟机系统的显示分辨率，并且还能实现主机与虚拟机之间的文件剪切、复制和粘贴等操作。

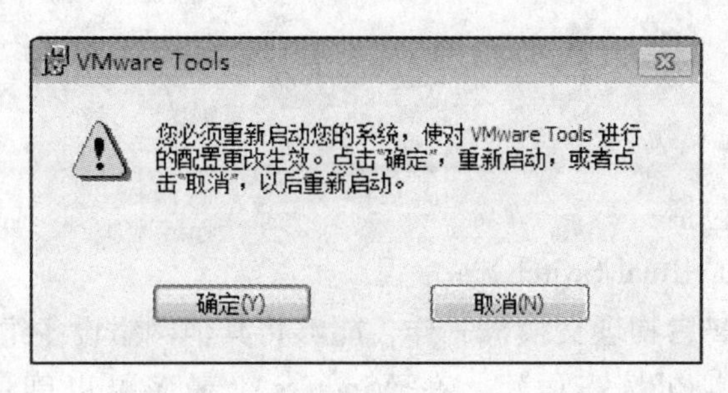

图 7—4—18

▶ 相关知识与技能

1. VMware Workstation 虚拟机中 VMware Tools 的作用

（1）更新虚拟机中的显卡驱动，使虚拟机中的 X Windows 可以运行在 SVGA 模式下。在客户操作系统中安装 VMware Tools 非常重要。如果不安装 VMware Tools，虚拟机中的图形环境就会被限制为 VGA 模式图形（640 像素 ×480 像素，16 色）。使用 VMware Tools，SVGA 驱动程序被安装，VMware Workstation 支持最高 32 位显示和高显示分辨率，显著提升总体的图形性能。

（2）在主机和客户机之间时间同步。注意：只有当用户在客户操作系统中设置的时间早于主机时间时，才可以在主机和客户机操作系统之间实现时间同步。

（3）支持同一个分区的真实启动和从虚拟机中启动，自动修改相应的设置文件。

（4）自动捕获和释放鼠标光标。未安装 VMware Tools 时只能用快捷键 Ctrl + Alt 来释放鼠标光标，安装 VMware Tools 后可以实现虚拟机和主机图形用户界面之间平滑移动鼠标光标。

（5）能在主机和客户机之间，或者在一台虚拟机和另一台虚拟机之间进行文件剪切、复制和粘贴等操作。

（6）改善网络性能。

2. 不同的操作系统需要安装不同的 VMware Tools

VMware Workstation 虚拟机可以安装多种系统，但是，如果每台虚拟机安装的系统都需要使用 VMware Tools 的功能，那么必须在每个系统中都独立安装一次 VMware Tools；否则，没有安装 VMware Tools 的系统是不能使用 VMware Tools 的功能的。

在安装 VMware Tools 时，要根据不同系统使用不同的 VMware Tools 镜像。VMware Tools 一般都是 ISO 格式的包（windows. iso、linux. iso），要根据虚拟机系统来选择相应的文件进行安装。比如 Linux 有 Linux 的 VMware Tools，一般命名为 linux. iso，它最终是通过运行 linux. iso 包里的 *. pl 格式文件来进行安装的；如果是 XP 系统，VMware Tools 安装包一般命名为 windows. iso，它最终是通过运行 windows. iso 包里的 setup. exe 格式文件来进行安装的。

▶ 拓展与提高

虚拟网设备主要包括：

1. 虚拟交换机（Virtual Switch）

虚拟交换机就像一台物理交换机一样，能够将其他网络设备组成网络。

虚拟交换机由虚拟机按需而建，在 Windows 上最多可以创建 10 个，如 VMnet0、VMnet1…VMnet10，而在 Linux 上最多可达到 255 个。

用户可以将一台或者多台虚拟机连接到一台虚拟交换机上。默认情况下，一些虚拟交换机是预分配的。例如：

Network Type	Switch Name	Reference
Bridge	VMnet0	"Bridged Networking"
NAT	VMnet8	"Network Address Translation"
Host-only	VMnet1	"Host-only Networking"

2. DHCP 服务器

VMware 中的 DHCP（Dynamic Host Configuration Protocal）服务器也是一台虚拟设备，它为那些没有桥连到外部网络的虚拟机动态提供 IP 地址。例如，Host-only 和 NAT 就使用 DHCP 服务器。

3. 网络适配器（网卡）

网卡是在创建虚拟机时为 Guest 系统所模拟的设备，根据 Guest 系统的不同，网卡也不同。

[思考与练习]

1. 常见的虚拟机程序有哪些？利用 VMware Workstation 虚拟机程序新建一台虚拟机。

2. 为新建的虚拟机安装 Windows Server 2003 操作系统，并安装 VMware Tools。

▶ 单元评价

单元实训评价表

<table>
<tr><td rowspan="2"></td><td colspan="2">内容</td><td colspan="3">评价等级</td></tr>
<tr><td>能力目标</td><td>评价项目</td><td>A</td><td>B</td><td>C</td></tr>
<tr><td rowspan="15">职业能力</td><td rowspan="3">能使用 Norton PartitionMagic 8.0 对磁盘分区进行管理</td><td>能创建新分区</td><td></td><td></td><td></td></tr>
<tr><td>能调整分区大小</td><td></td><td></td><td></td></tr>
<tr><td>能合并硬盘分区</td><td></td><td></td><td></td></tr>
<tr><td rowspan="3">能使用 Norton Ghost 8.0 进行硬盘备份</td><td>能映像整个硬盘</td><td></td><td></td><td></td></tr>
<tr><td>能映像硬盘分区</td><td></td><td></td><td></td></tr>
<tr><td>能恢复硬盘映像</td><td></td><td></td><td></td></tr>
<tr><td rowspan="5">能使用超级兔子优化系统</td><td>能清理系统中的无用文件</td><td></td><td></td><td></td></tr>
<tr><td>能清理注册表</td><td></td><td></td><td></td></tr>
<tr><td>能优化系统及软件</td><td></td><td></td><td></td></tr>
<tr><td>能设置个性化的系统界面</td><td></td><td></td><td></td></tr>
<tr><td>能备份还原注册表</td><td></td><td></td><td></td></tr>
<tr><td rowspan="4">能使用 VMware Workstation 虚拟机程序</td><td>能新建虚拟机</td><td></td><td></td><td></td></tr>
<tr><td>能进行虚拟机设置</td><td></td><td></td><td></td></tr>
<tr><td>能在虚拟机中安装操作系统</td><td></td><td></td><td></td></tr>
<tr><td>能安装 VMware Tools</td><td></td><td></td><td></td></tr>
<tr><td rowspan="4">通用能力</td><td colspan="2">分析问题的能力</td><td></td><td></td><td></td></tr>
<tr><td colspan="2">解决问题的能力</td><td></td><td></td><td></td></tr>
<tr><td colspan="2">自我提高的能力</td><td></td><td></td><td></td></tr>
<tr><td colspan="2">沟通能力</td><td></td><td></td><td></td></tr>
<tr><td colspan="3">综合评价</td><td colspan="3"></td></tr>
</table>

单元八

使用其他工具软件

随着计算机的普及，我们对计算机的利用越来越频繁，计算机能为我们所做的事情也越来越多，各种各样的工具软件也随之出现在我们面前。下面就来介绍三款比较常用的软件，包括用来阅读和制作 PDF 格式文件的 Adobe Acrobat 软件、用来刻录光盘的 Nero Burning Rom 软件以及虚拟光驱软件。

[能力目标]

- 能使用 Adobe Acrobat 软件阅读 PDF 格式文件
- 能使用 Nero Burning Rom 软件刻录光盘
- 能使用 Daemon Tools Lite 软件读取光盘映像文件

任务一　编辑 PDF 文档

▶ 任务描述与分析

沈梅同学在网络上利用搜索引擎搜索需要的文件资料时，搜索到了一些标题前带有蓝色 PDF 标记的文件。她把这些文件下载后，发现该类文件用一般的文本编辑器（如 Word、写字板等）无法打开，那么 PDF 文件到底是什么呢？

其实，PDF 是 Portable Document Format（便携式文档文件）的缩写，它是一种电子文件格式，具有不失真、文字效果好、支持多个语种且保密性好等特点，有“数字化纸张”之称。

Adobe Acrobat 软件可以用来阅读、创建、编辑 PDF 文档。

▶ 方法与步骤

1．阅读 PDF 文档

（1）启动 Adobe Acrobat 9 Pro 软件，打开 Adobe Acrobat Pro 主界面，如图 8—1—1 所示。

图 8—1—1

（2）单击主界面工具栏上的（打开）按钮或者选择“文件”→“打开”，弹出如图 8—1—2 所示的“打开”对话框，在该对话框中选择一个 PDF 格式文件。

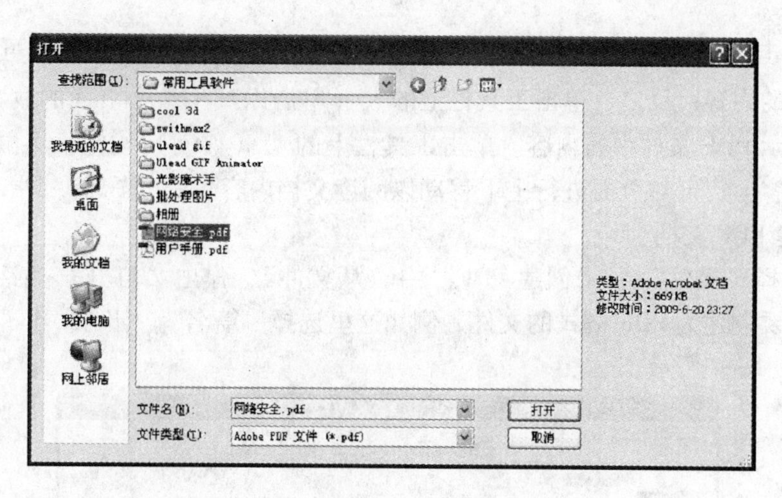

图 8—1—2

Adobe PDF 文档还可以从电子邮件应用程序、文件系统、网络浏览器中打开。PDF 文档的外观取决于创建者的设置。例如，文档可以打开特定的页面或以特定的放大率打开。PDF 文档的创建者可能已启用了附加的使用权限来允许创建注释、填写表单以及签名文档。

打开从网页上创建的 Adobe PDF 文档后，即可像使用其他 PDF 文档那样来导览文档、打印页面以及缩放视图。如果连上因特网，则单击 PDF 文档中的链接即会在浏览器中打开目标网页。

（3）单击图 8—1—2 中的“打开”按钮，即可将选中的 PDF 文件在 Adobe Acrobat Pro 中打开，完成后的效果如图 8—1—3 所示。

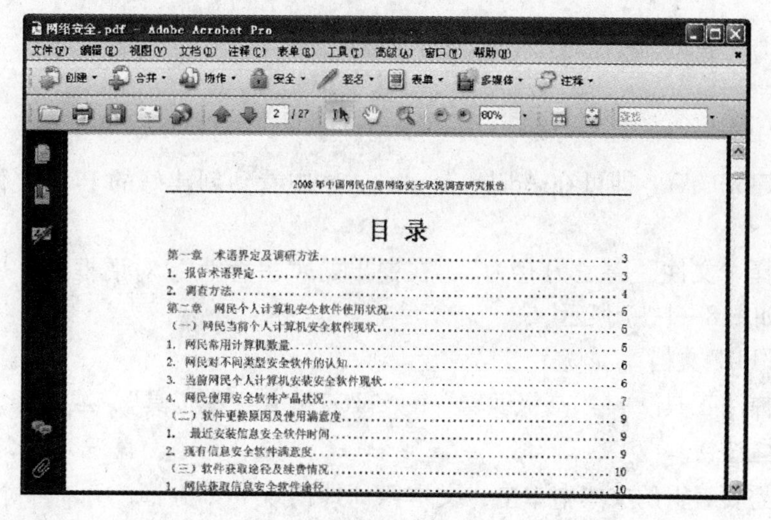

图 8—1—3

（4）单击工具栏上的（单击以增加整个页面的放大率）按钮，可以放大显示PDF文件中的内容；反之，单击工具栏上的（单击以减小整个页面的放大率）按钮，可以缩小显示PDF文件中的内容。单击工具栏上的（移动）按钮，将鼠标光标置于所显示的内容上，可对页面进行上下移动以阅读文档内容。

2. 创建PDF文档

（1）选择“文件”→“创建PDF”→“从文件”，弹出“打开”对话框。在该对话框中选择要创建为PDF格式的文件，例如这里选择一篇名为“论文.doc”的Word文档，如图8—1—4所示。

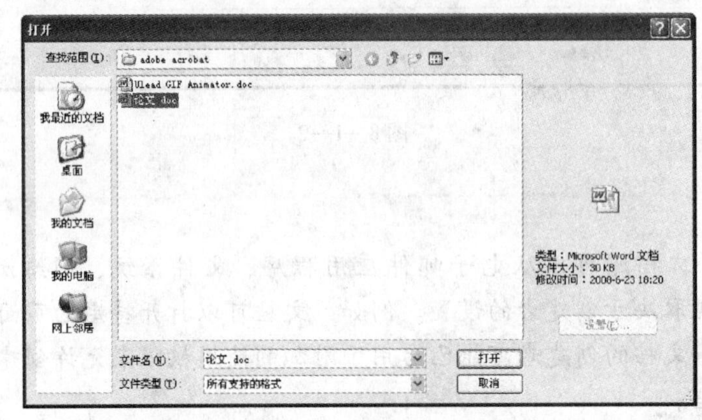

图8—1—4

（2）单击图8—1—4中的“打开”按钮，弹出创建文件的进度条，如图8—1—5所示。

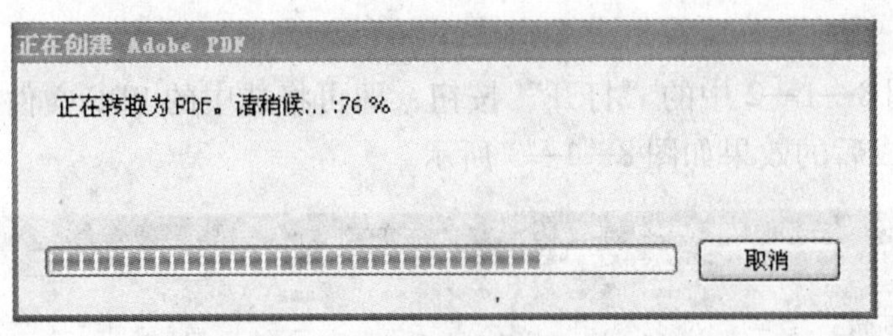

图8—1—5

（3）创建完成后，即可在Adobe Acrobat Pro中看到创建好的PDF文件，如图8—1—6所示。

（4）选择“文件”→“另存为”，在弹出的“另存为”对话框中，单击“保存”按钮即可，如图8—1—7所示。

3. 编辑PDF文档

（1）选择“工具”→“高级编辑”→“TouchUp文本工具”，或选择“高级编辑”工具栏上的按钮。

（2）在需要编辑的文本中单击，文本四周即出现一个方框，并有一个鼠标光标闪现在文本中。

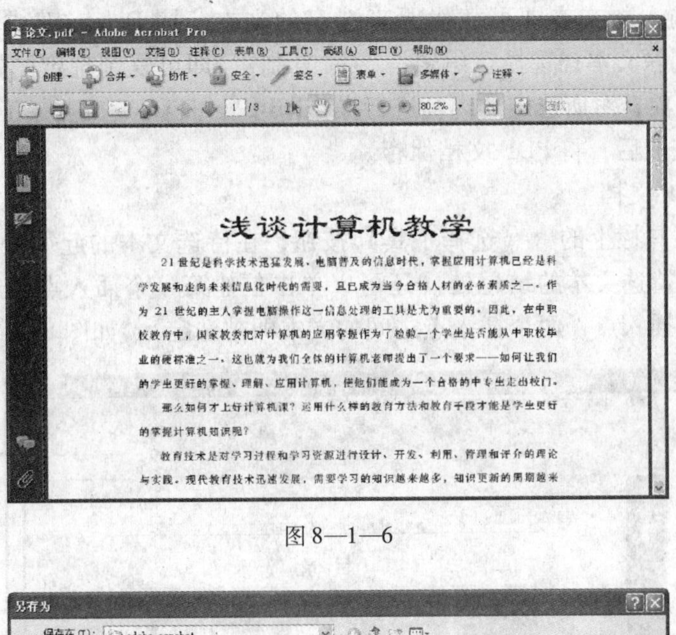

图 8—1—6

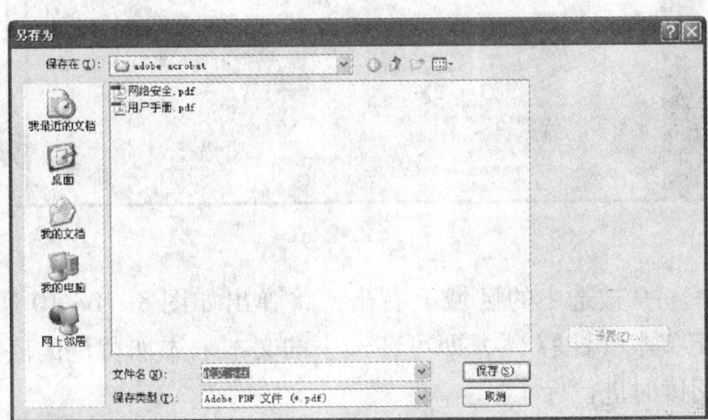

图 8—1—7

（3）在方框中拖动鼠标即可选择用户所需的字符、空格、文字或文本行，如图 8—1—8 所示。

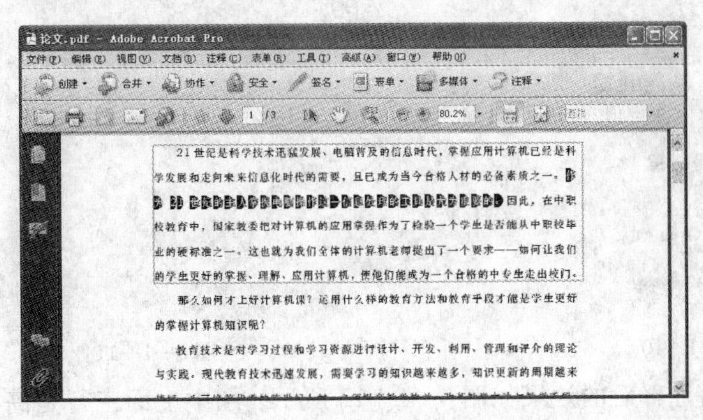

图 8—1—8

（4）通过输入新文本即可替代原来选定的文本；按 Delete 键或选择“编辑”→“删除”，即可删除文本；选择“编辑”→“复制”，即可复制选定的文本；右击文本，并选择适当的选项，对所选定的内容进行操作即可。

（5）编辑完成后，将 PDF 文档保存。

4．注释 PDF 文档

（1）单击工具栏上的（选择工具）按钮，在待选文本的起始处单击以创建插入点，然后拖动到待选文本的结尾处（还可以单击创建第一个插入点，然后按 Shift 键并单击创建第二个插入点，两个插入点之间的文本即被选定），如图 8—1—9 所示。

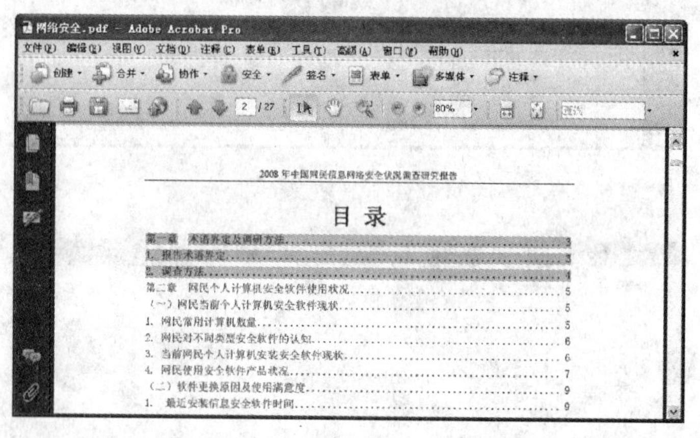

图 8—1—9

（2）在图 8—1—9 被选中的区域上右击，将弹出如图 8—1—10 所示的快捷菜单，选择“用高亮标记文本（注释）”，即可在选中的文本上添加黄色的底纹，使其高亮显示，可让用户在阅读时进行标示。

（3）如果在图 8—1—10 中选择“添加附注到文本（注释）”，将弹出一个文本注释框，用户可在其中输入需要注释的内容，如图 8—1—11 所示。

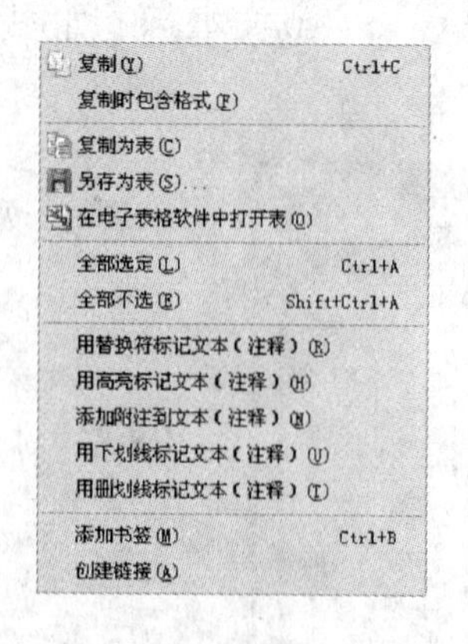

图 8—1—10

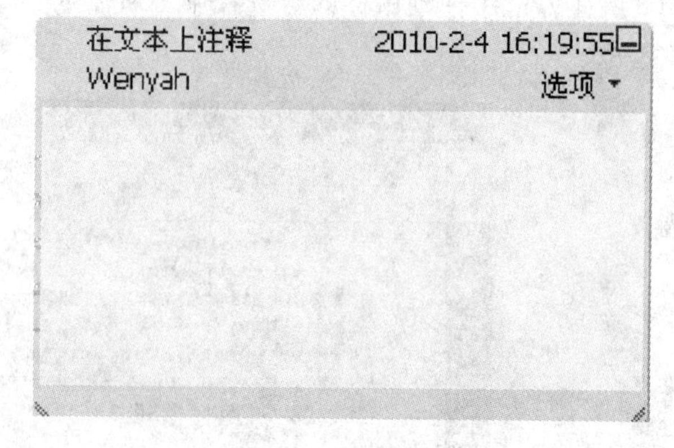

图 8—1—11

（4）添加好注释后的效果如图 8—1—12 所示。图中上面三行是高亮显示的效果，下面四行是添加注释的效果。

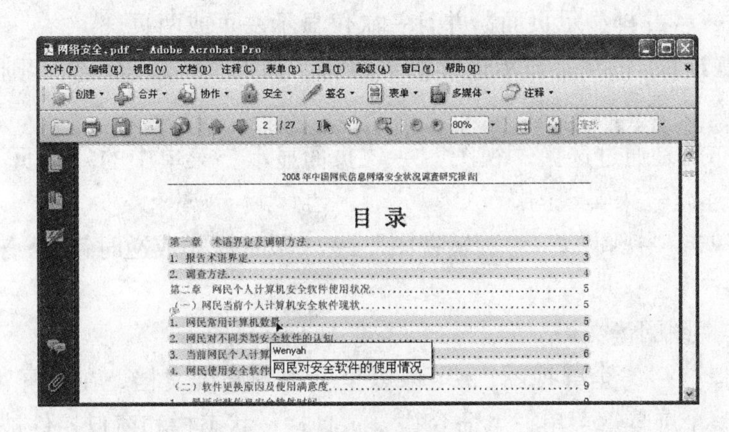

图 8—1—12

提 示

注释是指附注、高亮显示的标记以及其他使用注释工具添加到 Adobe PDF 文档的标记。附注是最常用的注释，仅当 Adobe PDF 文档的创建者启用了注释功能时才能在 Adobe Acrobat 中添加注释。如果启用了注释功能，则可在文档的任意位置上添加注释，并可指定注释的样式和格式。可以使用“注释工具”工具栏来创建注释。使用附注工具可以在文档中添加类似便笺的注释，还可以添加图章和文件附件。在添加附注时还可以使用“属性”工具栏更改其外观。

(5) 选择“文件”→“保存”，保存编辑过的 PDF 文档。

5. 导出 PDF 文档到其他应用程序

(1) 打开 PDF 文档后，在图 8—1—3 所示的主界面中选择“编辑”→“复制文件到剪贴板”。

(2) 打开其他文本编辑软件，如写字板或 Word 应用程序，然后选择“粘贴”，即可将整篇 PDF 文档粘贴到应用程序中。

提 示

在 Adobe Acrobat 中，也可用 工具只选中 PDF 文件的部分内容，同样选择“复制文件到剪贴板”，则可将选取的部分文件内容复制到剪贴板中，然后在其他应用程序，如写字板和 Word 中将复制的内容进行粘贴。

6. 设置页面布局和方向

当查看 Adobe PDF 文档时，可以使用以下页面布局：

(1)“单页”：在文档窗格中一次显示一页。

(2)“单页连续”：显示连续的页面流。

（3）“双联”：并排显示页面，并且一次仅显示一页或两页。

（4）“双联连续”：并排显示连续的页面流。如果文档超过两页，则第一页显示在右边以确保正确显示双面文档。

以上页面布局是通过选择“视图”→“页面显示”菜单中的“单页”“单页连续”“双联”“双联连续”来实现的。

可以通过单击“视图”→“旋转视图”→“顺时针（或逆时针）”来以90°的增量更改页面视图。

7. 以全屏视图阅读文档

单击“窗口”→“全屏视图”，可以以全屏视图阅读文档。在全屏视图中，Adobe PDF 页面布满整个屏幕，菜单栏、命令栏、工具栏、状态栏和窗口控件被隐藏。文档创建者和读者可以设置以全屏视图打开 PDF 文档。全屏视图通常用于演示，并配合自动翻页和页面过渡一起使用。

在全屏视图中仍可使用鼠标来单击链接和打开附注，并通过键盘快捷方式（菜单栏和工具栏不可见）来使用导览和放大命令。按 Esc 键或 Ctrl + L 键可以退出全屏视图。

▶ 相关知识与技能

PDF 是一种电子文件格式。这种文件格式与操作系统平台无关，也就是说，PDF 文件无论是在 Windows、Unix 操作系统中还是在苹果公司的 Mac OS 操作系统中都是通用的。这一特点使它成为在 Internet 上进行电子文档发行和数字化信息传播的理想文档格式。越来越多的电子图书、产品说明、公司文告、网络资料、电子邮件等开始使用 PDF 格式文件。

Adobe 公司设计 PDF 文件格式的目的是为了支持跨平台的、多媒体集成的信息出版和发布，尤其是提供对网络信息发布的支持。为了达到此目的，PDF 具有许多其他电子文档格式无法比拟的优点。PDF 文件格式可以将文字、字形、格式、颜色及独立于设备和分辨率的图形图像等封装在一个文件中。该格式文件还可以包含超文本链接、声音和动态影像等电子信息，支持特长文件，集成度和安全可靠性都较高。

PDF 文件使用了工业标准的压缩算法，通常比 PostScript 文件小，易于传输与存储。它还是页独立的，一个 PDF 文件包含一个或多个“页”，可以单独处理各页，特别适合多处理器系统的工作。此外，一个 PDF 文件还包含文件中所使用的 PDF 格式版本，以及文件中一些重要结构的定位信息。正是基于以上种种优点，PDF 文件逐渐成为出版业中的新宠。

▶ 拓展与提高

1. PDF 文件的口令类型

用户可以通过设置口令和禁止某些功能（如打印和编辑）来限制对 PDF 的访问。如果已经签名或验证了文档，则无法将口令加入到文档中。有两类口令是可用的：

（1）文档打开口令：在使用文档打开口令（也称为“用户口令”）的情况下，用户必须输入为打开 PDF 所指定的口令。

（2）许可口令：当用户仅设置一个许可口令（也称为“主口令”）时，收件人不需要口令即可打开文档。但是，他们必须输入许可口令以设置或更改受限功能。

如果采用两种类型的口令保护 PDF，则它可用任一口令打开。但是，只有许可口令才允许用户更改受限功能。所有 Adobe 产品均强制执行由许可口令设置的限制。但是，如果第三方产品不支持或忽略这些设置，文档收件人可能会绕过用户设置的某些或所有限制。

如果用户忘记了口令，将无法从 PDF 中恢复口令。请考虑保留没有口令保护的 PDF 备份。

2. 为 PDF 文件添加口令的方法

（1）打开任意一个 PDF 文档。

（2）选择“高级”→“安全性”→“显示安全性设置”，弹出“文档属性”对话框。

（3）在该对话框中选择“安全性”选项卡，单击“安全性方法”右侧的下拉列表，在下拉列表中选择“口令安全性”，弹出“口令安全性-设置”对话框。

在该对话框中，有两处可供选择：

1）要求打开文档的口令：如果勾选其前面的复选框，即可在“文档打开口令”文本框中输入用户需要设置的口令，然后单击“确认”按钮即可。这样，当别人单击这个文件时就会弹出“请输入口令”对话框，如果口令输入错误，将无法打开文档。

2）限制文档编辑和打印。改变这些许可设置需要口令：如果勾选其前面的复选框，即可在“许可口令”文本框中输入用户需要设置的口令，然后单击“确认”按钮即可。这样就给当前的 PDF 文件加密了，当别人打开这个文件时，可以看到该文件的内容，但不能进行修改、打印等操作。

[思考与练习]

1. PDF 文件的特点是什么？是否可以在 Word 中打开 PDF 文件？
2. 利用 Adobe Acrobat 软件阅读一篇 PDF 文件，并为部分内容添加注释。
3. 利用 Adobe Acrobat 软件将一篇 Word 文档创建为 PDF 文件。

任务二　光 盘 刻 录

▶ 任务描述与分析

自从孩子出生后，刘莉为孩子拍了很多照片和录像。她想把这些照片和录像文件制作成光盘，永久地保存起来，留作纪念。那么怎样才能把文件刻录到光盘中去呢？

随着 DVD 刻录机越来越普及，容量高达 4.7 GB 的单面单层 DVD 刻录盘，为用户进行大容量数据传递或保存提供了前所未有的便捷和安全保障。

Nero Burning Rom 是一款光盘刻录软件，它支持中文长文件名刻录，也支持 ATAPI（IDE）的光碟刻录机，可刻录多种类型的光碟片，是一个相当不错的光碟刻录程序。

▶ 方法与步骤

1. 刻录数据光盘

（1）启动 Nero Burning Rom 10 软件，弹出“新编辑”对话框，在该对话框左侧的下拉列表中选择“DVD”，然后单击“DVD-ROM（ISO）”按钮，弹出对话框。

如果用户要刻录 CD 光盘，则在下拉列表中选择“CD”即可，其余操作雷同。

（2）单击对话框中的“多重区段”选项卡，如果是第一次刻录，则选择“启动多重区段光盘”选项，如图 8—2—1 所示；单击“标签”选项卡，输入所要采用的光盘

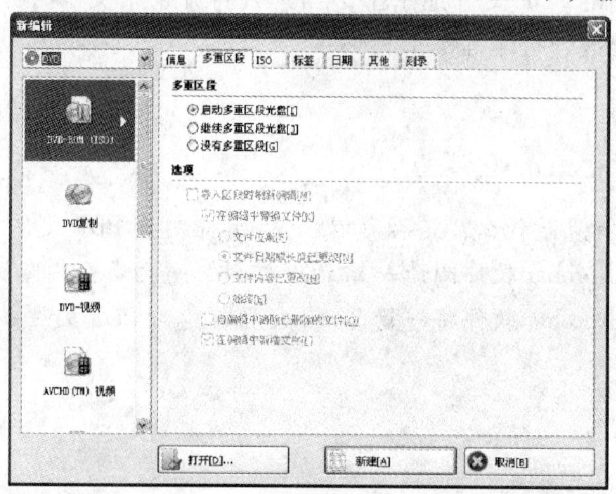

图 8—2—1

名称；单击“日期”选项卡，设定光盘上文件和目录创建的日期和时间；单击“刻录”选项卡，可选择刻录的速度，如图 8—2—2 所示。

图 8—2—2

如果是第一次刻录，并且要写入的数据不足一张光盘的容量，这时就可以选择“启动多重区段光盘”。如果光盘已经使用过“启动多重区段光盘”，并且没有关闭盘片，那么可以选择“继续多重区段光盘”来引入以前写入的数据。当使用“继续多重区段光盘”时，Nero 会预先读取刻录机中光盘最后的 ISO 轨道。如果要一次写满整个光盘或不想再追加数据，则可以选择“没有多重区段”，以获取最大的空间、最好的兼容性和最快的读取速度。

（3）设置完成后，在光盘刻录机中放入一张空的光盘，然后单击图 8—2—2 中的“新建”按钮。此时，在主界面中可以看到左侧变成了刻录窗口，右侧则是系统文件列表窗口，如图 8—2—3 所示。

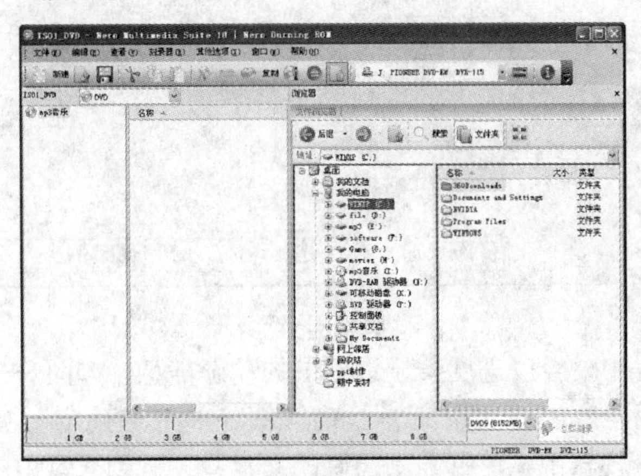

图 8—2—3

（4）找到要刻录的文件，将其拖动到刻录窗口，如图 8—2—4 所示。如果要在刻录窗口中将某个不需要的文件删除，则可在该文件上右击，在弹出的快捷菜单中选择“移除”即可。

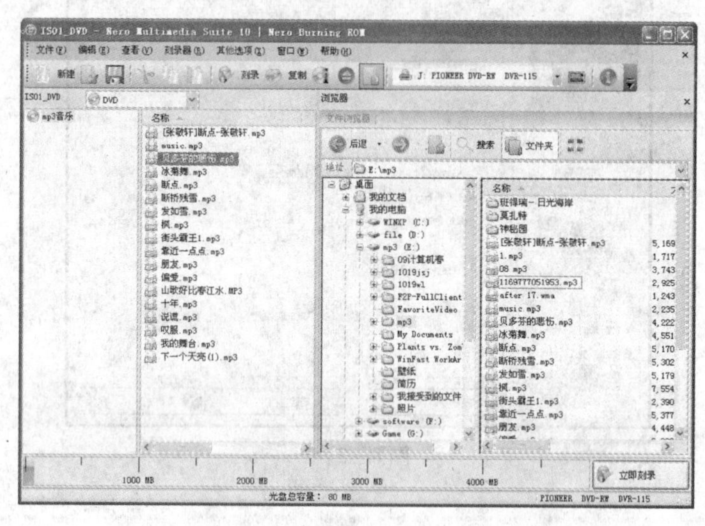

图 8—2—4

（5）单击图 8—2—4 中的“立即刻录”按钮，即可开始刻录。用户也可单击工具栏上的（刻录）按钮，将弹出“刻录编译”对话框，如图 8—2—5 所示。在该对话框中，可对刻录信息进行补充设置。确认信息后，单击“刻录”按钮即可开始刻录。

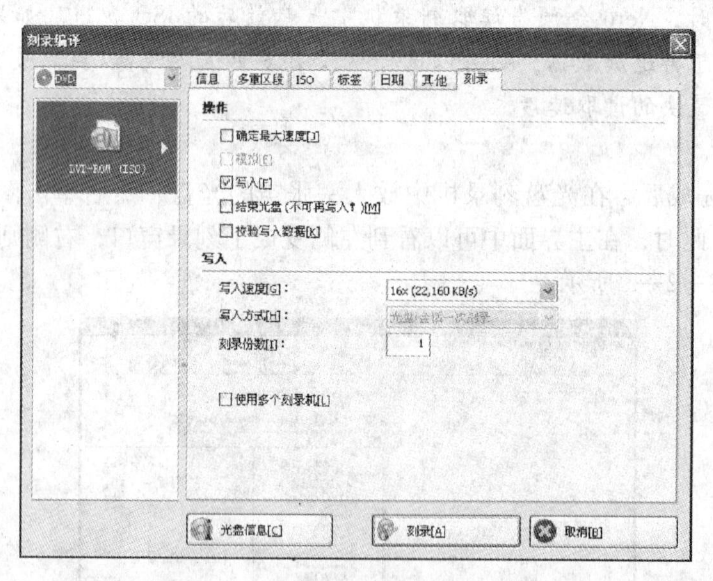

图 8—2—5

（6）在刻录过程中，会以进度条显示刻录的动态信息，如图 8—2—6 所示。

（7）刻录完成后会弹出“刻录完毕”确认框，单击“确定”按钮即可，如图 8—2—7 所示。在资源管理器中，可打开刻录好的光盘，并看到光盘中的文件。

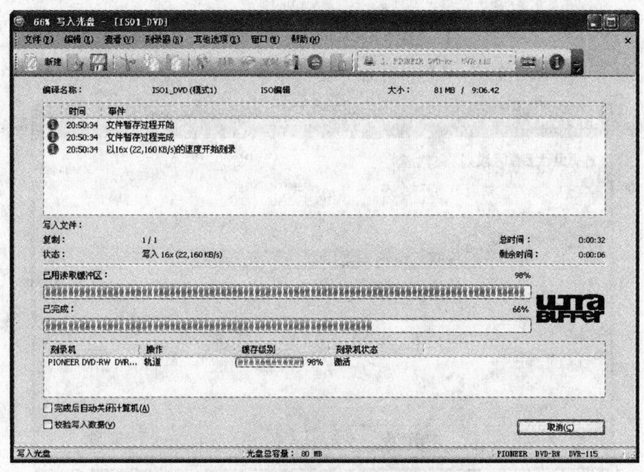

图 8—2—6

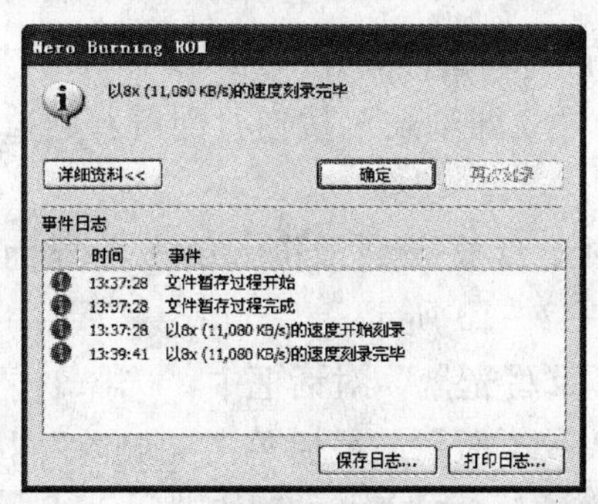

图 8—2—7

2. 在光盘上追加刻录数据

（1）将设置为“多重区段”刻录的 DVD 光盘放入刻录机。启动 Nero Burning Rom 10 软件，在弹出的“新编辑”对话框中，单击“多重区段”选项卡，在该选项卡下选择“继续多重区段光盘”，如图 8—2—8 所示。

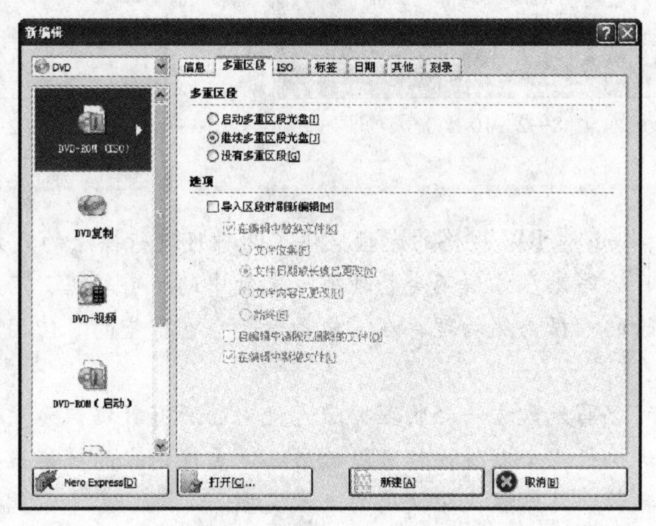

图 8—2—8

（2）单击图 8—2—8 中的“新建”按钮，将弹出“选择轨道”对话框。在该对话框中将显示光盘已有的容量信息，如图 8—2—9 所示。

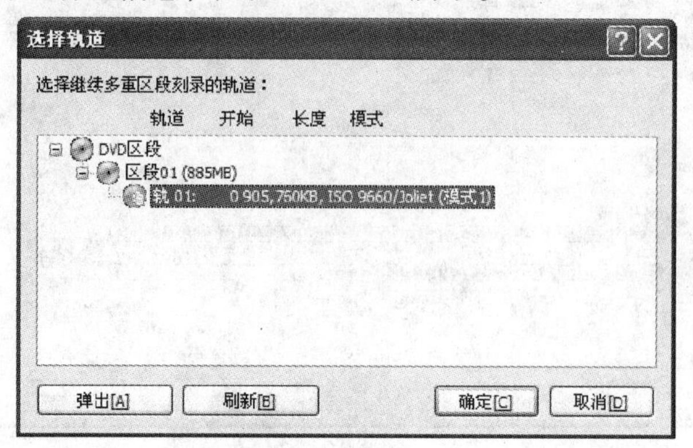

图 8—2—9

（3）单击“确定”按钮，将弹出如图 8—2—4 所示的刻录窗口。将要追加的文件拖动到刻录窗口，然后单击“立即刻录”按钮，即可开始追加刻录。

3. 擦除可重写光盘

（1）将具有 RW 规格的光盘放入刻录机，单击主界面工具栏上的“刻录机”→“擦除可重写光盘”，如图 8—2—10 所示。

（2）在弹出的“擦除可重写光盘”对话框中，选择刻录机类型、使用的擦除方式、擦除速度等信息，如图 8—2—11 所示。最后单击“删除”按钮即可。

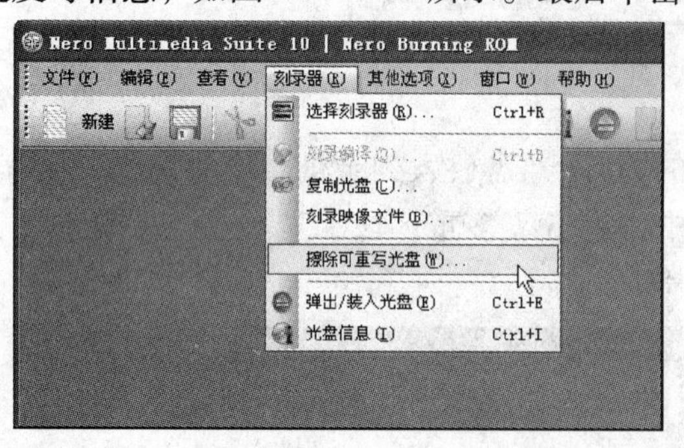

图 8—2—10

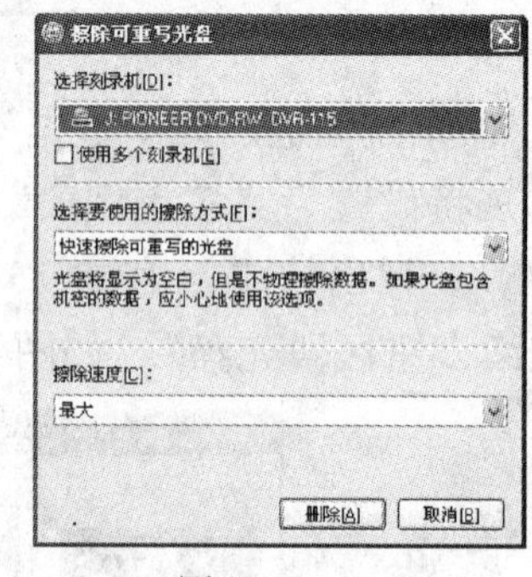

图 8—2—11

Nero Burning Rom 对 RW 规格的光盘提供了两种可进行擦除的方式：

◆快速擦除可擦写光盘方法不会物理擦除光盘中的所有数据，而只是擦除对内容的引用。即使擦除的数据仍然物理存在，光盘看起来也是空的。使用此方法擦除光盘需要 1 ~2 min。

◆完全擦除可擦写光盘方法会物理擦除光盘中的所有数据，无法使用常用方法恢复擦除内容。多次执行完全擦除操作可降低第三方重建内容的可能性。使用此方法擦除光盘所需时间较长，具体取决于使用的光盘类型。

▶ 相关知识与技能

从表面上看，DVD 盘与 CD/VCD 盘很相似。但实质上，两者之间有本质的差别。

1. 技术

DVD 和 CD/VCD 都是将所需要的数据存储在光盘轨道中极小的凹槽内，然后再通过光驱的激光束来进行读取工作。但是在光盘的密度方面，DVD 要比 CD/VCD 大得多，因此，在读取 DVD 数据时就需要比读取 CD/VCD 数据时更短波长的激光束。因为只有这样，才能够让激光束更加准确地在光盘上聚焦和定位。

2. 播放影像

CD/VCD 只能达到 240 线的标准，而 DVD 可以达到 720 线的标准，因此在清晰度方面 DVD 占据了绝对优势。

3. 数据容量

CD/VCD 只能容纳 650 ~ 700 MB 的数据，而 DVD 按单/双面与单/双层结构的各种组合，可以分为单面单层、单面双层、双面单层和双面双层四种物理结构。单面单层 DVD 盘的容量为 4. 7 GB，双面双层 DVD 盘的容量则高达 17 GB。

4. 功能

DVD 可以提供诸如多声轨（多语言）、多种文字支持以及多角度观赏等丰富多彩的功能，而这些都是 CD/VCD 所不具备的。

▶ 拓展与提高

1. 光盘标签制作

随着光盘容量的增大，光盘的标签制作也越来越重要。光雕技术的出现是光盘标签技术的一次飞跃。

从实现效果来看，光雕也是一种表面“打印”技术，所不同的是把打印机的喷头换成了刻录机的激光头。实际上，光雕技术就是使用激光头所发射出的激光束照射光盘的印刷面，被激光照射的区域，感光材料就会发生光化学反应，使这些材料的颜色发生变化。现在常用的光雕技术是 LightScribe。

LightScribe 可以通过激光蚀刻直接将标签刻录在光盘上，为光盘制作专业的外观。方法很简单，先将数据刻录到光盘的“数据面”上；然后翻转光盘，将标签刻录到光盘的“标签面”上。刻录标签所用的光驱与刻录数据所用的光驱相同。

2. 超盘刻录

进行超刻时，必须要注意以下几点：

（1）超刻前必须进行测试。运行 Nero 自带的“Nero CD-DVD Speed”工具，使用“其他”中的“超刻测试...”，如图 8—2—12 所示。通常情况下，700 MB 光盘设定超刻长度为89:57.74，800 MB光盘可以超刻到99:57.74。超刻性能不仅取决于刻录机的性能，也取决于盘片质量，所以每换用一种不同厂商或型号的盘片，超刻前都要进行测试。

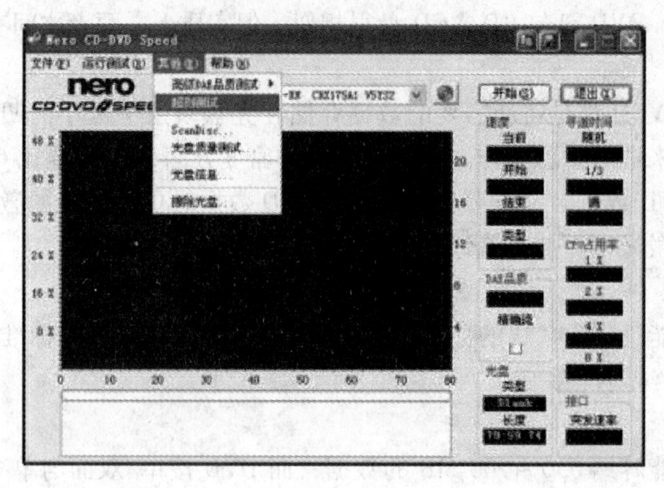

图8—2—12

（2）如果测试成功，单击“文件”→“选项”→“高级属性”，打开超刻功能，长度设置为刚才测试成功的值。

（3）刻录时必须在“新编辑”对话框中，将光盘设为“没有多重区段”方式，在“刻录”选项卡下选中“结束光盘（不可再写入）”一项，并在“写入方式”栏中将默认的“轨道一次刻录”方式修改成“光盘一次刻录”方式。设置完毕，就可单击“新建”按钮来进行超量刻录了。

（4）刻录时会弹出“光盘容量不足请换盘”之类的提示，不用理会，约2 s后会有超刻对话框出现，单击“超刻”按钮即可。

超刻实际上是对盘片外圈进行加密（高密度）刻录，因此要注意超刻的光盘外圈数据的读取可能会比较困难，所以刻完后最好进行校验。若是媒体文件，播放到外圈位置时可能会出现停顿现象。超刻时最好选用较低倍数，据测试，使用4×速度超刻的兼容性最好。另外，超刻的光盘外圈数据很容易受损，刻录容量最好要小于刻录机所能支持的超刻长度。超刻光盘对储藏和运输、使用的条件要求也更加严格，需特别注意。

超刻只是一种权宜之计，一般情况下不要使用，而应该尽量采用减少刻录容量，打包、分割刻录文件，换用大容量盘片等办法来处理。

[思考与练习]

1. Nero Burning Rom有哪几种文件刻录方式？
2. Nero Burning Rom刻录光盘时应注意什么？
3. 利用Nero Burning Rom刻录一张数据光盘。

任务三　虚拟光驱

▶ 任务描述与分析

小张从朋友那里借来了不少游戏光盘，准备下班后在家玩计算机游戏。可是长时间借用朋友的光盘，他又有点不好意思。同事小伟告诉他，要玩计算机游戏，其实完全没必要长时间使用游戏光盘。因为只要将游戏光盘内的文件利用虚拟光驱软件做成光盘映像文件，然后再通过虚拟光驱软件载入映像文件进行读取，就可以达到如同将一张光盘放入光驱后一样的效果了，只不过它们都是虚拟的。这样不仅省去了将真实光盘放入真实光驱读取的步骤，节省了时间和成本，而且速度更快，不会损耗光驱寿命。

在虚拟光驱软件中，Daemon Tools Lite 是一款可以免费使用、具有良好的兼容性并能良好支持各种光盘加密技术的虚拟光驱软件。它的中文名字叫做“精灵虚拟光驱”，它支持 *.iso、*.mds、*.mdf、*.b5t、*.b6t、*.bwt、*.ccd、*.cdi、*.cue、*.nrg、*.pdi、*.isz、*.vcd 等多种镜像格式。

▶ 方法与步骤

Daemon Tools Lite 4.35.5 软件安装完成后，即可在“我的电脑”窗口中看到在物理光驱图标后多了一个虚拟光驱图标，同时会在任务栏托盘上出现一个小图标。右击该图标即会弹出如图 8—3—1 所示的 Daemon Tools Lite 工作菜单。

1. 制作光盘映像文件

（1）将需要创建成光盘映像文件的光盘插入物理光驱中。

（2）选择图 8—3—1 所示菜单中的“光盘映像”，弹出如图 8—3—2 所示的对话框。在该对话框的“设备”下拉列表框中选择物理光驱后，即会显示出物理光驱的读取速度和当前光盘类型信息。单击“目标映像文件”文本框右侧的按钮，弹出如图 8—3—3 所示的对话框。

（3）在图 8—3—3 所示的对话框中选择映像文件的保存位置和路径，在“文件名”文本框中输入映像文件的文件名，在“保存类型”下拉列表框中选择映像文件的类型，设置完成后单击“保存”按钮，返回如图 8—3—2 所示的“光盘映像”对话框。

（4）单击“光盘映像”对话框中的“开始”按钮，进行光盘映像操作，如图 8—3—4 所示。当窗口中的进度条显示为 100% 时，单击窗口右上角的“关闭”按钮，即可完成光盘映像文件的制作。返回光盘映像文件的保存位置，即可看到刚才制作的光盘映像文件。

图 8—3—1

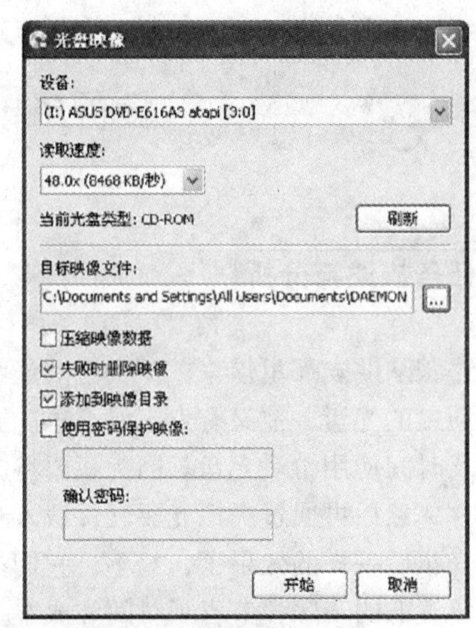

图 8—3—2

图 8—3—3

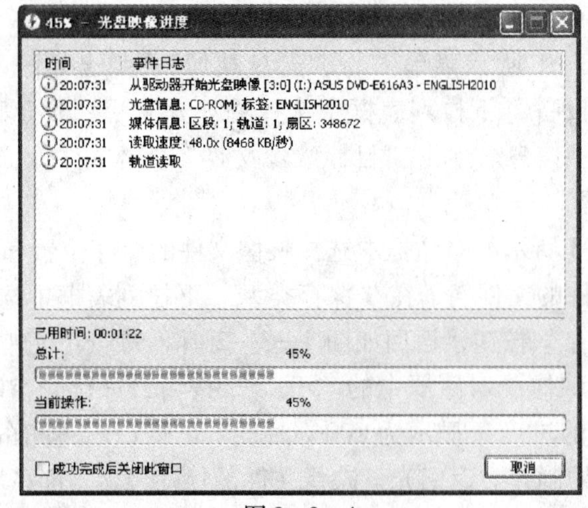

图 8—3—4

Daemon Tools Lite 4. 35. 5 以下的版本不具有制作光盘映像文件的功能。

2. 装载光盘映像文件

（1）选择图 8—3—1 所示菜单中的“虚拟设备”→“设备 0：[K：] 无媒体”→“装载映像”，如图 8—3—5 所示，弹出“选择映像文件”对话框，如图 8—3—6 所示。

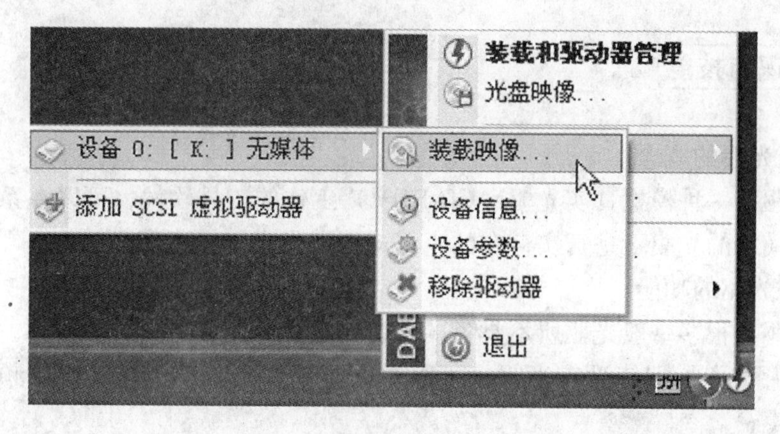

图 8—3—5

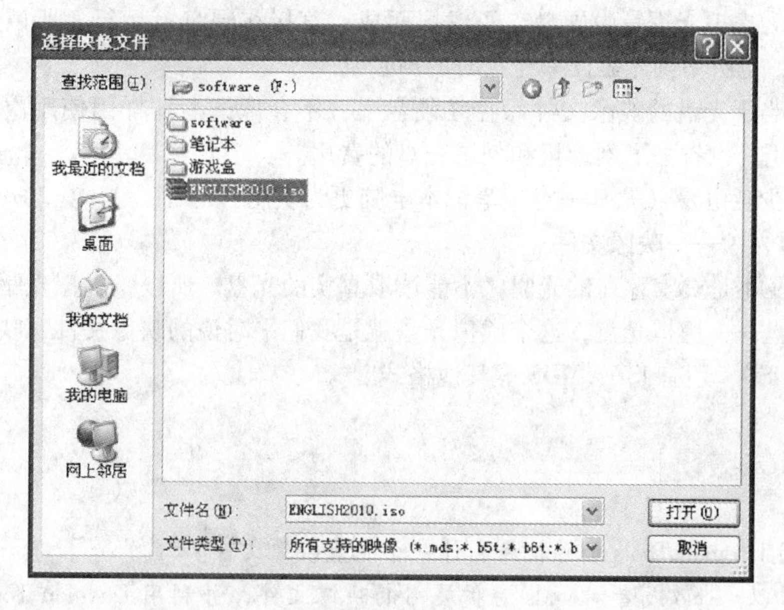

图 8—3—6

（2）在图 8—3—6 所示的对话框中选择要加载的光盘映像文件，单击“打开”按钮，即可运行光盘映像文件，就好像将光盘放入虚拟光驱中一样。

提示

命令中的参数如下：

参数“O:”，说明这是由软件添加的第一台虚拟驱动器。

参数“K:”，是指虚拟光驱盘符名称，它会根据不同用户的计算机分区配置不同而变化。

▶ 相关知识与技能

1．虚拟光驱的概念

虚拟光驱是一种模拟真实光驱（CD-ROM）工作的工具软件，可以在系统中模拟出光驱。这个模拟的光驱不是真实存在的，但却可以像真实光驱那样工作。

2．虚拟光驱的功能

虚拟光驱有很多一般光驱所不具备的功能，具体介绍如下：

（1）不用光盘，即使没有光驱也可以，从而减少光驱和光盘的使用频率，延长光驱和光盘的寿命。

（2）可以同时虚拟多个光盘，同时运行多个不同光盘。

（3）因为虚拟光驱是由硬盘空间虚拟而成，直接在硬盘上运行，所以读取运行速度比光驱快，也听不到光驱读取光盘时的声音。

（4）相当于光盘的映像文件保存在硬盘上，不会像光盘那样因使用次数多造成划痕而无法使用，也省去了刻录机和刻录光盘的费用。

（5）减少耗电量（尤其是对于笔记本电脑更为实用）。

3．虚拟光盘——映像文件

虚拟光驱不是真实存在的光驱，不能读取真实的光盘。所以，虚拟光驱要建立自己可读取的光盘——虚拟光盘，这个虚拟光盘就是我们平时说的映像文件，映像文件最主要的格式是 ISO，还有 ISZ、MDS 等其他格式。

[思考与练习]

1．利用 Daemon Tools Lite 软件制作一个光盘映像文件。

2．下载以 *.iso 或者 *.mds 为扩展名的映像文件，并利用 Daemon Tools Lite 软件装载这些文件。

▶ 单元评价

单元实训评价表

<table>
<tr><td rowspan="2"></td><td colspan="2">内容</td><td colspan="3">评价等级</td></tr>
<tr><td>能力目标</td><td>评价项目</td><td>A</td><td>B</td><td>C</td></tr>
<tr><td rowspan="8">职业能力</td><td rowspan="4">能使用 Adobe Acrobat 软件阅读 PDF 格式文件</td><td>能阅读 PDF 文档</td><td></td><td></td><td></td></tr>
<tr><td>能创建 PDF 文档</td><td></td><td></td><td></td></tr>
<tr><td>能编辑 PDF 文档</td><td></td><td></td><td></td></tr>
<tr><td>能导出 PDF 文档到其他应用程序</td><td></td><td></td><td></td></tr>
<tr><td rowspan="2">能使用 Nero Burning Rom 软件刻录光盘</td><td>能刻录数据光盘</td><td></td><td></td><td></td></tr>
<tr><td>能在光盘上追加刻录数据</td><td></td><td></td><td></td></tr>
<tr><td rowspan="2">能使用 Daemon Tools Lite 软件读取光盘映像文件</td><td>能制作光盘映像文件</td><td></td><td></td><td></td></tr>
<tr><td>能读取光盘映像文件</td><td></td><td></td><td></td></tr>
<tr><td rowspan="4">通用能力</td><td colspan="2">分析问题的能力</td><td></td><td></td><td></td></tr>
<tr><td colspan="2">解决问题的能力</td><td></td><td></td><td></td></tr>
<tr><td colspan="2">自我提高的能力</td><td></td><td></td><td></td></tr>
<tr><td colspan="2">沟通能力</td><td></td><td></td><td></td></tr>
<tr><td colspan="3">综合评价</td><td colspan="3"></td></tr>
</table>